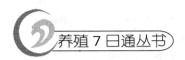

养殖7日通丛书

U0229506

肉鸡高效饲养 7日通

第二版

席克奇 虞筱芬
王金莉 王 楠 编著

中国农业出版社

图书在版编目（CIP）数据

肉鸡高效饲养7日通/席克奇等编著．—2版．—
北京：中国农业出版社，2011.5
　（养殖7日通丛书）
　ISBN 978-7-109-15368-4

　Ⅰ.①肉… Ⅱ.①席… Ⅲ.①肉用鸡－饲养管理
Ⅳ.①S831.4

中国版本图书馆CIP数据核字（2010）第265197号

中国农业出版社出版
（北京市朝阳区农展馆北路2号）
（邮政编码 100125）
责任编辑　张玲玲

中国农业出版社印刷厂印刷　新华书店北京发行所发行
2011年5月第2版　2012年7月第2版北京第2次印刷

开本：850mm×1168mm 1/32　印张：8.75
字数：219千字　印数：5 001～8 000册
定价：18.00元
（凡本版图书出现印刷、装订错误，请向出版社发行部调换）

第二版前言

　　《肉鸡高效饲养7日通》是一本有关肉鸡饲养技术的科普读物，自2004年初版问世以来，经多次重印，深受广大读者的欢迎。近年来，我国肉鸡饲养业的发展极为迅速，涌现出一大批家庭鸡场，并逐步走上规模化、规范化、科学化养鸡的道路。但是，随着养鸡生产的不断发展，市场竞争日趋激烈，疫病流行日趋复杂，科技含量日趋增加，一些新的问题需要生产者去面对和解决。

　　为了适应我国肉鸡生产的发展，满足当前养鸡技术更新的需要，使肉鸡生产向高产出、低消耗、高效益方向迈进，能够经得起市场经济的考验，编者总结目前国内外最新技术，借鉴各地肉鸡饲养的成功经验，并结合自己多年的工作体会，重新修订了这本《肉鸡高效饲养7日通》。

　　本书在写作上力求语言通俗易懂，简明扼要，内容系统，注重实际操作。在书中重点介绍了现代肉鸡品种与繁育、肉鸡营养与饲料、肉用种鸡的饲养管理、肉鸡的孵化、肉用仔鸡的饲养管理、养鸡常见病及防治、鸡场建设与设备等方面的内容，可供养鸡生产者及基层畜牧兽医工作人员参考使用。

　　本书在编写过程中，曾参考一些专家、学者撰写的文献资料，在此向原作者表示谢意。

　　这次修订，作者虽然做了很大努力，但因掌握的理论和技术水平有限，书中还可能出现一些疏漏和不妥，敬请广大读者批评指正。

作　者

2011 年 1 月

第一版前言

肉鸡饲养业是世界畜牧中发展最快的产业，20世纪70年代，以肉鸡为主的禽肉产量增长幅度在50％以上。在我国，虽然肉鸡生产起步较晚，历经波折，但近些年来发展很快，生产规模不断扩大，并已成为我国畜牧业中的重要组成部分。

饲养肉用仔鸡，投资小、见效快、收益多，是迅速改善城乡肉食结构、增加农民收入并使之脱贫致富的一条新路。但是，肉鸡生产是一项新兴产业，它与传统的养鸡业无论是品种选择、饲料配制还是饲养管理等方面均有较大差异，为此，为适应国内肉鸡生产的需要，作者学习和参考某些中外肉鸡饲养专著及有关技术资料，借鉴各地肉鸡生产的成功经验，并结合自己的工作体会，同时尽量考虑现时农村条件和特点，编写了《肉鸡高效饲养7日通》一书。

本书在叙述上力求简明扼要，通俗易懂，理论联系实际，并注重实际操作，使养鸡专业户、鸡场基层工作人员看得懂，用得上，真正成为实际生产的技术资料。

本书在编写过程中，曾参考一些专家、学者撰写的文献资料，但未能一一列出，在此表示感谢。

由于作者的理论和技术水平有限，书中不妥之处在所难免。敬请广大读者批评指正。

编　者
2004年1月

目 录

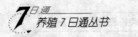

第一讲
现代肉鸡品种与繁育

本讲目的

1. 让读者了解现代肉鸡生产中的常见品种。
2. 让读者了解现代肉鸡繁育初步知识。

第一节　现代肉鸡常见品种

在肉鸡生产中，要获得较好的经济效益，选择优良鸡种是一个关键环节。选择鸡的品种必须因地制宜、因场制宜，以便更好地发挥鸡的遗传潜力。

一、肉鸡快速型品种

（一）艾维茵肉鸡

艾维茵肉鸡是由美国艾维茵国际有限公司育成的三系配套杂交鸡。该肉鸡体型较大，商品代肉用仔鸡羽毛白色，皮肤黄色而光滑，增重快，饲料利用率高，适应性强。

艾维茵肉鸡商品代生产性能：混合雏 42 日龄体重 1 678 克，料肉比（耗料量与体增重的比值）为 1.88；49 日龄体重 2 064 克，料肉比 2.00；56 日龄体重 2 457 克，料肉比 2.12；49 日龄成活率为 98%。

（二）爱拔益加肉鸡

此肉鸡简称"AA"肉鸡，是由美国爱拔益加种鸡公司育成的四系配套杂交鸡。该肉鸡体型较大，商品代肉用仔鸡羽毛白色，生长速度快，饲养周期短，饲料利用率高，耐粗饲，适应性强。

爱拔益加肉鸡商品代生产性能：混合雏42日龄体重1591克，料肉比为1.76；49日龄体重1987克，料肉比1.92；56日龄体重2406克，料肉比2.07；49日龄成活率为98%。

（三）罗曼肉鸡

罗曼肉鸡是由前联邦德国罗曼动物育种公司育成的四系配套杂交鸡。该肉鸡体型较大，商品代肉用仔鸡羽毛白色，幼龄时期生长速度快，饲料转化率高，适应性强，产肉性能好。

罗曼肉鸡商品代生产性能：混合雏6周龄体重1650克，料肉比为1.90；7周龄体重2000克，料肉比2.05；8周龄体重2350克，料肉比2.20。

（四）宝星肉鸡

宝星肉鸡是由加拿大谢弗种鸡有限公司育成的四系配套杂交鸡。该肉鸡商品代羽毛白色，生长速度快，饲料转化率高，适应性强。

宝星肉鸡商品代生产性能：混合雏6周龄体重1485克，料肉比为1.81；7周龄体重1835克，料肉比1.92；8周龄体重2170克，料肉比2.04。

（五）彼得逊肉鸡

彼得逊肉鸡是由美国彼得逊国际育种公司育成的四系配套杂交鸡。该肉鸡体型较大，商品代肉用仔鸡羽毛白色，幼龄时期生长速度快，适应性强，出栏成活率高。

彼得逊肉鸡商品代生产性能：混合雏6周龄体重1642克，料肉比为1.85；7周龄体重1950克，料肉比1.99；8周龄体重2313克，料肉比2.12。

（六）罗斯1号肉鸡

罗斯1号肉鸡是由英国罗斯种禽公司育成的四系配套杂交鸡。该肉鸡商品代羽毛白色，生长速度快，饲料转化率高，而且是具有快慢羽伴性遗传，因此初生雏可自别雌雄，即母雏为快羽型（初生雏主翼羽长于覆主翼羽）；公雏为慢羽型（初生雏主翼羽短于覆主翼羽或两者长度相等）。

罗斯1号肉鸡商品代生产性能：混合雏6周龄体重1 670克，料肉比为1.89；7周龄体重2 090克，料肉比2.01；8周龄体重2 500克，料肉比2.28。

（七）伊莎明星肉鸡

伊莎明星肉鸡是由法国伊莎育种公司育成的五系配套杂交鸡。该肉鸡商品代羽毛白色，早期生长速度快，饲料转化率高，适应性较强，出栏成活率高。

伊莎明星肉鸡商品代生产性能：混合雏6周龄体重1 560克，料肉比为1.80；7周龄体重1 950克，料肉比1.95；8周龄体重2 340克，料肉比2.10。

（八）哈巴德肉鸡

哈巴德肉鸡是由美国哈巴德公司育成的四系配套杂交鸡。该肉鸡商品代羽毛白色，生长速度快，抗逆性强，而且具有快慢羽伴性遗传，可根据初生雏羽毛生长速度辨别雌雄，即母雏为快羽型，公雏为慢羽型。

哈巴德肉鸡商品代生产性能：混合雏6周龄体重1 405克，料肉比为1.92；7周龄体重1 775克，料肉比2.08；8周龄体重2 115克，料肉比2.40。

（九）红宝肉鸡

红宝肉鸡又称红波罗肉鸡，是由加拿大谢弗种鸡有限公司育成的四系配套杂交鸡。该肉鸡商品代为有色红羽，具有三黄特征，即黄喙、黄腿、黄皮肤，冠和肉髯鲜红，胸部肌肉发达。屠体皮肤光滑，肉味较好。

红宝肉鸡商品代生产性能：混合雏 40 日龄体重 1 290 克，料肉比为 1.86；50 日龄体重 1 730 克，料肉比 1.94；62 周龄体重 2 200 克，料肉比 2.25。

（十）印第安河肉鸡

印第安河肉鸡是由美国印第安河公司育成的四系配套杂交鸡。该肉鸡商品代羽毛白色，生长发育速度较快。

印第安河肉鸡商品代生产性能：混合雏 6 周龄体重 1 510 克，料肉比为 1.78；7 周龄体重 1 915 克，料肉比 1.93；8 周龄体重 2 360 克，料肉比 2.21。

（十一）海佩克肉鸡

海佩克肉鸡是由荷兰海佩克家禽育种公司育成的四系配套杂交鸡。该肉鸡有三种类型，即白羽型、有色羽型和矮小白羽型。有色羽型肉用仔鸡的羽毛掺杂一些白羽毛，白羽型和矮小白羽型肉用仔鸡的羽毛为纯白色。

三种类型的肉用仔鸡生长发育速度均较快，抗病力较强，饲料报酬高。矮小白羽型肉用仔鸡与白羽肉用仔鸡相似，比有色羽型肉用仔鸡高，而且饲养种鸡时可节省饲料，因而具有较高的经济价值。海佩克肉鸡商品代生产性能见表 1-1。

表 1-1　海佩克肉鸡商品代生产性能

周　　龄		6	7	8	9
矮小白羽型 白羽型	体重（千克）	1.650	2.040	2.445	2.850
	饲料转化率	1.89	2.02	2.15	2.28
有色羽型	体重（千克）	1.48		2.19	
	饲料转化率	1.90		2.15	

（十二）海波罗肉鸡

海波罗肉鸡是由荷兰尤利德公司育成的四系配套杂交鸡。该肉鸡商品代羽毛白色，黄喙、黄腿、黄皮肤，以生产性能高、死亡率低而著名。

海波罗肉鸡商品代生产性能：混合雏6周龄体重1 620克，料肉比为1.89；7周龄体重1 980克，料肉比2.02；8周龄体重2 350克，料肉比2.15。

（十三）狄高肉鸡

狄高肉鸡是由澳大利亚狄高公司育成的两种颜色配套杂交鸡。狄高种母鸡为黄褐羽，种公鸡有两个品系，TR83为有色羽，TM70为银灰色羽，商品代的羽色、命名皆随父本。TR83品系公鸡与种母鸡杂交制种所得肉用仔鸡为有色黄褐羽；TM70品系公鸡与种母鸡杂交制种所得肉用仔鸡为银灰色白羽。TR83肉用仔鸡的生产性能略低于TM70肉用仔鸡，其生产性能见表1-2。

表1-2　狄高肉用仔鸡生产性能

周　龄		6	7	8
TM70	公鸡体重（千克）	1.948	2.416	2.886
	母鸡体重（千克）	1.690	2.061	2.432
	饲料转化率	1.84	1.96	2.09
TR83	平均体重（千克）	1.84		
	饲料转化率	1.91		

二、肉鸡优质型品种

（一）惠阳鸡

惠阳鸡原产于广东省东江中下游一带，又叫三黄胡须鸡或惠阳胡须鸡。具有早熟易肥、肉嫩、皮脆骨酥、味美质优等优点。鸡体呈方形，外貌特征是毛黄、嘴黄、腿黄，多数颌下具有发达松散的羽毛。冠直立、色鲜红，羽毛有深黄和浅黄两种。成年公鸡体重2.0～2.5千克，母鸡1.5～2千克。160～180日龄开产，年平均产蛋108个，蛋重40～46克，蛋壳褐色。仔鸡育肥性能好，100～120日龄可上市。

（二）桃源鸡

桃源鸡原产于湖南省桃源县一带，以肉味鲜美而驰名国内外。该鸡体型高大，体躯稍长，呈长方形。单冠，皮肤白色，喙、脚为青灰色。公鸡头颈高昂，勇猛好斗，体羽金黄色或红色，主翼羽和尾羽呈黑色，颈羽金黄色与黑色相间；母鸡体稍高，呈方形，性情温顺，分黄羽型和麻羽型，腹羽均为黄色，主翼羽和主尾羽为黑色。成年公鸡体重4.0～4.5千克，母鸡3.0～3.5千克，190～225日龄开产，年产蛋100～120个，蛋重55克，蛋壳淡棕黄色或淡棕色。

（三）石歧杂鸡

石歧杂鸡是中国香港渔农处根据香港的环境和市场需求而育成的一种商品鸡。该鸡羽毛黄色，体型与惠阳鸡相似，肉质好。

石歧杂鸡生产性能：每只入舍母鸡72周龄产蛋175个，蛋重45～55克，成年体重2.2～2.4千克，仔鸡105日龄体重1.65千克，料肉比3.0：1。

（四）新浦东鸡

新浦东鸡是由上海畜牧兽医研究所育成的我国第一个肉用鸡品种。是利用原浦东鸡作母本，红科尼什、白洛克作父本杂交、选育而成。羽毛颜色为棕黄或深黄，皮肤微黄，胫黄色。单冠，冠、脸、耳、髯均为红色。胸宽而深，身躯硕大，腿粗而高。

新浦东鸡生产性能：鸡群开产日龄（产蛋率达5%）为26周龄，500日龄产蛋量140～152个，平均受精率90%，受精蛋孵化率80%；仔鸡70日龄体重1 500～1 750克，70日龄前死亡率小于5%，料肉比为2.6～3.0。

（五）海新肉鸡

海新肉鸡是上海畜牧兽医研究所用新浦东鸡及我国其他黄羽肉鸡品种资源，培育成三系配套的快速型和优质型黄羽肉鸡。优质型海新201、海新202生长速度较快，饲料转化率高，肉质好，味鲜美。其优质型商品代生产性能见表1-3。

表1-3 海新肉鸡（优质型）商品代生产性能

项　　目	海新201	海新202
饲养天数	90	90
公母鸡平均体重（克）	1 500以上	1 500以上
饲料转化率（%）	3.3	3.5以下

（六）苏禽85肉鸡

苏禽85肉鸡是由江苏省家禽科学研究所育成的三系配套杂交鸡。该肉鸡商品代羽毛黄色，胸肌发达，体质适度，肉质细嫩，滋味鲜美。

苏禽85肉鸡生产性能：混合雏42日龄体重933克，料肉比为2.21；56日龄体重1 469克，料肉比2.4；70日龄体重1 530克，料肉比2.5。

（七）新兴黄鸡

是由广东温氏食品集团南方家禽育种有限公司与华南农业大学共同育成的黄羽肉鸡配套系。在华南、华东和中原各地都有较大的市场占有量。该鸡具有明显的"三黄"特征，体形团圆，在尾羽、鞍羽、颈羽、主翼羽处有轻度黑羽。新兴黄鸡商品代生产性能见表1-4。

表1-4 新兴黄鸡商品代生产性能（10周龄）

项目	公鸡	母鸡	平均
体重（克）	1 700	1 400	1 550
料肉比	2.63	2.76	2.69

（八）江村麻鸡

由广州江村家禽企业培育的优质型肉鸡良种，有三个类型：江村黄鸡JH-1号（特优质型）、江村黄鸡JH-2（快速型）和江村黄鸡JH-3号（中速型），其羽毛、喙和脚均为黄色。江村麻鸡商品代生产性能见表1-5。

表 1-5　江村麻鸡商品代生产性能

类型	公鸡 63 日龄		母鸡 90 日龄	
	体重（克）	料肉比	体重（克）	料肉比
JH-1	1 250	2.4	1 400	3.2
JH-2	1 800	2.2	2 000	2.8
JH-3	1 500	2.3	1 800	3.0

（九）北京油鸡

原产于北京市的德胜门和安定门一带，相传是古代给皇帝的贡品。该鸡冠毛（在头的顶部）、髯毛和跖毛甚为发达，因而俗称"三毛鸡"。油鸡的体躯较小，羽毛丰满而头小，体羽分为金黄色与褐色两种。皮肤、跖和喙均为黄色。成年公鸡体重 2.5 千克，母鸡 1.8 千克，初产日龄 270 天，年产蛋 120～125 个，蛋重 57～60 克。皮下脂肪及体内脂肪丰满，肉质细嫩，鸡肉味香浓。

（十）清远麻鸡

清远麻鸡原产于广东省清远县一代。该鸡体型较小，母鸡全身羽毛为深黄麻色，腿短而细，头小单冠，喙黄色。公鸡羽毛深红色，尾羽及主翼羽呈黑色。成年公鸡体重 1.25 千克，母鸡 1 千克左右。皮脆骨细，肉质细嫩，鸡肉味香浓。

重点难点提示

艾维茵肉鸡、爱拔益加肉鸡、罗曼肉鸡、惠阳鸡、石歧杂鸡、海新肉鸡、苏禽 85 肉鸡。

第二节　现代肉鸡繁育特点

一、现代肉鸡的繁育方法

（一）近亲繁育

近亲繁育主要有三种基本的交配方式，即兄弟姐妹之间的交配、表兄妹间的交配和父女、母子之间或子女与叔伯之间的交配,它们各有其优缺点。在生产实践中,多采用第一种方式,在兄弟姐妹交配所产生的后代中,可获得数量较多合乎理想要求的雏鸡。而在另外两种交配方式的后代中,符合理想要求的雏鸡较前一种交配方式明显减少。采用近亲繁殖的目的主要有两个,其一是可以挑选出一些性能特别优良的个体,其二可使后代群体有比较一致的产蛋量和生长速度。

(二) 品系繁育

品系繁育是目前国际上鸡的育种工作中采用最多的一种方法,其繁育过程如下。

1. 父系的培育 先选理想的公鸡与母鸡进行交配,然后在每一代中再与此公鸡交配,其目的是利用有特别优点的公鸡培育父系。

2. 母系的培育 选出特别优良的母鸡后,利用这些母鸡进行繁育,然后每个世代中都集中在母鸡的选育上,这是专门培育母系的一种方法。

培育出父系和母系后,再利用父系的公鸡与母系的母鸡进行交配,可以在其后代中获得80%的优良个体。

在品系繁育过程中,也必须适当地采用近亲交配,其目的是提高生长率和孵化率。同时,还可以改进体重及体型,通过选择可使鸡种在此两项指标上都得到较大的改进。

(三) 正反反复选择法

正反反复选择法是先从基础鸡群中按性能特点或来源不同,选出优秀的 A、B 两个群体(品系),第一年分成两组配种,第一组正交,即 A 系公鸡配 B 系母鸡;第二组反交,即 B 系公鸡配 A 系母鸡。每一组又分成若干个配种小群,每个小群放 1 只公鸡和 8~10 只母鸡,各小群的后代要在饲养管理条件相同的情况下,分别测定其生产性能。

第二年,将经过测定的第一组中性能最好的 A 系公鸡与第二组中最高产的 A 系母鸡进行 A 系纯繁。B 系纯繁亦按同样方法处理。

第三年用第二年纯繁所得 A、B 系，按第一年的方法又分若干配种小群进行正反交，然后分别测定其后代的生产性能，这种杂交鸡不能留种，可用作商品生产。

第四年重复第二年的工作。

如此正反反复选择，经过一定时间即可形成两个新的品系，而且彼此具有很好的杂交优势，其杂交鸡即可正式用于商品生产。

（四）合成系的选育和利用技术

合成系是由两个或两个以上的系（或品系）杂交，选出具有某些特点并能遗传给后代的一个群体。合成系选育的基本方法是杂交、选择和配合力测定。如此两系（或品种）杂交作为素材，杂交亲本就是基础群，F_1 是零世代，F_2 就是一世代（见图 1-1）。

基础群：　　　　　　　　　　　A♂×B♀

零世代（F_1）：　　　　纯系 C♂×合成系 AB♀×合成系 AB♂

一世代（F）：　　　　商品代 C♂×合成系♀×合成系♂

二世代（F_3）　　　　　　　商品代　合成系育成

图 1-1　合成系选育及利用图解

选育合成系的重点是经济性状，不要求体型外貌和血统上的一致性。合成系育种的目的不是推广合成系本身，而是将它作为商品生产繁育体系中的亲本。这与一般杂交育种不同，它不需从 F_2 代的分离中经多代选优去劣，育成在外形或生产性能上都相当稳定的"纯系"，然后再投入使用。所以，在商品鸡生产中，目前多采用合成系选育技术，生产新的品系和配套组合，为产品更新和商品竞争赢得时间。

合成系的利用，可以两系配套，即：

纯系 A♂×合成系 B♀→商品代

可以三系配套，即：

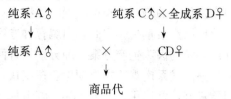

也可以四系配套，即：

合成系选育时，亲本选择至关重要，应将特点突出、生产性能优秀的品系（或家系）作为基础群，使合成系起点高，再与另一个高产纯系配套时，就有可能结合不同亲本的优点，获得杂交优势。合成系育成后，如再经几代选育，就可成为一个纯系，当生产性能达到较高水平后，再进一步提高比较困难，需要改变选种方法，或与其他纯系杂交，引入高产基因，又产生新的合成系。

二、现代肉鸡繁育体系的建立

在 20 世纪 60 年代以前，各国肉鸡生产主要选用一些原始老品种，如白洛克、考尼什、浅花苏赛斯等进行商品生产，其生产性能都比较低。到了 60 年代以后，一些发达国家运用数量遗传学原理，在原来品种的基础上培育出生长速度快、生活力强、性能整齐一致的专门代配套体系。这些配套体系不同于以往简单的品种间杂交，他们首先利用基因的加性效应培育专门化品系，然后利用基因的显性效应进行杂交，产生杂交优势，使后代各种性能完善化，通过多品系的筛选，最后选出优秀的配套品系，生产商品杂交鸡。

目前一些著名的商品肉鸡，一般都是培育专门化父系品种和专门化母系品种。由于鸡的产蛋量与其早期生长速度和成年体重呈负相关，即产蛋量多的鸡其生长速度慢，体型小；而生长速度快、体型大的鸡反而产蛋量少。因此，肉鸡育种专家根据作物育种原理，设计出科学的肉鸡生产方案，即分别培育两个专门化品系——父系和母系。父系肉鸡要求早期生长速度快，体型大，饲料报酬高，肉质良好，常选用白考尼什鸡、红考尼什鸡、芦花鸡等；母系肉种鸡要求产肉性能好，且产蛋量较多，常选用白洛克鸡、浅花苏赛斯鸡、洛岛红鸡等。这样配套品系杂交后，能够为肉鸡商品生产提供质量好、数量多的雏鸡。

目前的商品肉鸡，多数为四系配套杂交或三系配套杂交，少数为五系配套杂交或二系配套杂交。例如，一个四系配套商品杂交鸡，是由配套品系经祖代、父母代两次杂交制种而产生的，这4个配套系即为原种，或称曾祖代。曾祖代是纯系，每个品系均可纯繁，即 AA、BB、CC、DD。从曾祖代中选出的单一性别鸡就是祖代鸡，即 A♂、B♀、C♂、D♀；祖代鸡两两品系杂交后产生父母代，即单交种的 AB♂ 和 CD♀；父母代鸡再一次杂交后产生商品代则为 ABCD 双交种，即四系配套杂交商品鸡。

概括起来，现代商品肉鸡的繁育过程分为育种和制种两部分。育种部分分别由品种资源场、育种场、原种鸡场、科研单位、农业院校、配合力测定站等单位承担，其主要任务是育种素材的收集和保存，纯系的培育，杂交组合测定，品系配套和扩繁。制种部分由祖代鸡场、父母代鸡场、孵化厂等单位所承担，其主要任务是进行两次杂交制种，为商品鸡场供应大量的高产商品杂交鸡。其繁育过程见图1-2。

随着我国商品肉鸡配套体系的建立和完善，目前从国外引进及自己培育成功的商品肉鸡品种愈来愈多，通常可分为两大类，一类是速长型肉鸡，多为白羽，如艾维茵肉鸡、爱拔效力加肉鸡、彼得逊肉鸡、星布罗肉鸡等，其特点是生长速度快，饲料报

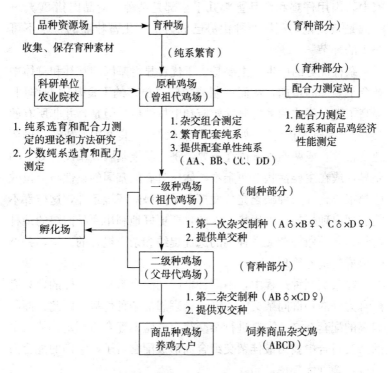

图1-2　肉鸡繁育体系结构示意图

酬高；另一类是优质型肉鸡，其增重速度稍慢于速长型肉鸡，但肉质好，多为黄羽，如新浦东肉鸡、苏禽85肉鸡、北京黄羽肉鸡、海新肉鸡、石杂鸡等。

三、杂种优势的利用

　　鸡的不同品种、品系或其他种用类群杂交后，所产生的后代往往在生活力、生长势及生产性能等方面优于其亲本的纯繁类群，这种现象称为杂种优势。杂种优势的利用在我国早已引起注意，并具体应用于马与驴杂交产生了骡。近半个世纪以来，杂种优势在畜牧业生产中的应用更为广泛。目前在发达国家中，肉用仔鸡和商品蛋鸡几乎全部是杂种，商品肉猪80%～90%是杂交化，利用杂种优势已成为工厂化畜牧业的一个不可缺少的环节。

杂种优势的产生，主要是由于优良显性基因的互补和群体中杂合子频率的增加，从而抑制或减弱了更多的不良基因的作用，提高了整个群体的平均显性效应和上位效应。但是，并非所有的"杂种"都有"优势"。如果系内群体缺乏优良基因，或亲本群体纯度很差，或两亲本群体在主要经济性状上基因频率没有太大的差异，或在主要性状上两亲本群体所具有的基因的显性与上位效应都很小，或杂种缺乏充分发挥杂种优势的环境条件，这样都不能表现出理想的杂种优势。因此，要更好地利用商品肉鸡的杂种优势，必须做好杂交系种鸡的选优提纯和杂交组合的选择，并加强鸡群的饲养管理。

在杂交制种过程中，不同种群间的配合力是不一样的，只有配合力好的种群间杂交，才能获得理想的杂种优势。因此，商品肉鸡的配套杂交，需要进行杂交组合试验即配合力测定，从大量的杂交组合中找出最佳杂交组合而形成配套对子，它们的配合力最好，杂种优势率最高。

目前商品肉鸡的配套杂交方式主要有二元杂交（简单杂交）、三元杂交和四元杂交（双杂交）3种。

二元杂交，指两个不同品种或品系鸡杂交1次，子一代杂种全部用于商品生产。其优点是简单易行，优势明显，配合力也易测定。缺点是每代都得保持纯种品系，耗费较大；杂交种不能继续利用。二元杂交示意如下：

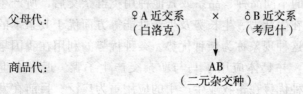

父母代：　　　　　♀A近交系　　×　　♂B近交系
　　　　　　　　　（白洛克）　　　　　（考尼什）

商品代：　　　　　　　　　　AB
　　　　　　　　　　　　（二元杂交种）

三元杂交，指三个不同品种或品系之间的杂交。先用其中两个品种或品系进行杂交，获得的子一代杂种母鸡再与第三个品种或品系的公鸡进行杂交，产生的子二代杂种全部用于商品生产。三元杂交用于商品肉鸡生产，其生产成绩好于二元杂交，制种成本低于四元杂交。三元杂交示意如下：

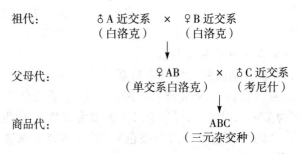

四元杂交，指四个不同品种或品系之间的杂交。四个品种或品系先两两杂交，获得的两个子一代杂种再次杂交，产生的子二代杂种全部用于商品生产。商品肉鸡的四元杂交常应用四个近交系杂交。因近交系一般生活力都较低，通过两个近交系杂交后生活力恢复正常。再把两个近交系杂一代杂交。获得的双杂交后代不仅获得了四个近交系的优点，而且生活力强，生产性能有明显提高。四元杂交示意如下：

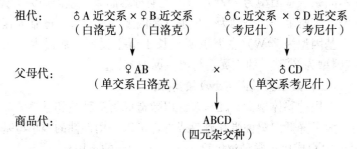

四、伴性遗传基因的利用

在鸡的制种过程中，根据遗传学原理，利用位于性染色体上的某些基因的纯合与重组，培育出自别雌雄品系和矮小型品系。

(一) 伴性银色基因 (S) 的利用

鸡的染色体为 ZW 型，即公鸡是一对形态相同的性染色体，用符号 ZZ 表示；母鸡只有一条 Z 染色体，另一条染色体比 Z 染色体短，称 W 染色体，而伴性银色羽基因 (S) 与褐色羽基因 (s) 为等位基因，且只存在于 Z 染色体上。因此，在鸡制种过程中，首先纯合 S 基因和 s 基因，即父本品系的基因型为 Z^sZ^s、Z^sW，母本品系的基因型为 Z^sZ^s、Z^sW。这样，在生产商品鸡时，把具有银色基因的白色母本品系 (基因型为 Z^sW) 与褐色的父本品系 (基因型为 Z^sZ^s) 交配，其所生子代公鸡为白羽 (基因型为 Z^sZ^s)，母鸡为褐色羽 (基因型为 Z^sW；初生雏的胎毛颜色，公的为白色，母的为茶色)，可以很容易地进行雌雄鉴别。

(二) 速生羽基因 (k) 与慢生羽基因 (K) 的利用

鸡的羽毛生长快慢也是伴性性状，速生羽鸡的基因型是 Z^kZ^k 或 Z^kW，慢生羽鸡的基因型是 Z^KZ^K、或 Z^KW。因此，在鸡制种过程中把父、母系品系首先纯合 K 基因和 k 基因，培育出基因型为 Z^kZ^k、Z^kW 的父本品系和基因型为 Z^KZ^K、Z^KW 的母本品系。这样，在生产商品鸡时，把具有速生羽基因 k 的速生羽父本品系 (基因型为 Z^kZ^k) 与慢生羽母本品系 (基因型为 Z^KW) 交配，其所生子代公雏为慢生羽 (基因型为 Z^KZ^k)，母雏为速生羽 (基因型为 Z^kW) 主翼羽明显长于覆主翼羽；而慢生羽公雏 (基因型为 Z^KZ^k) 的主翼羽与覆主翼羽等长。

(三) 矮小型基因 (dw) 的利用

肉用种鸡体型大，耗料多。以致造成所产种蛋和雏鸡的成本高。为了降低肉鸡种蛋和雏鸡成本，可以利用伴性的矮小型基因 (dw)，育成比正常种鸡体型小 15%～30% 的肉用种鸡。

通过育种，矮小型基因 (dw) 在种鸡群中纯化后，用矮小型种母鸡 (基因型为 $Z^{dw}W$) 与正常种公鸡 (基因型为 $Z^{DW}Z^{DW}$)

交配，其所生后代无论母雏（基因型为 $Z^{DW}W$），还是公雏（基因型为 $Z^{DW}Z^{dw}$）都能够正常生长发育。

由于矮小型种母鸡的体重为正常种母鸡的 2/3，因而饲料消耗量小，种蛋和生产成本低，雏鸡便宜。

重点难点提示

杂种优势的利用、伴性遗传基因的利用。

第二讲
肉鸡营养与饲料

本讲目的

1. 让读者了解肉鸡常用饲料中所含有的营养物质及其功能。

2. 让读者了解肉鸡常用饲料的营养特点。

3. 让读者了解、掌握各种肉鸡饲养标准。

4. 让读者掌握配合肉鸡饲粮的常用方法。

第一节　饲料中的营养物质与功能

饲料中含有鸡所需要的各种营养物质，经常规化学分析得知：饲料中含有水、粗蛋白质、碳水化合物、粗脂肪、维生素和矿物质等六大营养物质，它们在鸡体内相互作用，表现出其营养价值。

一、水

各种饲料与鸡体内均含有水分。但因饲料的种类不同，其含量差异很大，一般植物性饲料含水量在 5%～95%，禾本科籽实饲料含水量为 10%～15%。在同一种植物性饲料中，由于其收割期不同，水分含量也不尽相同，随其成熟而逐渐减少。

饲料中含水量的多少与其营养价值、贮存密切相关。含水量高的饲料，单位重量中含干物质较少，其中养分含量也相对减少，故其营养价值也低，且容易腐败变质，不利于贮存与运输。适宜贮存的饲料，要求含水量在14%以下。

鸡体内含水量在50%～60%，主要分布于体液（如血液、淋巴液）、肌肉等组织中。

水是鸡生长发育所必需的营养素，对鸡体内正常的物质代谢有着特殊的作用。它是各种营养物质的溶剂，在鸡体内各种营养物质的消化、吸收、代谢废物的排出、血液循环、体温调节等离不开水。如果饮水不足，饲料消化率和鸡群产蛋率就会下降，严重时会影响鸡体健康，甚至引起死亡。试验证明，肉用仔鸡长期缺水，生长速度缓慢，而且后果不可挽回。若体内损失10%水分，会造成代谢紊乱；损失20%水分则濒于死亡。高温环境中缺水，后果更为严重。因此，必须在饲养全期供给充足、清洁的饮水。

鸡在缺水后明显表现为循环障碍。鸡对水分的需要比食物更为重要，在断绝食物后还可以活10天或更长一段时间，但缺水时间太长，其生命就会受到威胁。

二、粗蛋白质

粗蛋白质是饲料中含氮物质的总称，包括纯蛋白质和氨化物。在鸡的生命活动中，蛋白质具有重要的营养作用。它是形成鸡肉、鸡蛋、内脏、羽毛、血液等的主要成分，是维持鸡的生命、保证生长和产蛋的极其重要的营养素，而且蛋白质的作用不能用其他营养成分来代替。如果饲粮中缺少蛋白质，雏鸡生长缓慢，严重时可引起死亡。相反，饲粮中蛋白质过多也是不利的，它不仅增加饲料价格，造成浪费，而且还会使鸡代谢障碍，体内有大量尿酸盐沉积，是导致痛风病的原因之一。

各种饲料中粗蛋白质的含量和品质差别很大。就其含量而言，动物性饲料中最高，油饼类次之，糠麸及禾本科籽实类较低。就其质量而言，动物性饲料、豆科及油饼类饲料中蛋白质品质较好。一般来说，饲料中蛋白质含量愈多，其营养价值就愈高。蛋白质品质的优劣是通过氨基酸的数量与比例来衡量的，在纯蛋白质中大约有 20 多种氨基酸，这些氨基酸可分为两大类，一类是必需氨基酸，另一类是非必需氨基酸。所谓必需氨基酸是指在鸡体内不能合成或合成的速度很慢，不能满足鸡的生长和产蛋需要，必须由饲料供给的氨基酸。如蛋氨酸、赖氨酸、色氨酸、胱氨酸、精氨酸、苯丙氨酸等。在鸡的必需氨基酸中，蛋氨酸、赖氨酸、色氨酸在一般谷物中含量较少，它们的缺乏往往会影响其他氨基酸的利用率，因此这三种氨基酸又称为限制性氨基酸。在鸡的饲粮中，除了供给足够的蛋白质，保证各种必需氨基酸的含量外，还要注意各种氨基酸的比例搭配，这样才能满足鸡的营养需要。

三、碳水化合物

碳水化合物是植物性饲料的主要成分，也是组成鸡饲料中数量最多的营养物质，在各种鸡饲料中约占 $50\% \sim 85\%$。碳水化合物主要包括淀粉、纤维素、半纤维素、木质素及一些可溶性糖类。它在鸡体内分解后（主要指淀粉和糖）产生热量，用以维持体温和供给体内各器官活动时所需的能量。饲粮中碳水化合物不足时，会影响鸡的生长和产蛋；过多时，会影响其他营养物质的含量，也会造成鸡体过肥。此外，粗纤维（指纤维素、半纤维素、木质素）可以促进胃肠蠕动，帮助消化。饲料中缺乏粗纤维时会引起鸡便秘，并降低其他营养物质的消化率。但由于饲料在鸡消化道内停留时间短，且肠内微生物又少，因而鸡对饲粮中的粗纤维几乎不能消化吸收。如果饲粮中粗纤维含量过多，会降低其营养价值。一般来说，在鸡的饲粮中，粗纤维含量不宜超过 5%。

四、粗脂肪

在饲料分析中，凡是能够用乙醚浸出的物质统称为粗脂肪，包括真脂和类脂（如固醇，磷脂等），脂肪和碳水化合物一样，在鸡体内分解后产生热量，用以维持体温和供给体内各器官运动需要的能量。其热量是碳水化合物或蛋白质的 2.25 倍；脂肪是体细胞的组成成分，也是脂溶性维生素的携带者，脂溶性维生素 A、维生素 D、维生素 E、维生素 K 必须以脂肪作溶剂在体内运输，若饲粮中缺乏脂肪时，则影响这一类维生素的吸收和利用。例如用高糖、高蛋白质饲料喂肉鸡，在维生素不足的情况下易发生因维生素 A、E 缺乏而引起生长较快的肉鸡大批死亡，若预先加入植物油或维生素 E 就能预防这种疾病的发生。另外，脂肪酸中的亚麻油酸、次亚麻油酸花生油酸对雏鸡的生长发育有重要作用，称之为必需脂肪酸。若饲粮缺乏这三种脂肪酸就会阻碍雏鸡的生长，甚至引起死亡。试验证明，在肉用仔鸡饲粮中添加 1%～5% 的脂肪，对肉用仔鸡生长及提高饲料利用率，都有良好的效果。

五、维生素

维生素是一种特殊的营养物质。鸡对维生素的需要量虽然很少，但它是鸡体内辅酶或酶辅基的组成成分，对保持鸡体健康、促进其生长发育、提高产蛋率和饲料利用率的作用是很大的。维生素的种类很多，它们的性能和作用各不相同，但归纳起来可分为两大类，一类是脂溶性维生素，包括维生素 A、维生素 D、维生素 E、维生素 K 等；另一类是水溶性维生素，包括维生素 B 族和维生素 C。青饲料中含各种维生素的量较多，应经常补饲。但大规模养鸡时，由于青饲料花费劳力多，所以应在饲料内添加人工合成的多种维生素，以补充饲粮内维生素的含量。

（一）维生素 A

它在鸡体内可以维持呼吸道、消化道、生殖道上皮细胞或黏膜的结构完整与健全；促进雏鸡的生长发育；增强鸡对环境的适应力和抵抗力；提高鸡的产蛋量和种蛋孵化率。维生素 A 只存在于动物性饲料中，以鱼肝油含维生素 A 最为丰富。植物性饲料中不含维生素 A，但含有胡萝卜素，黄玉米中含有玉米黄素，它们在动物体内都可以转化为维生素 A。胡萝卜素在青绿饲料中含量比较多，而在谷物、油饼、糠麸中含量很少。

（二）维生素 D

它参与骨骼、蛋壳形成的钙、磷代谢过程，能够促进肠道对钙、磷吸收，调节肾脏对钙、磷的排泄，改善骨骼中钙、磷贮备状况，维持血液中的钙、磷平衡。维生素 D 主要有维生素 D_2 和 D_3 两种，维生素 D_3 是由动物皮肤内的 7-脱氢胆固醇经阳光紫外线照射而生成的，主要贮存于肝脏、脂肪和蛋白中。维生素 D_2 是由植物中的麦角固醇经阳光紫外线照射而生成的，主要存在于青绿饲料和晒制的青干草中。但鱼粉、肉粉、血粉等常用动物性饲料含维生素 D_3 较少，谷物、饼粕及糠麸中维生素 D_2 的含量也微不足道，鸡从这些饲料中得到的维生素 D 远远不能满足需要。散养鸡可以从青绿饲料中获取维生素 D_2，通过日光浴体内合成维生素 D_3，以满足自身需要。由于舍内养鸡日光浴受到限制，易缺乏维生素 D，要注意在饲粮中添加维生素 D_3 制剂。

（三）维生素 E

它是一种抗氧化剂和代谢调节剂，对消化道和体组织中的维生素 A 有保护作用，能促进雏鸡的生长发育和提高种鸡的繁殖力，鸡处于逆境时对维生素 E 需要量增加。维生素 E 在植物油、谷物胚芽及青绿饲料中含量丰富。相对来说，米糠、大麦、棉仁饼中含量也稍多，豆饼、鱼粉次之，玉米、高粱及小麦麸中较贫乏。

（四）维生素 K

它主要催化合成凝血酶原，维持血液的正常凝血功能。雏鸡维生素 K 不足造成皮下出血呈现紫斑；种鸡饲料中维生素 K 不足孵化率降低。维生素 K 在青饲料和鱼粉中含有，一般不易缺乏。补充时可用人工合成的维生素 K。

（五）维生素 B_1

也叫硫胺素。它参与碳水化合物代谢，有助于胃肠道的消化作用，并有利于神经系统维持正常机能。维生素 B_1 在自然界中分布广泛，多数饲料中都含有，在糠麸、酵母中含量丰富，在豆类饲料、青绿饲料的含量也比较多，但在根茎类饲料中含量很少。

（六）维生素 B_2

又叫核黄素。它是鸡体内黄酶类辅基的组成成分，参与碳水化合物、脂肪和蛋白质的代谢，是鸡体较易缺乏的一种维生素。维生素 B_2 在青绿饲料、苜蓿粉、酵母粉、蚕蛹粉中含量丰富，鱼粉、油饼类饲料及糠麸次之，籽实饲料如玉米、高粱、小米等含量较少。在一般情况下，用常规饲料配合鸡的饲粮，往往维生素 B_2 含量不足，需注意添加维生素 B_2 制剂。

（七）维生素 B_3

也叫泛酸。它是辅酶 A 的组成成分，参与体内碳水化合物、脂肪及蛋白质的代谢。雏鸡缺乏泛酸时，生长受阻，羽毛粗糙，眼内有黏性分泌物流出，使眼睑边有粒状物，把上下眼睑粘在一起，喙角和肛门有硬痂，脚爪有炎症；成鸡缺乏泛酸时，虽然没有明显症状，产蛋率下降幅度不大，但孵化率低，育雏成活率低。维生素 B_3 在各种饲料中均有一定含量，在苜蓿粉、糠麸、酵母及动物性饲料中含量丰富，根茎饲料中含量较少。

（八）维生素 B_4

也叫胆碱。它是卵磷脂和乙酰胆碱的组成成分。卵磷脂参与脂肪代谢，对脂肪的吸收、转化起一定作用，可防止脂肪在肝脏中沉积。乙酰胆碱可维持神经的传导功能。胆碱还是促进雏鸡生长的维生素。饲粮中胆碱充足可降低蛋氨酸的需要量，因为胆碱结构中的甲基可供机体内合成蛋氨酸，蛋氨酸中的甲基也可供机体合成胆碱。缺乏时，雏鸡生长缓慢，发育不良；成鸡尤其是笼养鸡，易患脂肪肝。胆碱在动物性饲料、干酵母、油饼中含量较多，而谷物饲料中含量很少。

（九）维生素 B_5

也叫烟酸、尼克酸或维生素 PP。它在鸡体内转化为烟酰胺，是辅酶Ⅰ和辅酸酶Ⅱ的组成成分。这两种酶参与碳水化合物、脂肪和蛋白质的代谢，对维持皮肤和消化器官的正常功能起重要作用。雏鸡对烟酸需要量高，缺乏时食欲减退，生长缓慢，羽毛发育不良，踝关节肿大，腿骨弯曲；成鸡缺乏时，种蛋孵化率降低。烟酸在青绿饲料、糠麸、酵母及花生饼中含量丰富，在鱼粉、肉骨粉中含量也较多，但鸡对植物性饲料中的烟酸利用率低。

（十）维生素 B_6

也叫吡哆醇。它是氨基酸转换酶辅酶的重要成分，参与蛋白质的代谢。鸡缺乏吡哆醇时发生神经障碍，从兴奋而至痉挛，雏鸡生长缓慢，成鸡体重减轻，产蛋率及种蛋孵化率低。吡哆醇主要存在于酵母、糠麸及植物性蛋白质饲料中，动物性饲料及根茎类饲料相对贫乏。

（十一）维生素 B_7

也叫生物素或维生素 H，它参与各种有机物的代谢。缺乏生物素时，会破坏鸡体内分泌功能，雏鸡常发生眼睑、嘴及头部、脚部表皮角质化；成鸡产蛋率受影响，种蛋孵化率降低。生物素在蛋白质饲料中含量丰富，在青绿饲料、苜蓿粉和糠麸中也比较多。

（十二）维生素 B_{11}

也叫叶酸或维生素 M。它参与蛋白质与核酸等代谢过程，与维生素 C 和维生素 B_{12} 共同促进红细胞和血红蛋白的生成，并有利于抗体的生成，对防止恶性贫血和肌肉、羽毛的生成有重要作用。鸡缺乏时生长发育不良，羽毛不正常，贫血，种蛋孵化率低。叶酸在酵母、苜蓿粉中含量丰富，在麦麸、青绿饲料中的含量也比较多，但在玉米中比较贫乏。

（十三）维生素 B_{12}

又叫氰酸钴维生素或氰钴维生素。它有助于提高造血机能，提高饲粮蛋白质利用率。缺乏时，幼鸡羽毛蓬乱，生长发育停滞；成鸡产蛋率下降，种蛋孵化率降低。维生素 B_{12} 只存在于动物性饲料中，鸡舍内垫草中由于微生物的存在，也含有一些维生素 B_{12}。

（十四）维生素 C

又叫抗坏血酸。它能促进肠道内铁的吸收，增强鸡体免疫力，缓解应激反应。缺乏时，鸡易患坏血病，生长停滞，体重减轻，关节变软，身体各部出血、贫血。维生素 C 在青绿饲料中含量丰富。

六、矿物质

矿物质是构成骨骼、蛋壳、羽毛、血液等组织不可缺少的成分，对鸡的生长发育、生理机能及繁殖系统具有重要作用。鸡需要的矿物质元素有钙、磷、钠、钾、氯、镁、硫、铁、铜、钴、碘、锰、锌、硒等，其中前7种是常量元素（占体重0.01%），后7种是微量元素。

（一）钙、磷

钙、磷是鸡需要量最多的两种矿物质元素，主要构成骨骼和蛋壳，此外还对维持神经、肌肉、心脏等正常生理机能起重要作用。缺钙时，鸡出现佝偻病和软骨病，生长停滞，产蛋率下降，产薄壳蛋或软壳蛋。

钙与饲粮中能量浓度有一定关系，一般饲粮中能量高时，含钙量也要适当增加，但也不是含钙量愈多愈好。如超过需要量，则影响鸡对镁、锰、锌等元素的吸收，对鸡的生长发育和生产也不利。

钙在贝粉、石粉、骨粉等矿物质饲料中含量丰富，而在一般谷物、糠麸中含量很少。磷的主要来源是矿物质饲料、糠麸、饼粕类和鱼粉，鸡对植酸磷的利用能力较低，约为 $30\% \sim 50\%$，而对无机磷的利用能力很高，能达 100%。

（二）钾、钠、氯

它们对维持鸡体内渗透压、调节酸碱平衡等方面起重要作用。如果缺乏钠、氯，可导致消化不良、食欲减退、啄肛、食羽等。食盐是钠、氯的主要来源，它还能改善饲料的适口性，但摄入量过多，会导致鸡食盐中毒甚至死亡。

（三）镁、硫

镁是构成骨质必需的元素，它与钙、磷和碳水化合物的代谢有密切关系。缺乏时，鸡生长发育不良，但过多会扰乱钙、磷平衡，导致下痢。

硫存在于鸡体蛋白和蛋内，羽毛含硫 2%，缺乏时会影响雏鸡的羽毛生长。

（四）铁、铜、钴

它们参与血红蛋白的形成和体内代谢，三者在鸡体内起协同作用，缺一不可，否则就会产生营养性贫血。铁是血红素、肌红素的组成成分，铜能催化血红蛋白的形成，钴是维生素 B_{12} 的成分之一。

（五）锰、碘、锌、硒

锰影响鸡的生长和繁殖，缺乏时，雏鸡易患骨短粗症和曲腱症，育成鸡性成熟推迟。

碘是形成鸡体甲状腺所必需的物质，缺乏时会导致甲状腺肿大，代谢机能降低，丧失生殖力。

锌是鸡体内多种酶类、激素和胰岛素的组成成分，参与碳水化合物、蛋白质和脂肪的代谢，与羽毛的生长、皮肤健康和伤口愈合密切相关。缺锌时，生长鸡生长发育缓慢，羽毛生长不良，诱发皮炎。

硒是谷胱甘肽过氧化酶的组成成分，与维生素 E 相互协调，是蛋氨酸转化胱氨酸所必需的元素。能保护细胞膜完整，对心肌起保护作用。缺乏时，雏鸡皮下出现大块水肿，积聚血样液体。

七、能量

饲料中的有机物—蛋白质、脂肪和碳水化合物都含有能量。营养学中所采用的能量单位是热化学上的卡，在生产中为了方便起见，常用大卡（千卡）或兆卡来表示，目前已改用焦耳、千焦、兆焦作为能量单位。

1 千卡（kcal）＝1 000 卡（cal）

1 兆卡（Mcal）＝1 000 千卡（kcal）

1 千卡（kcal）＝4.184 千焦（kJ）

1 千焦（kJ）＝1 000 焦耳（J）

1 兆焦（MJ）＝1 000 千焦（kJ）

鸡的一切生理活动，如呼吸、循环、吸收、排泄、繁殖和体温调节等都需要能量，而能量来源主要是饲料中的碳水化合物、脂肪、蛋白质等营养物质。其中，脂肪的能值为 39.54 兆焦/千克，蛋白质为 23.64 兆焦/千克，碳水化合物为 17.36 兆焦/千克。饲料中各种营养物质的热能总值称为饲料总能；饲料中的营养物质在鸡的消化道内不能完全被消化吸收，不能消化的物质随粪便排出，粪中也含有能量，食入饲料的总能量减去粪中的能量，才是被鸡消化吸收的能量，这种能量称为消化能；食物在肠道消化时还会产生以甲烷为主的气体，被吸收的养分有些也不被利用而以尿中的各种形式排出体外，这些气体和尿中排出的能量未被鸡体利用，饲料消化能减去气体能和尿能，余者便是代谢能。在一般情况下，由于鸡的粪尿排出时混在一起，因而生产中只能去测定饲料的代谢能而不能直接测定其消化能，故鸡饲料中的能量都以代谢能来表示；代谢能去掉体增热消耗，余者便是净能。能量在体内守恒关系如下：

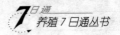
$$消化能＝总能－粪能$$
$$代谢能＝总能－粪能－尿能－气体能$$
$$净能＝代谢能－体增热$$

鸡是恒温动物，有维持体温恒定的能力。当外界温度低时，机体代谢加速，产热量增加，以维持正常体温，维持能量的消耗也就增多。因此，冬季饲粮中能量水平应适当提高。

鸡还有自身调节采食量的本能，饲粮能量水平低时就多采食，使一部分蛋白质转化为能量，造成蛋白质的过剩或浪费；饲粮能量过高，则相对减少采食量，影响了蛋白质和其他营养物质的摄取量，从而造成体内能量相对剩余，使鸡体过肥，对鸡产蛋不利。因此，在配合饲粮时必须首先确定适宜的能量标准，然后在此基础上确定其他营养物质的需要量。在我国鸡的饲养标准中，为了平衡饲粮的能量和蛋白质，用蛋白能量比来规定蛋白质与能量的比例关系。

重点难点提示

> 粗蛋白质及限制性氨基酸、碳水化合物、能量、维生素 A、维生素 D、维生素 E、维生素 B_1、维生素 B_2、胆碱、矿物质钙、磷、钠、氯、铁、硒。

第二节　肉鸡的常用饲料

一、能量饲料

饲料中的有机物都含有能量，而这里所谓能量饲料是指那些富含碳水化合物和脂肪的饲料，在干物质中粗纤维含量在 18% 以下，粗蛋白质含量在 20% 以下。这类饲料的消化率高，每千克饲料干物质代谢为 $7.11\sim14.6$ 兆焦；粗蛋白质含量少，仅为 $7.8\%\sim13\%$，特别是缺乏赖氨酸和蛋氨酸；含钙少、磷多。

因此，这类饲料必须和蛋白质饲料等其他饲料配合使用。

（一）玉米

玉米含能量高、纤维少，适口性好，消化率高，是养鸡生产中用得最多的一种饲料，素有饲料之王的称号。中等质地的玉米含代谢能 12.97～14.64 兆焦/千克，而且黄玉米中含有较多的胡萝卜素，用黄玉米喂鸡可提供一定量的维生素 A，可促进鸡的生长发育、产蛋及卵黄着色。玉米的缺点是蛋白质含量低、质量差，缺乏赖氨酸、蛋氨酸和色氨酸，钙、磷含量也较低。在鸡的饲粮中，玉米可占 50%～70%。

（二）高粱

高粱中含能量与玉米相近，但含有较多的单宁（鞣酸），使味道发涩，适口性差，饲喂过量还会引起便秘。一般在饲粮中用量不超过 10%～15%。

（三）粟

俗称谷子，去壳后称小米。小米含能量与玉米相近，粗蛋白质含量高于玉米，为 10% 左右，核黄素（维生素 B_2）含量高（1.8 毫克/千克），而且适口性好，一般在饲粮中用量占 15%～20%为宜。

（四）碎米

是加工大米筛下的碎粒。含能量、粗蛋白质、蛋氨酸、赖氨酸等与玉米相近，而且适口性好，是鸡良好的能量饲料，一般在饲粮中用量可占 30%～50%或更多一些。

（五）小麦

小麦含能量与玉米相近，粗蛋白质含量高，且含氨基酸比其他谷实类完全，B 族维生素丰富，是鸡良好的能量饲料。但优质小麦价格昂贵，生产中只能用不宜做饲粮的小麦（麦秕）做饲料。麦秕是不成熟的小麦，籽粒不饱满，其蛋白质含量高于小麦，适口性好，且价格也比较便宜。小麦和麦秕在饲粮中用量可占 10%～30%。

（六）大麦、燕麦

大麦和燕麦含能量比小麦低，但 B 族维生素含量丰富。因其皮壳粗硬，不易消化，需破碎或发芽后少量搭配饲喂。在肉种鸡饲粮中含量不宜超过 15%，肉用仔鸡应控制在全部饲料量的 5% 以下。

（七）小麦麸

小麦麸粗蛋白质含量较高，可达 13%～17%，B 族维生素含量也较丰富，质地松软，适口性好，是肉鸡的常用饲料。由于麦麸粗纤维含量高，容积大，且有轻泻作用，故用量不宜过多。一般在饲粮中的用量，雏鸡和成鸡可占 5%～15%，育成鸡可占 10%～20%，肉用仔鸡可占 5%～10%。

（八）米糠

米糠是稻谷加工的副产物，其成分随加工大米精白的程度而有显著差异。米糠含能量低，粗蛋白质含量高，富含 B 族维生素，多含磷、镁和锰，少含钙，粗纤维含量高。由于米糠含油脂较多，故久贮易变质。一般在饲粮中米糠用量可占 5%～10%。

（九）高粱糠

高粱糠粗蛋白质含量略高于玉米，B 族维生素含量丰富，但含粗纤维量高、能量低，且含有较多的单宁（单宁和蛋白质结合发生沉淀，影响蛋白质的消化，适口性差。一般在饲粮中用量不宜超过 5%。

（十）油脂饲料

油脂含能量高，其发热量为碳水化合物或蛋白质的 2.25 倍。油脂可分为植物油和动物油两类，植物油吸收率高于动物油。为提高饲粮的能量水平，可添加一定量的油脂。据试验，在肉用仔鸡饲粮中添加 2%～5% 的脂肪，对加速增重和提高饲料转化率都有较好的效果。

二、蛋白质饲料

蛋白质饲料一般指饲料干物质中粗蛋白质含量在 20% 以上，

粗纤维含量在18%以下的饲料。蛋白质饲料主要包括植物性白质饲料和动物性蛋白质饲料及酵母。

1. **植物性蛋白质饲料** 主要有豆饼（豆粕）、花生饼、葵花饼、芝麻饼、菜籽饼、棉籽饼等。

（1）豆饼（豆粕） 大豆因榨油方法不同，其副产物可分为豆饼和豆粕两种类型。用压榨法加工的副产品叫豆饼，用浸提法加工的副产品叫豆粕。豆饼（粕）中含粗蛋白质40%～45%，含代谢能10.04～10.88兆焦/千克，矿物质、维生素的营养水平与谷实类大致相似，且适口好，经加热处理的豆饼（粕）是鸡最好的植物性蛋白质饲料，一般在饲粮中用量可占10%～30%。虽然豆饼中赖氨酸含量比较高，但缺乏蛋氨酸，故与其他饼粕类或鱼粉配合使用，或在以豆饼为主要蛋白质饲料的无鱼粉饲粮中加入一定量合成氨基酸，饲养效果更好。

在大豆中含有抗胰蛋白酶、红细胞凝集素和皂角素等，前者阻碍蛋白质的消化吸收，后者是有害物质。大豆榨油前，其豆胚经130～150℃蒸气加热，可将有害酶类破坏，除去毒性。用生豆饼（用生榨压成的豆饼）喂鸡是十分有害的，生产中应加以避免。

（2）花生饼 花生饼中粗蛋白质含量略高于豆饼，为42%～48%，精氨酸含量高，赖氨酸含量低，其他营养成分与豆饼相差不大，但适口性好于豆饼，与豆饼配合使用效果较好，一般在饲粮中用量可占15%～20%。

生花生仁和生大豆一样，含有抗胰蛋白酶，不宜生喂，用浸提法制成的花生饼（生花生饼）应进行加热处理。此外，花生饼脂肪含量高，不耐贮藏，易染上黄曲霉菌而产生黄曲霉毒素，这种毒素对鸡危害严重。所以，生长黄曲霉的花生饼不能喂鸡。

（3）葵花籽饼（粕） 葵花籽饼的营养价值随含壳量多少而定。优质的脱壳葵花籽饼粗蛋白质含量可达40%以上，蛋氨酸含量比豆饼多2倍，粗纤维含量在10%以下，粗脂肪含量在5%

以下，钙、磷含量比同类饲料高，B族维生素含量也比豆饼丰富，且容易消化。但目前完全脱壳的葵花籽饼很少，绝大部分是含一定量的籽壳，从而使其粗纤维含量较高，消化率降低。目前常见的葵花籽饼的干物质中粗蛋白质平均含量为22%，粗纤维含量为18.6%；葵花籽粕含粗蛋白质24.5%，含粗纤维19.9%，按国际饲料分类原则应属于粗饲料。因此，含籽壳较多的葵花籽饼（粕）在饲粮中用量不宜过多，一般占5%～15%。

（4）芝麻饼 芝麻饼是芝麻榨油后的副产物，含粗蛋白质40%左右，蛋氨酸含量高，适当与豆饼搭配喂鸡，能提高蛋白质的利用率。一般在饲粮中用量可占5%～10%。由于芝麻饼含脂肪多而不宜久贮，最好现粉碎现喂。

（5）菜籽饼 菜籽饼粗蛋白质含量高（约38%左右），营养成分含量也比较全面，与其他油饼类饲料相比突出的优点是：含有较多的钙、磷和一定量的硒，B族维生素（尤其核黄素）的含量比豆饼含量丰富，但其蛋白质生物学价值不如豆饼，尤其含有芥子毒素，有辣味，适口性差，生产中需加热处理去毒才能作为鸡的饲料，一般在饲粮中含量占5%左右。

（6）棉籽饼 机榨脱壳棉籽饼含粗蛋白质33%左右，其蛋白质品质不如豆饼和花生饼；粗纤维含量18%左右，且含有棉酚。如喂量过多不仅影响蛋的品质，而且还降低种蛋受精率和孵化率。一般来说，棉籽饼不宜单独做鸡的蛋白质饲料，经去毒后（加入0.5%～1%的硫酸亚铁），添加氨基酸或与豆饼、花生饼配合使用效果较好，但在饲粮中量不宜过多，一般不超过4%。

（7）亚麻仁饼 亚麻仁饼含粗蛋白质37%以上，钙含量高，适口性好，易于消化，但含有亚麻毒素（氢氰酸），所以使用时需进行脱毒处理（用凉水浸泡后高温蒸煮1～2小时），且用量不宜过大，一般在饲粮中用量不超过5%。

2. 动物性蛋白质饲料 主要有鱼粉、肉骨粉、蚕蛹粉、血粉、羽毛粉等。

（1）鱼粉　鱼粉中不仅蛋白质含量高（45%～65%），而且氨基酸含量丰富而完善，其蛋白质生物学价值居动物性蛋白质饲料之首。鱼粉中维生素A、D、E及B族维生素含量丰富，矿物质含量也较全面，不仅钙、磷含量高，而且比例适当；锰、铁、锌、碘、硒的含量也是其他任何饲料所不及的。进口鱼粉颜色棕黄，粗蛋白质含量在60%以上，含盐量少，一般可占饲粮的5%～15%；国产鱼粉呈灰褐色，含粗蛋白质35%～55%，盐含量高，一般可占饲粮的5%～7%，否则易造成食盐中毒。

（2）肉骨粉　肉骨粉是由肉联厂的下脚料（如内脏、骨骼等）及病畜体的废弃肉经高温处理而制成的，其营养物质含量随原料中骨、肉、血、内脏比例不同而异，一般蛋白质含量为40%～65%，脂肪含量为8%～15%。使用时，最好与植物性蛋白质饲料配合，用量可占饲粮的5%左右。

（3）血粉　血粉中粗蛋白质含量高达80%左右，富含赖氨酸，但蛋氨酸和胱氨酸含量较少，消化率比较低，生产中最好与其他动物性蛋白质饲料配合使用，用量不宜超过饲粮的3%。

（4）蚕蛹粉　蚕蛹粉含粗蛋白质50%～60%，各种氨基酸含量比较全面，特别是赖氨酸、蛋氨酸含量比较高，是鸡良好的动物性蛋白质饲料。由于蚕蛹粉中含脂量多，贮藏不好极易腐败变质发臭，因而蚕蛹粉要注意贮藏，使用时最好与其他动物性蛋白质饲料搭配，用量可占饲粮的5%左右。

（5）羽毛粉　水解羽毛粉含粗蛋白质近80%，但蛋氨酸、赖氨酸、色氨酸和组氨酸含量低，使用时要注意氨基酸平衡问题，应与其他动物性饲料配合使用，一般在饲粮中用量可占2%～3%。

3. 酵母　目前，我国饲料生产中使用的酵母有饲料酵母和石油酵母。

（1）饲料酵母　生产中常用啤酒酵母制作饲料酵母。这类饲料含粗蛋白质较多，消化率高，且富含各种必需氨基酸和B族维生素。利用饲料酵母配合饲粮,可补充饲料中蛋白质和维生素营养,用量可占饲粮的 5%～10%。

(2) 石油酵母 石油酵母是利用石油副产品生产的单细胞蛋白质饲料,其营养成分与用量与饲料酵母相似。

三、青饲料

水分含量为 60% 以上的青绿饲料、树叶类及非淀粉质的块根、块茎、瓜果类都属于青饲料。青饲料富含胡萝卜素和 B 族维生素,并含有一些微量元素,且适口性好,对鸡的生长、产蛋及维持健康均有良好作用。小规模散养鸡时,青饲料用量可占精料的 20%～30%,既可以生喂,也可以切碎或打浆后拌入饲料中;大规模笼养鸡,可将青饲料晒干粉碎,作为维生素饲料加于饲粮中,用量可占饲粮的 5%～10%。

1. 白菜 鲜白菜中含水分高达 94%～96%,含代谢能 375～630 千焦/千克,含粗蛋白质 1.1%～1.4%,含维生素量较多,且适口性好,是喂鸡较好的青饲料。

2. 甘蓝 甘蓝中含水分 85%～90%,含代谢能 1 045～1 465千焦/千克,含粗蛋白质 2.5%～3.5%,维生素含量比较丰富,且适口性好。

3. 野菜类 如苦荬菜、鹅食菜、蒲公英等,适口性好,营养价值高,干物质占 15%～20%,含代谢能 1 255～1 675 千焦/千克,含粗蛋白质 2.0%～3.0%,维生素含量极为丰富。

4. 胡萝卜 鲜胡萝卜营养价值很高,水分占 90%,含粗蛋白质 1.3%、代谢能 879 千焦/千克、粗纤维 1%,维生素种类多而且含量高,胡萝卜素含量为 522 毫克/千克,含核黄素 121 毫克/千克,含胆碱 5 200 毫克/千克。

四、粗饲料

粗饲料一般指干物质中粗纤维 18% 以上的饲料。由于鸡对粗饲料的消化能力较差，一般不提倡多喂。但有些优质粗饲料，如苜蓿干草粉、槐树叶粉、榆树叶粉、松针粉等，适量添加既能增强胃肠蠕动，又是良好的维生素和矿物质来源，可提高鸡群产蛋率和饲料转化率。

（一）苜蓿草粉

苜蓿草粉含粗蛋白质 15%～20%，比玉米高 1 倍；含赖氨酸 1%～1.38%，比玉米高 4.5 倍；每千克草粉含胡萝卜素达 100～230 毫克，且维生素 D、维生素 E 和 B 族维生素含量也较丰富。在成鸡饲粮中用量可占 2%～5%，在育成鸡饲粮中用量可占5%～7%。

（二）槐叶粉

槐叶粉多用紫穗槐叶和洋槐叶制成，含粗蛋白质 20%左右，富含胡萝卜素和 B 族维生素。在成鸡饲料中用量可占 2%～5%，在育成鸡饲粮中用量可占 5%～7%。

（三）松针粉

松针粉中胡萝卜素和维生素 E 含量丰富，对鸡的生长发育和抗御疾病均有明显作用。在成鸡饲粮中用量可占 1%～3%，在育成鸡饲粮中用量可占 2%～4%。

五、矿物质饲料

矿物质饲料是为了补充植物性和动物性饲料中某种矿物质不足而利用的一类饲料。大部分饲料中都含有一定量矿物，在散养和低产的情况下，看不出明显的矿物质缺乏症，但在舍饲、笼养、高产的情况下矿物质需要量增多，必须在饲料中添加。

（一）食盐

食盐主要用于补充鸡体内的钠和氯，保证鸡体正常新陈代谢，还可以增进鸡的食欲，用量可占饲粮的 0.3%～0.5%，一般为 0.37%。

（二）贝壳粉、石粉、蛋壳粉

三者均属于钙质饲料。配合饲料中用量，雏鸡、育成鸡、肉用仔鸡占1％～2％，产蛋种鸡占8％。贝壳粉是最好的钙质矿物质饲料，含钙量高，又容易吸收；石粉价格便宜，含钙量高，但鸡吸收能力差；蛋壳粉可以自制，将各种蛋壳经水洗、煮沸和晒干后粉碎即成。蛋壳粉的吸收率也较好，但要严防传播疾病。

（三）骨粉

骨粉含有大量的钙和磷，而且比例合适。添加骨粉主要用于饲料中含磷量不足，在配合饲料中用量可占1％～2％。

（四）沙砾

沙砾有助于肌胃中饲料的研磨，起到"牙齿"的作用，舍饲鸡或笼养鸡要注意补饲，不喂沙砾时，鸡对饲料的消化能力大大降低。据研究，鸡吃不到沙砾，饲料消化率要降低20％～30％，因此必须经常补饲沙砾。

（五）沸石

沸石是一种含水的硅酸盐矿物，在自然界中多达40多种，沸石中含有磷、铁、铜、钠、钾、镁、钙、锶、钡等20多种矿物质元素，是一种质优价廉的矿物质饲料。在配合饲料中用量可占1％～3％。

六、饲料添加剂

为了满足营养需要，完善饲粮的全价性，需要在饲料中添加原来含量不足或不含有的营养物质和非营养物质，以提高饲料利用率，促进鸡生长发育，防治某些疾病，减少饲料贮藏期间营养物质的损失或改进产品品质等，这类物质称为饲料添加剂。

（一）营养性添加剂

主要用于平衡或强化饲料营养，包括氨基酸添加剂、维生素添加剂和微量元素添加剂。

1. **氨基酸添加剂**　目前使用较多的主要是人工合成的蛋氨酸和赖氨酸。在鸡的饲料中，蛋氨酸是第一限制性氨基酸，它在一般的植物性饲料中含量很少，不能满足鸡的营养需要。若配合饲粮不使用鱼粉等动物性饲料，必须要添加蛋氨酸，添加量通常在0.1%～0.5%。据试验，在一般饲粮中添加0.1%的蛋氨酸，可提高蛋白质的利用率2%～3%；在用植物性饲料配成的无鱼粉饲粮中添加蛋氨酸，其饲养效果同样可以接近或达到含鱼粉饲粮的生产水平。

赖氨酸也是限制性氨基酸，它在动物性蛋白质饲料和豆科饲料中含量较多，而在谷类饲料中含量较少。在粗蛋白质水平较低的饲粮中添加赖氨酸，可提高饲粮中蛋白质的利用率。据试验，在一般饲粮中添加赖氨酸后，可减少饲粮中粗蛋白质用量的3%～4%。一般赖氨酸在饲粮中的添加量为0.1%～0.3%。

2. **维生素添加剂**　这类添加剂有单一的制剂，如维生素B_1、维生素B_2、维生素E等，也有复合维生素制剂，如德国产的"泰德维他"，国内各地产的"多种维生素"等。对于舍内养鸡，饲喂青绿饲料不太方便，配合饲粮中要注意添加各种维生素制剂。添加时按药品说明决定用量，饲料中原有的含量只作为安全裕量，不予考虑。鸡处于逆境时，如高温、运输、转群、注射疫苗、断喙时对该类添加剂需要量加大。

3. **微量元素添加剂**　目前，市售的产品大多是复合微量元素，对于舍内养鸡，配料时必须添加。另外，如果是缺硒地区，还要注意添加含硒的复合微量元素，否则很可能会引起鸡的缺硒症。添加微量元素制剂时，按药品说明决定用量，饲料中原有的含量只作为安全裕量，不予考虑。

（二）非营养性添加剂

这类添加剂虽不含有鸡所需要的营养物质，但添加后对促进鸡的生长发育、提高产蛋率、增强抗病能力及饲料贮藏等大有益处。其种类包括抗生素添加剂、驱虫保健添加剂、抗氧化剂、防霉剂、中草药添加剂及激素、酶类制剂等。

1. 抗生素添加剂　抗生素具有抑菌作用，一些抗生素作为添加剂加入饲粮后，可抑制鸡肠道内有害菌的活动，具有抗多种呼吸、消化系统疾病、提高饲料利用率、促进增重和产蛋的作用，尤其鸡处于逆境时效果更为明显。常用的抗生素添加剂有青霉素、土霉素、金霉素、新霉素、泰乐霉素等。

在使用抗生素添加剂时，要注意几种抗生素交替作用，以免鸡肠道内有害微生物产生抗药性，降低防治效果。为避免抗药性和产品残留量过高，应间隔使用，并严格控制添加量，少用或慎用人畜共用的抗生素。

2. 驱虫保健添加剂　在鸡的寄生虫病中，球虫病发病率高，危害大，要特别注意预防。常用的抗球虫药有痢特灵、氨丙啉、盐霉素、莫能霉素、氯苯胍等，使用时也应交替使用，以免产生抗药性。

3. 抗氧化剂　在饲料贮藏过程中，加入抗氧化剂可以减少维生素、脂肪等营养物质的氧化损失，如每吨饲料中添加200克山道喹，贮藏1年，胡萝卜素损失30%，而未添加抗氧化剂的损失70%；在富含脂肪的鱼粉中添加抗氧化剂，可维持原来粗蛋白质的消化率，各种氨基酸消化吸收及利用效率不受影响。常用的抗氧化剂有山道喹、乙基化羟基甲苯、丁基化羟基甲氧苯等，一般添加量为100～150毫克/千克。

4. 防霉剂　在饲料贮藏过程中，为防止饲料发霉变质，保持良好的适口性和营养价值，可在饲料中添加防霉剂。常用的防霉剂有丙酸钠、丙酸钙、脱氢醋酸钠、克饲霉等，添加量为：丙酸钠每吨饲料加1千克；丙酸钙每吨饲料加2千克；脱氢醋酸钠每吨饲料加200～500克。

5. 蛋黄增色剂　饲料添加蛋黄增色剂后，可改善蛋黄色泽，即将蛋黄的颜色由浅黄色变至深黄色。常用蛋黄增色剂有叶黄素、露康定、红辣椒粉等。如在每100千克中加入红辣椒粉

200～300 克，连喂半个月，可保持 2 个月内蛋黄深黄色，同时还可增进鸡的食欲，提高产蛋率。

重点难点提示

蛋白质饲料、能量饲料、矿物质饲料、饲料添加剂。

第三节　肉鸡的饲养标准

一、饲养标准的产生

在科学养鸡的过程中，为了充分发挥鸡的生产能力又不浪费饲料，对每只鸡每天给予的各种营养物质量应规定一个大致的标准，以便实际饲养时有所遵循，这个标准就叫做饲养标准。饲养标准的制订是以鸡的营养需要为基础的，所谓营养需要就是指鸡在生长发育、繁殖、生产等生理活动中每天对能量、蛋白质、维生素和矿物质等营养物质的需要量。在变化的因素中，某一只鸡的营养需要我们是很难知道的，但是经过多次试验和反复论证，可以对某一类鸡在特定环境和生理状态下的营养需要得到一个估计值，生产中按照这个估计值供给鸡的各种营养，这就产生了饲养标准。

鸡的饲养标准很多，不同国家或地区都有自己的饲养标准，如美国 NRC 标准、英国 ARC 标准、日本家禽饲养标准等。我国结合国内的实际情况，在 1986 年也制定了中国家禽饲养标准。另外，一些国际著名的大型育种公司，如加拿大谢佛育种公司、英国罗斯种畜公司、英国爱拔益加种鸡公司、德国罗曼公司等，根据各自向全球范围提供的一系列优良品种，分别制订了其特殊的营养规范要求，按照这一饲养标准进行饲养，便可达到该公司公布的某一优良品种的生产性能指标。

在饲养标准中，详细地规定了鸡在不同生长时期和生产阶段，每千克饲粮中应含有的能量、粗蛋白质、各种必需氨基酸、矿物质及维生素含量。有了饲养标准，可以避免实际饲养中的盲目性，对饲粮中的各种营养物质能否满足鸡的需要，与需要量相比有多大差距，可以做到胸中有数，不致因饲粮营养指标偏离鸡的需要量或比例不当而降低鸡的生产水平。

二、我国肉鸡饲养标准

见表2-1至表2-4。

表2-1　白羽肉用仔鸡营养需要

营养指标		0～3周龄	4～6周龄	7周龄
代谢能	（兆焦/千克）	12.54	12.96	13.17
粗蛋白质	（%）	21.53	20.0	18.0
蛋白能量比	（克/兆焦）	17.14	15.43	13.67
赖氨酸能量比	（克/兆焦）	0.92	0.77	0.67
赖氨酸	（%）	1.15	1.00	0.87
蛋氨酸	（%）	0.50	0.40	0.34
蛋氨酸＋胱氨酸	（%）	0.91	0.76	0.65
苏氨酸	（%）	0.81	0.72	0.68
色氨酸	（%）	0.21	0.18	0.17
精氨酸	（%）	1.20	1.12	1.01
亮氨酸	（%）	1.26	1.05	0.94
异亮氨酸	（%）	0.81	0.75	0.63
苯丙氨酸	（%）	0.71	0.66	0.58
苯丙氨酸＋酪氨酸	（%）	1.27	1.15	1.00
组氨酸	（%）	0.35	0.32	0.27
脯氨酸	（%）	0.58	0.54	0.47
缬氨酸	（%）	0.85	0.74	0.64
甘氨酸＋丝氨酸	（%）	1.24	1.10	0.96

(续)

营养指标		0~3周龄	4~6周龄	7周龄
钙	（％）	1.00	0.9	0.80
总磷	（％）	0.68	0.65	0.60
有效磷	（％）	0.45	0.40	0.35
钠	（％）	0.20	0.15	0.15
氯	（％）	0.20	0.15	0.15
铁	（毫克/千克）	100	80	80
铜	（毫克/千克）	8	8	8
锰	（毫克/千克）	120	100	80
锌	（毫克/千克）	100	80	80
碘	（毫克/千克）	0.70	0.70	0.70
硒	（毫克/千克）	0.30	0.30	0.30
亚油酸	（％）	1	1	1
维生素 A	（单位/千克）	8 000	6 000	2 700
维生素 D	（单位/千克）	1 000	750	400
维生素 E	（单位/千克）	20	10	10
维生素 K	（毫克/千克）	0.5	0.5	0.5
硫胺素	（毫克/千克）	2.0	2.0	2.0
核黄素	（毫克/千克）	8	5	5
泛酸	（毫克/千克）	10	10	10
烟酸	（毫克/千克）	35	30	30
吡哆醇	（毫克/千克）	3.5	3.0	3.0
生物素	（毫克/千克）	0.18	0.15	0.10
叶酸	（毫克/千克）	0.55	0.55	0.50
维生素 B_{12}	（毫克/千克）	0.010	0.010	0.007
胆碱	（毫克/千克）	1 300	1 000	750

注：摘自农业部2004年颁布的"鸡的饲养标准"。

表2-2 白羽肉用仔鸡体重与耗料量

周龄	周末体重 （克/只）	耗料量 （克/只）	累计耗料量 （克/只）
1	126	113	113
2	317	273	386
3	558	473	859
4	900	643	1 502
5	1 309	867	2 369
6	1 696	954	3 323
7	2 117	1 164	4 487
8	2 457	1 079	5 566

表2-3 黄羽肉用仔鸡营养需要

营养指标		♀0～4周龄 ♂0～3周龄	♀5～8周龄 ♂4～5周龄	♀＞8周龄 ♂＞5周龄
代谢能	（兆焦/千克）	12.12	12.54	12.96
粗蛋白质	（％）	21.0	19.0	16.0
蛋白能量比	（克/兆焦）	17.33	15.15	12.34
赖氨酸能量比	（克/兆焦）	0.87	0.78	0.66
赖氨酸	（％）	1.06	0.98	0.85
蛋氨酸	（％）	0.46	0.40	0.34
蛋氨酸＋胱氨酸	（％）	0.85	0.72	0.65
苏氨酸	（％）	0.76	0.74	0.68
色氨酸	（％）	0.19	0.18	0.16
精氨酸	（％）	1.19	1.10	1.00
亮氨酸	（％）	1.15	1.09	0.93
异亮氨酸	（％）	0.76	0.73	0.62
苯丙氨酸	（％）	0.69	0.65	0.56
苯丙氨酸＋酪氨酸	（％）	1.28	1.22	1.00
组氨酸	（％）	0.33	0.32	0.27
脯氨酸	（％）	0.57	0.55	0.46

（续）

营养指标		♀0～4周龄 ♂0～3周龄	♀5～8周龄 ♂4～5周龄	♀>8周龄 ♂>5周龄
缬氨酸	（%）	0.86	0.82	0.70
甘氨酸+丝氨酸	（%）	1.19	1.14	0.97
钙	（%）	1.00	0.90	0.80
总磷	（%）	0.68	0.65	0.60
有效磷	（%）	0.45	0.40	0.35
钠	（%）	0.15	0.15	0.15
氯	（%）	0.15	0.15	0.15
铁	（毫克/千克）	80	80	80
铜	（毫克/千克）	8	8	8
锰	（毫克/千克）	80	80	80
锌	（毫克/千克）	60	60	60
碘	（毫克/千克）	0.35	0.35	0.35
硒	（毫克/千克）	0.15	0.15	0.15
亚油酸	（%）	1	1	1
维生素 A	（单位/千克）	5 000	5 000	5 000
维生素 D	（单位/千克）	1 000	1 000	1 000
维生素 E	（单位/千克）	10	10	10
维生素 K	（毫克/千克）	0.5	0.5	0.5
硫胺素	（毫克/千克）	1.8	1.8	1.80
核黄素	（毫克/千克）	3.6	3.6	3.00
泛酸	（毫克/千克）	10	10	10
烟酸	（毫克/千克）	35	30	25
吡哆醇	（毫克/千克）	3.5	3.5	3.0
生物素	（毫克/千克）	0.15	0.15	0.15
叶酸	（毫克/千克）	0.55	0.55	0.55
维生素 B_{12}	（毫克/千克）	0.010	0.010	0.010
胆碱	（毫克/千克）	1 000	750	500

注：摘自农业部 2004 年颁布的"鸡的饲养标准"。

表2-4 黄羽肉用仔鸡体重与耗料量

周龄	周末体重（克/只）		耗料量（克/只）		累计耗料量（克/只）	
	公鸡	母鸡	公鸡	母鸡	公鸡	母鸡
1	88	89	76	70	76	79
2	199	175	201	130	277	200
3	320	253	269	142	546	342
4	496	378	371	266	917	608
5	631	493	516	295	1 433	907
6	870	622	632	358	2 065	1 261
7	1 274	751	751	359	2 816	1 620
8	1 560	949	719	479	3 535	2 099

三、美国NRC肉鸡饲养标准

见表2-5至表2-8。

表2-5 美国NRC肉用仔鸡饲养标准

营养＼周龄	单位	0～3周龄	4～6周龄	7～9周龄
代谢能	兆焦/千克	13.38	13.38	13.38
粗蛋白质	%	23	20.00	18.00
精氨酸	%	1.25	1.00	1.00
甘氨酸＋丝氨酸	%	1.25	1.14	0.97
组氨酸	%	0.35	0.32	0.27
异亮氨酸	%	0.80	0.73	0.62
亮氨酸	%	1.20	1.09	0.93
赖氨酸	%	1.10	1.00	0.85
蛋氨酸	%	0.50	0.38	0.32
蛋氨酸＋胱氨酸	%	0.90	0.72	0.60
苯丙氨酸	%	0.72	0.65	0.56
苯丙氨酸＋酪氨酸	%	1.34	1.22	1.04

(续)

营养 \ 周龄	单 位	0～3 周龄	4～6 周龄	7～9 周龄
脯氨酸	％	0.60	0.55	0.46
苏氨酸	％	0.80	0.74	0.68
色氨酸	％	0.20	0.18	0.16
缬氨酸	％	0.90	0.82	0.70
亚油酸	％	1.00	1.00	1.00
钙	％	1.00	0.90	0.80
磷	％	0.20	0.15	0.12
镁	毫克/千克	600	600	600
非植酸磷	％	0.45	0.35	0.30
钾	％	0.30	0.30	0.30
钠	％	0.20	0.15	0.12
铜	毫克/千克	8	8	8
碘	毫克/千克	0.35	0.35	0.35
铁	毫克/千克	80	80	80
锰	毫克/千克	60	60	60
硒	毫克/千克	0.15	0.15	0.15
锌	毫克/千克	40	40	40
维生素 A	国际单位/千克	1 500	1 500	1 500
维生素 D_3	国际单位/千克	200	200	200
维生素 E	国际单位/千克	10	10	10
维生素 K	毫克/千克	0.50	0.50	0.50
维生素 B_{12}	毫克/千克	0.01	0.01	0.007
生物素	毫克/千克	0.15	0.15	0.12
胆碱	毫克/千克	1 300	1 000	750
叶酸	毫克/千克	0.55	0.55	0.50
烟酸	毫克/千克	35	30	25

(续)

营养 \ 周龄	单 位	0～3周龄	4～6周龄	7～9周龄
泛酸	毫克/千克	10	10	10
吡哆醇	毫克/千克	3.5	3.5	3.0
核黄素	毫克/千克	3.6	3.6	3.0
硫胺素	毫克/千克	1.80	1.80	1.80

注：①代谢能含量为典型饲粮浓度，当地饲料来源和价格不同时可做适当调整。
②粗蛋白质建议值是基于玉米—豆饼型饲粮提出的，添加合成氨基酸时可下调。

表 2-6　美国肉用仔鸡的典型体重、饲料消耗和能量消耗

周龄	体重（克）		每周耗料（克/只）		每周代谢能摄取量（千焦/只）	
	公鸡	母鸡	公鸡	母鸡	公鸡	母鸡
1	152	144	135	131	1 806	1 751
2	376	344	290	273	3 879	3 653
3	686	617	487	444	6 512	5 944
4	1 085	965	704	642	9 430	8 594
5	1 576	1 344	960	738	12 854	10 529
6	2 088	1 741	1 141	1 001	15 261	12 728
7	2 590	2 134	1 281	1 081	17 146	14 459
8	3 077	2 506	1 432	1 165	19 165	15 583
9	3 551	2 842	1 577	1 246	21 105	16 661

注：饲喂平衡饲粮的典型值，代谢能水平为13.38兆焦/千克。

表 2-7　美国 NRC 肉用种鸡饲养标准

营 养 素	单 位	需 要 量
粗蛋白质	克/只·天	19.5
精氨酸	毫克/只·天	1 110
组氨酸	毫克/只·天	205
异亮氨酸	毫克/只·天	850
亮氨酸	毫克/只·天	1 250

（续）

营 养 素	单 位	需 要 量
赖氨酸	毫克/只·天	765
蛋氨酸	毫克/只·天	450
蛋氨酸＋胱氨酸	毫克/只·天	700
苯丙氨酸	毫克/只·天	610
苯丙氨酸＋酪氨酸	毫克/只·天	1 112
苏氨酸	毫克/只·天	720
色氨酸	毫克/只·天	190
缬氨酸	毫克/只·天	750
钙	毫克/只·天	4 000
氯	毫克/只·天	185
非植酸磷	毫克/只·天	350
钠	毫克/只·天	150
生物素	毫克/只·天	16

注：①本表列值为种母鸡产蛋高峰期需要量。肉用种鸡常需限饲以维持适宜的体重，每日能量消耗量随年龄、生长阶段和环境温度变化而异，在产蛋高峰期每只种母鸡每日需要代谢能 1 672～1 881 千焦。

②本表建议的粗蛋白质值是以玉米—豆饼型饲粮为基础确定的，添加合成氨基酸时粗蛋白质水平略作下调。

表 2-8　美国 NRC 肉用种公鸡的饲养标准

营养素	单 位	周 龄		
		0～4	5～20	21～60
代谢能	千焦/只·天	—	—	1 463～1 672
粗蛋白质	%	15.00	12.00	
	克/只·天	—	—	12
蛋氨酸	%	0.36	0.31	—
	毫克/只·天	—	—	340
蛋氨酸＋胱氨酸	%	0.61	0.49	—
	毫克/只·天	—	—	490

（续）

营养素	单位	周　龄		
		0～4	5～20	21～60
赖氨酸	％	0.79	0.64	—
	毫克/只·天	—	—	475
精氨酸	毫克/只·天	—	—	680
钙	％	0.90	0.90	—
	毫克/只·天	—	—	200
非植酸磷	％	0.45	0.45	—
	毫克/只·天	—	—	110

注：①能量需要受环境温度和房舍系统的影响，必须考虑这些因素，以便使种公鸡体重维持在适宜的范围内。

②本表推荐的粗蛋白质值，是根据玉米—豆饼饲粮确定的，添加全成氨基酸时可适当降低粗蛋白质水平。

四、育种公司制订的饲养标准

国际一些著名的大型育种公司制订的饲养标准见表2-9至表2-10。

表2-9　AA肉用仔鸡饲养标准
（美国爱拔益加种鸡公司）

营养成分	育雏饲料	中期饲料	后期饲料
代谢能（兆焦/千克）	12.96～13.79	13.18～14.00	13.38～14.21
粗蛋白质（％）	22～24	20～22	18～20
粗脂肪（％）	5.0～10.0	6.0～10.0	6.0～10.0
钙（％）	0.9～1.1	0.85～1.0	0.8～1.0
总磷（％）	0.65～0.75	0.60～0.70	0.55～0.70
可利用磷（％）	0.48～0.55	0.43～0.50	0.38～0.50
钠（％）	0.18～0.25	0.18～0.25	0.18～0.25

（续）

营养成分	育雏饲料	中期饲料	后期饲料
食盐（%）	0.30～0.50	0.30～0.50	0.30～0.50
赖氨酸（%）	0.81	0.70	0.53
蛋氨酸（%）	0.38	0.32	0.25
蛋氨酸+胱氨酸（%）	0.60	0.56	0.46
精氨酸（%）	0.88	0.81	0.66
色氨酸（%）	0.16	0.12	0.11

表 2-10　星布罗肉用仔鸡饲养标准

（加拿大谢弗种鸡有限公司）

营养成分	0～4 周龄	5～7 周龄
代谢能（兆焦/千克）	12.77	13.38
粗蛋白质（%）	23	20
粗脂肪（%）	3～5	3～5
粗纤维（%）	2～3	2～3
钙（%）	1.0	1.0
可利用磷（%）	0.4	0.4
赖氨酸（%）	1.20	1.00
蛋氨酸（%）	0.47	0.40
蛋氨酸+胱氨酸（%）	0.84	0.72
胱氨酸（%）	0.37	0.32
色氨酸（%）	0.23	0.20
苏氨酸（%）	0.83	0.70

五、应用饲养标准时需注意的问题

在应用肉鸡饲养标准时，应注意以下问题。

1. 饲养标准来自养鸡生产，然后服务于养鸡生产。生产中只有合理应用饲养标准，配制营养完善的全价饲粮，才能保证鸡群健康并很好地发挥生产性能，提高饲料利用率，降低饲养成本，获得较好的经济效益。因此，为鸡群配合饲粮时，必须以饲养标准为依据。

2. 饲养标准本身不是永恒不变的指标，随着营养科学的发展和鸡群品质的改进，饲养标准也应及时进行修订、充实和完善，使之更好地为养鸡生产服务。

3. 饲养标准是在一定的生产条件下制订的，各地区（以及各国制订的饲养标准虽有一定的代表性，但毕竟有局限性，这就决定了饲养标准的相对合理性。

鸡的营养需要是个极其复杂的问题，饲料的品种、产地、保存好坏都会影响其中的营养含量；鸡的品种、类型、饲养管理条件等也都影响营养的实际需要量，温度、湿度、有害气体、应激因素、饲料加工调制方法等也会影响营养的需要和消化吸收。因此，在生产中原则上既要按标准配合饲粮，也要根据实际情况做适当的调整。

重点难点提示

我国肉鸡饲养标准、育种公司饲养标准。

第四节　鸡的饲粮配合

一、饲粮配合的基本原则

配合鸡的饲粮时，必须考虑以下原则。

(一) 营养原则

1. 配合饲粮时，必须以鸡的饲养标准为依据，并结合饲养实践中鸡的生长与生产性能状况予以灵活应用。发现饲粮中的营养水平偏低或偏高，应进行适当地调整。

2. 配合饲粮时，应注意饲料的多样化，尽量多用几种饲料进行配合，这样有利于配制成营养完全的饲粮，充分发挥各种饲料中蛋白质的互补作用，有利于提高饲粮的消化率和营养物质的利用率。

3. 配合饲粮时，接触的营养项目很多，如能量、蛋白质、各种氨基酸、各种矿物质等，但首先要满足鸡的能量需要，然后再考虑蛋白质，最后调整矿物质和维生素营养。

（二）生理原则

1. 配合饲粮时，必须根据各类鸡的不同生理特点，选择适宜的饲料进行搭配，尤其要注意控制饲粮中粗纤维的含量，使之不超过5％为宜。

2. 配制的饲粮应有良好的适口性。所用的饲料应质地良好，保证饲粮无毒、无害、不苦、不涩、不霉、无污染。

3. 配合饲粮所用的饲料种类力求保持相对稳定，如需改变饲料种类和配合比例，应逐渐变化，给鸡一个适应过程。

（三）经济原则

在养鸡生产中，饲料费用占很大比例，一般要占养鸡成本的70％～80％。因此，配合饲粮时，应尽量做到就地取材，充分利用营养丰富、价格低廉的饲料来配合饲粮，以降低生产成本，提高经济效益。

二、饲粮中各类饲料的大致比例

配合饲粮时，决定饲料种类和比例参考表2-11所列数据。

表2-11　配合饲粮时各类饲料的大致比例

饲料种类	比例（％）		
	雏鸡	肉用仔鸡	育成鸡、成鸡
谷物饲料（2～2种以上）	45～70	45～70	45～70
糠麸类（1～3种）	5～10	5～10	10～20
植物性蛋白质饲料（饼粕类1～2种以上）	15～30	15～30	15～25

（续）

饲料种类	比例（%）		
	雏鸡	肉用仔鸡	育成鸡、成鸡
动物性蛋白质饲料（1～2种）	3～10	3～10	3～10
油脂（动物油或植物油）		1～5	
干草粉（1～2种）	2～3	2～3	3～8
矿物质饲料（2～4种）	2～3	2～3	3～8
其中食盐	0.2～0.4	0.2～0.4	0.3～0.5
饲料添加剂	0.5～1.0	0.5～1.0	0.5～1.0
青饲料（无添加剂时）按精料总量加喂	15～20		25～30

三、设计饲粮配方的方法

配合饲粮首先要设计饲粮配方，有了配方，然后"照方抓药"。设计饲粮配方的方法很多，如四方形法、试差法、公式法、线性规划法、计算机法等。目前养鸡专业户和一些小型鸡场多采用试差法，而大型鸡场多采用计算机法。

电子计算机法的运行程序就是利用线性规划原理，把原料的价格、原料中的营养成分和鸡对营养物质的需要及经验数据的约定等编写成线性方程组，然后按此方程组来进行计算。实际上，线性规划问题，是为求某一目标函数在一定约束条件下的最小值问题。在实际生产中，人们可以利用电脑公司提供的计算机软件设计饲粮配方，其具体方法不作介绍，这里仅介绍试差法。

所谓试差法就根据经验和饲料营养含量，先大致确定一下各类饲料在饲粮中所占的比例，然后通过计算看看与饲养标准还差多少再进行调整。下面以0～4周龄的肉用仔蛋鸡设计日粮配方为例，说明试差法的计算过程。

第一步：根据配料对象及现有的饲料种类列出饲养标准及饲料成分表（表2-12）。

表 2 - 12　肉用仔蛋鸡饲养标准及饲料成分表

项目	代谢能(兆焦/千克)	粗蛋白(%)	钙(%)	总磷(%)	蛋氨酸+胱氨酸(%)	赖氨酸(%)	食盐(%)
饲养标准							
1~3 周龄	12.54	21.5	1.00	0.68	0.91	1.15	0.37
饲料成分							
鱼粉	11.8	60.2	4.04	2.90	2.16	4.72	
大豆粕	9.83	44	0.33	0.62	1.30	2.66	
花生粕	10.88	47.8	0.27	0.56	0.81	1.40	
玉米	13.56	8.7	0.02	0.27	0.38	0.24	
碎米	14.23	10.4	0.06	0.35		0.42	
小麦麸	6.82	15.7	0.11	0.92	0.39	0.58	
猪油	38.11						
骨粉			29.8	12.50			
石粉			35.84	0.01			

　　第二步：试制饲粮配方，算出其营养成分。如初步确定各种饲料的比例为鱼粉 8%、大豆粕 10%、花生粕 5%、碎米 20%、麦麸 5%、猪油 0.5%、食盐 0.37%、骨粉 0.5%、石粉 0.5%、添加剂 0.5%、玉米 49.63%。饲料比例初步确定后列出试制的饲粮配方及其营养成分表（见表 2 - 13）。

表 2 - 13　试制的饲粮配方及其营养成分表

饲料种类	饲料比例	代谢能(兆焦/千克)	粗蛋白(%)	钙(%)	总磷(%)	蛋氨酸+胱氨酸(%)	赖氨酸(%)
鱼粉	8	0.08×11.80 $=0.944$	0.08×60.2 $=4.816$	0.08×4.04 $=0.323$	0.08×2.90 $=0.232$	0.08×2.16 $=0.173$	0.08×4.72 $=0.378$
大豆粕	10	0.1×9.83 $=0.983$	0.1×44 $=4.400$	0.1×0.33 $=0.033$	0.1×0.62 $=0.062$	0.1×1.30 $=0.130$	0.1×2.66 $=0.266$
花生饼	5	0.05×10.88 $=0.544$	0.05×47.8 $=2.390$	0.05×0.27 $=0.014$	0.05×0.56 $=0.028$	0.05×0.81 $=0.041$	0.05×1.40 $=0.070$

（续）

饲料种类	饲料比例	代谢能（兆焦/千克）	粗蛋白（%）	钙（%）	总磷（%）	蛋氨酸+胱氨酸（%）	赖氨酸（%）
玉米	49.63	0.496×13.56 =6.726	0.496×8.7 =4.315	0.496×0.02 =0.010	0.496×0.27 =0.134	0.496×0.38 =0.189	0.496×0.24 =0.119
碎米	20	0.2×14.23 =2.846	0.2×10.4 =2.080	0.2×0.06 =0.012	0.2×0.35 =0.070	0.2×0.39 =0.078	0.2×0.42 =0.084
小麦麸	5	0.05×6.82 =0.341	0.05×15.7 =0.785	0.05×0.11 =0.006	0.05×0.92 =0.046	0.05×0.39 =0.020	0.05×0.58 =0.029
猪油	0.5	0.005×38.11 =0.191					
骨粉	0.5			0.005×29.8 =0.149	0.005×12.5 =0.063		
石粉	0.5			0.005×35.84 =0.179			
食盐	0.37						
添加剂	0.5						
合计	100	12.575	18.786	0.726	0.635	0.631	0.946
饲养标准	100	12.54	21.5	1.00	0.68	0.91	1.15
差数	0	0.035	−2.714	−0.274	−0.045	−0.279	−0.204

　　第三步：补足饲粮中粗蛋白质含量。从以上试制的饲粮配方来看，代谢能比饲养标准多 0.035 兆焦/千克（12.575−12.54），而粗蛋白质比饲养标准少 2.714%（21.5%−18.786%），这样可利用大豆粕代替部分玉米含量进行调整。若粗蛋白质高于饲养标准，同样也可用玉米代替部分大豆粕含量进行调整。从饲料营养成分表中可查出大豆粕的粗蛋白质含量为 44%，而玉米的粗蛋白质含量为 8.7%，豆饼中的粗蛋白质含量比玉米高 35.3%（44%−8.7%）。在这里，每用 1% 豆饼代替玉米，则可提高粗蛋白质 0.353%。这样，我们可以增加 7.69%（2.714/0.353）大豆粕代替玉米就能满足蛋白质的饲养标准。第一次调整后的饲粮配方及其营养成分见表 2‑14。

表 2 - 14　第一次调整后的饲粮配方及其营养成分表

饲料种类	饲料比例	代谢能（兆焦/千克）	粗蛋白（%）	钙（%）	总磷（%）	蛋氨酸+胱氨酸（%）	赖氨酸（%）
鱼粉	8	0.08×11.80 =0.944	0.08×60.2 =4.816	0.08×4.04 =0.323	0.08×2.90 =0.232	0.08×2.16 =0.173	0.08×4.72 =0.378
大豆粕	17.69	0.177×9.83 =1.740	0.177×44 =7.788	0.177×0.33 =0.058	0.177×0.62 =0.110	0.177×1.30 =0.230	0.177×2.66 =0.471
花生饼	5	0.05×10.88 =0.544	0.05×47.8 =2.390	0.05×0.27 =0.014	0.05×0.56 =0.028	0.05×0.81 =0.041	0.05×1.40 =0.070
玉米	41.94	0.419×13.56 =5.682	0.419×8.7 =3.643	0.419×0.02 =0.008	0.419×0.27 =0.113	0.419×0.38 =0.159	0.419×0.24 =0.101
碎米	20	0.2×14.23 =2.846	0.2×10.4 =2.080	0.2×0.06 =0.012	0.2×0.35 =0.070	0.2×0.39 =0.078	0.2×0.42 =0.084
小麦麸	5	0.05×6.82 =0.341	0.05×15.7 =0.785	0.05×0.11 =0.006	0.05×0.92 =0.046	0.05×0.39 =0.020	0.05×0.58 =0.029
猪油	0.5	0.005×38.11 =0.191					
骨粉	0.5			0.005×29.8 =0.149	0.005×12.5 =0.063		
石粉	0.5			0.005×35.84 =0.179			
食盐	0.37						
添加剂	0.5						
合计	100	12.288	21.502	0.749	0.662	0.701	1.133
饲养标准	100	12.54	21.5	1.00	0.68	0.91	1.15
差数	0	−0.252	0.02	−0.251	−0.018	−0.209	−0.017

　　第四步：平衡钙磷，补充添加剂。从表 2 - 14 可以看出，饲粮配方中的钙尚缺 0.251%（1%−0.749%）、蛋氨酸与胱氨酸总量缺 0.209%（0.91%−0.701%），这样可用 0.583%（0.209/0.358）石粉代替玉米，另外添加 0.209%的蛋氨酸添加剂，维生素、微量元素添加剂按药品说明添加。

　　这样经过调整的饲粮配方中的所有营养已基本满足要求，调整后确定使用的饲粮配方见表 2 - 15。

表2-15　最后确定使用的饲粮配方及其营养成分表

饲料种类	饲料比例	代谢能（兆焦/千克）	粗蛋白（%）	钙（%）	总磷（%）	蛋氨酸+胱氨酸（%）	赖氨酸（%）
鱼粉	8	0.08×11.80 $=0.944$	0.08×60.2 $=4.816$	0.08×4.04 $=0.323$	0.08×2.90 $=0.232$	0.08×2.16 $=0.173$	0.08×4.72 $=0.378$
大豆粕	17.69	0.177×9.83 $=1.740$	0.177×44 $=7.788$	0.177×0.33 $=0.058$	0.177×0.62 $=0.110$	0.177×1.30 $=0.230$	0.177×2.66 $=0.471$
花生饼	5	0.05×10.88 $=0.544$	0.05×47.8 $=2.390$	0.05×0.27 $=0.014$	0.05×0.56 $=0.028$	0.05×0.81 $=0.041$	0.05×1.40 $=0.070$
玉米	41.86	0.419×13.56 $=5.682$	0.419×8.7 $=3.643$	0.419×0.02 $=0.008$	0.419×0.27 $=0.113$	0.419×0.38 $=0.159$	0.419×0.24 $=0.101$
碎米	20	0.2×14.23 $=2.846$	0.2×10.4 $=2.080$	0.2×0.06 $=0.012$	0.2×0.35 $=0.070$	0.2×0.39 $=0.078$	0.2×0.42 $=0.084$
小麦麸	5	0.05×6.82 $=0.341$	0.05×15.7 $=0.785$	0.05×0.11 $=0.006$	0.05×0.92 $=0.046$	0.05×0.39 $=0.020$	0.05×0.58 $=0.029$
猪油	0.5	0.005×38.11 $=0.191$					
骨粉	0.5			0.005×29.8 $=0.149$	0.005×12.5 $=0.063$		
石粉	1.08			0.011×35.84 $=0.394$			
食盐	0.37						
蛋氨酸添加剂	0.21					0.21	
其他添加剂	0.29					0.29	
合计	100	12.288	21.502	0.964	0.662	0.91	1.133

四、饲粮拌和方法

　　饲粮使用时，要求鸡采食的每一部分饲料所含的养分都是均衡的，相同的，否则将使鸡群产生营养不良、缺乏症或中毒现象，即使你的饲粮配方非常科学，饲养条件非常好，仍然不能获得满意的饲养效果。因此，必须将饲料搅拌均匀，以满足鸡的营养需要。饲料拌和有机械拌和与手工拌和两种方法，只要使用得当，都能获得满意的效果。

机械拌和：采用搅拌机进行。常用的搅拌机有立式和卧式两种。立式搅拌机适用于拌和含水量低于14％的粉状饲料，含水量过多则不易拌和均匀。这种搅拌机所需要的动力小，价格低，维修方便，但搅拌时间较长（一般每批需10～20分钟），适于养鸡专业户和小型鸡场使用。卧式搅拌机在气候比较潮湿的地区或饲料中添加了黏滞性强的成分（如油脂）情况下，均能将饲料搅拌均匀。该机搅拌能力强，搅拌时间短，每批约3～4分钟，主要在一些饲料加工厂使用。无论使用哪种搅拌机，为了搅拌均匀，装料量都要适宜，装料过多或过少都无法保证均匀度，一般以容量的60％～80％装料为宜。搅拌时间也是关系到混合质量的重要的因素，混合时间过短，质量肯定得不到保证，但也不是时间越长越好，搅拌过久，使饲料混合均匀后又因过度混合而导致分层现象。

手工拌和：这种方法是家庭养鸡时饲料拌和的主要手段。拌和时，一定要细心、耐心、防止一些微量成分打堆、结块，拌和不均，影响饲用效果。

手工拌和时特别要注意的是一些在饲粮中所占比例小但会严重影响饲养效果的微量成分，如食盐和各种添加剂。如果拌和不均，轻者影响饲养效果，严重时会造成鸡群产生疾病、中毒，甚至死亡。对这类微量成分，在拌和时首先要充分粉碎，不能有结块现象，块状物不能拌和均匀，被鸡采食后有可能发生中毒。其次，由于这类成分用量少，不能直接加入大宗饲料中进行混合，而应采用预混合的方式。其做法是：取10％～20％的精料（最好是比例大的能量饲料，如玉米、麦麸等）作为载体，另外堆放，然后将微量成分分散加入其中，用平锹着地撮起，重新堆放，将后一锹饲料压在前一锹放下的饲料上，即一直往饲料顶上放，让饲料沿中心点向四周流动成为圆锥形，这样可以使各种饲料都有混合的机会。如此反复3～4次即可达到拌和均匀的目的，预混合料即制成。最后再将这种预混合料加入全部饲料中，用同样方法拌和3～4次，即能达到目的。

手工拌和时，只有通过这样多层次分级拌和，才能保证配合饲粮品质，那种在原地翻动或搅拌饲料的方法是不可取的。

重点难点提示

　　配合肉鸡时各类饲料的大致比例、肉鸡饲粮配方的设计方法（试差法）。

第三讲
肉用种鸡的饲养管理

本讲目的

1. 让读者掌握肉用种鸡育雏期饲养管理技术。
2. 让读者掌握肉用种鸡育成期饲养管理技术。
3. 让读者掌握肉用种鸡产蛋期饲养管理技术。
4. 让读者掌握肉用种公鸡培育技术。
5. 让读者掌握肉用种鸡的人工授精技术。

第一节　肉用种鸡育雏期的饲养管理

　　肉鸡孵出后，从出壳到离温（4～6周龄）前的人工给温时期称为育雏期。这个时期的幼鸡叫雏鸡，其饲养管理工作称为育雏。育雏工作的好坏直接影响到雏鸡的生长发育和成活率，也影响到成年鸡的生产性能和种用价值，与养鸡效益的高低有着密切关系。因此说，育雏作为养鸡生产的重要一环，它直接关系到养鸡的成败。

一、雏鸡生长发育特点

（一）雏鸡体温调节机能不完善，既怕冷又怕热

鸡的羽毛有防寒作用并有助于体温调节，而刚出壳的雏鸡体

小，全身覆盖的是绒羽且比较稀短，体温比成年鸡低。据研究，幼雏的体温在 10 日龄以前比成年鸡低 3℃左右，10 日龄以后到 3 周龄才逐渐恒定到正常体温。当环境温度较低时，雏鸡的体热散发加快，就会感到发冷，导致体温下降和生理机能障碍；反之，若环境温度过高，因鸡没有汗腺，不能通过排汗的方式散热，雏鸡就会感到极不舒适。因此，在育雏时要有较适宜的环境温度，刚开始时须供给较高的温度，第 2 周起逐渐降温，以后视季节和房舍设备等条件于 4～6 周龄脱温。

（二）雏鸡生长发育快，短期增重极为显著

在鸡的一生中，雏鸡阶段生长速度最快。据研究，肉用型雏鸡的初生重量为 45 克左右，2 周龄时增加 4 倍，6 周龄时增加 32 倍。因此，在肉用种鸡育雏前期（3 周龄以前），要供给充足的优质饲料，以满足幼雏的营养需要，达到标准体重。而在育雏后期（3 周龄以后），要控制饲料给量，以限制雏鸡的过速增重，维持其种用价值。

（三）雏鸡胃肠容积小，消化能力弱

雏鸡的消化机能尚不健全，加之胃肠道的容积小，因而在饲养上要精心调制饲料，做到营养丰富，适口性好，易于消化吸收，且不间断供给饮水，以满足雏鸡的生理需要。

（四）雏鸡胆小，对环境变化敏感，合群性强

雏鸡胆小易惊，外界环境稍有变化都会引起应激反应。如育雏舍内的各种声响、噪音和新奇的颜色，或陌生人进入等等，都会引发鸡群骚动不安，影响生长，甚至造成相互挤压致死致伤。因此，育雏期间要避免一切干扰，工作人员最好固定不变。

（五）雏鸡抗病力差，且对兽害无自卫能力

雏鸡体小娇嫩，免疫机能还未发育健全，易受多种疫病的侵袭，如新城疫、马立克氏病、白痢病、球虫病等。因此，在育雏时要严格执行消毒和防疫制度，搞好环境卫生。在管理上保证育雏舍通风良好，空气新鲜；经常洗刷用具，保持清洁卫生；及时使用疫苗和药物，预防和控制疾病的发生。同时，还要注意关紧门窗，防止老鼠、黄鼠狼、犬、猫等进入育雏舍而伤害雏鸡。

二、进雏前的准备工作

为了顺利完成育雏计划，育雏前必须做好各方面的准备工作。其内容是明确育雏人员及其分工，制定育雏计划、准备好饲料、垫料及所需药品，做好育雏舍及用具的维修消毒，制定免疫计划等。

1. **育雏计划的拟定**　育雏计划是指育雏批次、时间，雏鸡品种、数量及来源等。每批进雏数量应与育雏舍、种鸡舍的容量相一致。不能盲目进雏，否则数量多，密度大，设备不足，会使鸡群发育不良，死亡率增加。以当年新母鸡的需要量来确定进雏数，一般计算方法为：

$$进母雏数＝种母鸡需要量÷育雏、育成率$$
$$÷初生雏雌雄鉴别准确率$$

公雏按母雏配套数量购进。

2. **育雏季节的选择**　在人工完全控制鸡舍环境的条件下，全年各季节都可育雏，但开放式鸡舍，由于人工不能完全控制环境，则应选择合适的育雏季节。季节不同，雏鸡所处的环境不一样，对其生长发育和成年鸡的产蛋性能均有影响。育雏可分为春雏（3～5月份）、夏雏（6～8月份）、秋雏（9～11月份）和冬雏（12月至翌年2月份）开放式鸡舍育雏以春季育雏效果最好，秋、冬季育雏次之，盛夏育雏效果最差。

春季气候转暖，白天渐长，空气干燥，疫病容易控制，因此春雏生长发育决，体质强健，成活率高，过渡到育成期正处于夏秋季节，在室外有充分活动的机会，待9～10月份开始产蛋，第一个产蛋期长，产蛋多，蛋大，种蛋合格率高。夏季育雏，虽然可充分利用自然给温和丰盛的饲料条件，但气温高，湿度大，如果饲养管理稍差，则雏鸡就会表现出食欲不佳，易患球虫病、白痢病等，发育明显受阻，成活率低。育成期天气变冷，舍外活动机会少，当年不易开产，第一个产蛋期短，产蛋量少。

3. **房舍及设备的修缮**　为获得较好的育雏成绩，首先要选择好育雏舍。育雏舍的基本要求是：保温良好，能够适当调节通风换气，使舍内空气清新干燥，光照充分，强度适中。育雏前要对育雏舍进行全面检查，对破损、漏风的地方要及时修好，窗户上角要留有风斗，以便通风换气。老鼠洞要堵严，灯光照度要均匀（白炽灯以40～60瓦为宜）。育雏笼、保温设备（如火炉、暖气、电热伞等）要事先准备好，食槽、饮水器等用具要准备充足，保证鸡只同时吃食和饮水。设备和用具经检查确认正常或维修后方可投入使用。

4. **育雏舍及设备消毒**　育雏舍及舍内所有的用具设备应在进雏前进行彻底的清洗和消毒。先将育雏舍打扫干净，墙壁及烟道等可用3%克辽林溶液消毒后，再用10%生石灰乳刷白；泥土地面要铲去一层表土换上新土，水泥地面要充分刷洗，然后用2%～3%的氢氧化钠溶液喷洒消毒。食槽、饮水器可用2%～3%热克辽林乳剂或1%氢氧化钠溶液（金属用具除外）消毒，再用清水冲洗干净后放在阳光下晒干备用。若育雏舍密封性能好，最好是运用熏蒸消毒，将清洗晒干的育雏用具放入育雏舍，密封所有门窗，按每立方米育雏舍面积用福尔马林15毫升、高锰酸钾7.5克的剂量，先把高锰酸钾放入陶瓷器内，然后倒入福尔马林（陶瓷器的容积为福尔马林用量的10倍以上，以防药液溢出），两药接触后立即产生大量烟雾，工作人员迅速撤离，预先在地面上喷些水，提高空气的湿度可增强甲醛的消毒作用。密闭24小时以上时打开门窗通风，换入新鲜空气后再关闭待用，消毒后的鸡舍需闲置7天左右再进雏。

5. **舍内垫料铺置与网、笼安装**　地面育雏需要足够的优质垫草，才能为雏鸡提供舒适温暖的环境。垫草质量与雏鸡发病率密切相关，不清洁的垫草可能携带大量的霉菌和其他病原微生物，很容易感染鸡曲霉菌病和呼吸系统疾病，这些疾病的发生可引起雏鸡大批死亡。垫料要求干燥、清洁、柔软、吸水性强、灰尘少，切忌使用霉烂、潮湿的垫料，常用的垫料有稻草、麦秸、锯木屑等。长的垫料在用前要切短，以 10 厘米左右为宜。优质的垫料对雏鸡腹部有保护作用。垫料铺设的厚度一般在 5～10 厘米，育成期天气热时可用无污染的细砂作垫料。

网上育雏时，最好先在舍内水泥地面上焊成高 50～60 厘米的支架，然后在支架上端铺成块框架坚固的铁丝网片，一般长 2 米，宽 1 米，网眼 1.25 厘米×1.25 厘米。带框架的铁丝网片要能稳固、平整地放在支架上，并易于装卸。网片安装完毕，底网四周用高 40～45 厘米的尼龙网或铁丝网做成围栏。

我国生产的育雏笼有半阶梯式和叠层式两种，以叠层式为主。育雏笼应在育雏前安装于舍内，经消毒后备用。

6. 饲料、药械的准备　育雏前必须按雏鸡的营养需要配制饲料，或购进市售雏鸡料，每只育雏鸡应准备 1.2～1.5 千克配合料。育雏前还需备好常用药品、疫苗、器械，如消毒药、抗生素、抗球虫药、抗白痢药、多种维生素制剂、微量元素制剂，防疫用的疫苗、注射器等。

7. 育雏人员的安排　要求育雏人员熟悉和掌握饲养品种的技术操作规程，了解雏鸡的生长发育规律，能识别疾病和掌握疾病防治方法。育雏人员要准备好各类记录表格。

8. 育雏舍的预温　接雏前 2 天要安装好育雏笼、育雏器，并进行预热试温工作，使其达到标准要求，并检查能否恒温，以便及时调整。若采取地面平养方式，将温度计挂于离垫料的 5 厘米处，记录舍内昼夜温度变化情况，要求舍内夜温 32℃，日温 31℃。经过 2 个昼夜测温，符合要求后即可放入雏鸡进行饲养。

三、育雏方式的选择

人工育雏按其占用地面和空间的不同可分为平面育雏和立体

育雏两种。平面育雏按其舍内地面类型又可分为更换垫料育雏、厚垫料育雏和网上育雏三种形式。

（一）更换垫料育雏

将雏鸡养在铺有垫料的地面上，地面可以是水泥地面、砖地面、泥土地面或炕面，垫料厚3～5厘米并经常更换，以保持舍内清洁温暖。根据供温方式不同，又分为以下几种。

1. **保温伞育雏** 即用一种外形似伞状的保温器育雏（图3-1），保温器的热源可用电热丝、煤气、液化石油气或煤火炉等。容纳鸡只数根据保温伞的热源面积而定，一般为300～500只。其优点是：可养育较多的幼雏，雏鸡可自由在伞下进出选择适温带，换气良好，育雏效果好。缺点是育雏费用高，电热伞余热很少，需另设火炉等升高舍温。

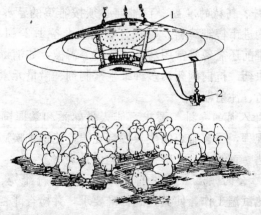

图3-1　液化石油气育雏伞育雏
1. 加温部分　2. 控温部分

2. **红外线灯育雏** 即利用红外线散发的热量育雏。灯泡规格为250瓦，使用时可成组连在一起，悬挂于离地面45厘米高处，舍温低时可降低至33～35厘米。随着雏鸡日龄增长逐渐降温，由第二周起每周提高灯头7～8厘米，直到高地面60厘米高为止。此法在舍内应有升温设备。最初几天需将初生雏限制在灯光下 1.2 米直径的范围内，以后逐日扩大。每盏灯育雏数与舍温有关，参见表 3 - 1。

表 3 - 1　红外线灯（250 瓦）育雏数

舍温（℃）	30	24	18	12	6
鸡（只）	110	100	90	80	70

用红外线灯育雏，优点是保温稳定，舍内干净，垫料干燥，雏鸡可自由选择合适的温度，育雏率高。缺点是耗电量大，灯泡易损耗，故成本高。

3. 火炕育雏　即靠火炕供温，把雏鸡饲养在炕面上，用烧火大小调节育雏温度。其优点是舍温稳定，雏鸡脱温安全，不受电的限制，育雏成本低。

4. 火炉育雏　即靠火炉供温。在育雏舍内，每 15 平方米搭设一个火炉，用煤作燃料。以炉火大小调节育雏温度，其优点是育雏设备简单，不受电的控制、育雏成本低。缺点是需要在夜间加煤添火，调节室温，因而昼夜温差难以控制。

5. 烟道育雏　有地上烟道法和地下烟道法两种，生产中多用地上烟道法。地上烟道的具体砌法是将加温的地炉砌在育雏舍的外间，炉子走烟的火口与烟道直接相连。舍内烟道靠近墙壁 10 厘米，距地面高 30～40 厘米，由热源向烟筒方向稍有坡度，使烟道向上倾斜。烟道上方应设保温棚（如搭设塑料棚，图 3 - 2）。这种育雏方式设备简单，取材方便，温度比较稳定，育雏效果好。

6. 热水管育雏　适用于大批量育雏，其具体方法是在育雏舍中间选适当位置建锅炉房，用管道通向育雏舍内。育雏舍内热水管安装在墙壁周围下部距地面 30 厘米处，在水管上方 50～60 厘米高处设置 1.2～1.5 米宽的保温棚（如用塑料膜覆盖），控制棚下达到育雏温度。用这种方法育雏，舍内清洁，温度比较稳

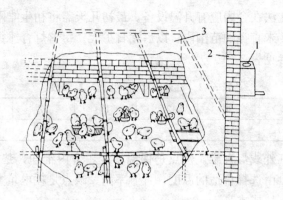

图 3-2 地上烟道育雏示意图
1. 灶 2. 墙 3. 塑料棚

定，育雏效果好。

（二）厚垫料育雏

其具体做法是：将育雏舍打扫干净后，先撒一层生石灰（每平方米撒布 1 千克左右），然后铺上 5～6 厘米厚的垫料。育雏 2 周后，开始增铺新垫料，直至厚度达到 15～20 厘米为止，育雏结束后将所有垫料一次性清除掉。这种育雏方法省去了经常更换垫料的繁重劳动；由于厚垫料发酵产热，可提高舍温；垫料内由于微生物活动，可产生维生素 B_{12}；雏鸡经常扒翻垫料，可增加运动量，增强食欲和新陈代谢，促进其生长发育。厚垫料育雏供温方式有保温伞、红外线灯、火炉、烟道、热水管等。

（三）网上育雏

将雏鸡饲养在距地面 50～60 厘米高的铁丝网上（网眼为1.25 厘米×1.25 厘米）。这种育雏方式可节省大量垫料，而且雏鸡不与粪便接触，可减少疾病的发生和传播。网上育雏的供温方式有热水管、热气管或热风等。

（四）立体育雏（笼育）

指应用分层育雏笼养育雏鸡的一种方式，分层育雏笼一般为3～5 层，采用叠层式排列。其供温方式为：笼内用红外线灯、电热丝或热水管，室内采用暖气或送热风。热风是由电热丝加热器通过送风机送到舍内的。这种育雏方式与平面育雏相比，其优点是能有效地利用舍内空间和温源，但需投资较大，设备质量要求稳定可靠。在饲养管理上，要控制好舍内育雏所需条件和生长发育所需要的完善的饲料营养，才能更好地提高育雏成绩。

四、幼雏的选择、接运及安置

（一）幼雏的选择

种蛋的品质有好有坏，出壳后的雏鸡就必然有强有弱，选择健康的雏鸡是提高育雏率、培育出优良种鸡关键一环。对初生雏的选择，可通过查系谱、查出壳时间、查雏鸡外表形态的办法来鉴别其强弱优劣。

1. **查系谱看父母** 肉鸡的品种很多，生产性能各异。应根据市场需求及房舍设备、饲料、当地气候条件等选养适宜的品种，并要查明初生雏的系谱，对所挑选的初生雏应是来源可靠、合理配套的种鸡。

2. **查出壳时间和体重** 雏鸡出壳有早有晚，一般以21天出壳的雏鸡较好，这样的雏鸡体质强壮；而晚出壳的雏鸡体质软弱，卵黄吸收不好，肚大，毛焦，脐带愈合不好，尤其是最后出壳的"扫摊鸡"更是先天营养不良，疾病多。不易成活。肉用型鸡初生雏体重应为40～45克。

3. **查外表形态** 可采取"一看、二听、三摸"的方法进行。

一看：即用肉眼观察雏鸡的精神状态，羽毛整洁程度，动作是否灵活，喙、腿、趾、翅、眼有无异常，肛门在无粪便黏着，脐孔愈合是否良好等。如为健雏，则眼大有神，活泼好动，羽毛整洁而有光泽，肛门清洁无污物，脐孔闭合正常，腿脚粗壮，站立稳实，喙、翅正常；如为弱雏，则眼小无神或瞎眼，有的附着黏液，不爱活动，痴呆闭目，站立不稳，羽毛枯干蓬乱无光泽、污秽，肛门周围黏着白便，脐孔闭合不全，喙歪，腿软，趾卷，腹部膨大。

二听：即听雏鸡的叫声来判断雏鸡的强弱。健雏叫声响亮而脆短；弱雏叫声嘶哑微弱，鸣叫不休，喘气困难。

三摸：将雏鸡抓握在手中，触摸其膘情、骨架发育状态、腹部大小及松软程度、体会卵黄是否吸收良好及雏鸡活力大小等。健雏体重适宜，手感有膘、饱满、温暖、有弹性，挣扎有力；腹部柔软，大小适中，脐部愈合良好、干燥、有绒毛覆盖；弱雏体轻，手感无源、松软、较凉，挣扎无力，腹部膨大，有弹性，脐部愈合不良，脐孔大，有黏液和血迹或卵黄附着，无绒毛覆盖。

（二）幼雏的接运

雏鸡的接运是一项技术要求高的细致性工作，稍有疏忽，就会造成很大损失。因此，对初生雏的接运要特别注意迅速及时、舒适安全、清洁卫生这些基本原则。

1. 运雏时间应在雏鸡孵出后，绒毛已干，并经过雌雄鉴别、选雏和马立克氏病疫苗接种后，越早运到育雏舍越好，最晚不超过 36 小时为宜，以便对雏鸡及时开食和饮水。另外，春季运雏宜在白天，冬季运雏宜在中午，夏季运雏应早晨，这样有利于保温。

2. 运雏最好选用专用的运雏箱。这种运雏箱用木板、塑料或硬纸制成，一般长 60 厘米、宽 45 厘米、高 18 厘米，内分 4格，每格可放雏鸡 25 只，一箱可装 100 只。箱四周有若干直径2 厘米的通气孔。也可用竹筐、柳条筐或有通气孔的硬纸箱代替。运雏箱使用前应严格消毒，在箱底铺 2～3 厘米的软垫料，每个运雏箱装雏鸡不宜过多。运输工具可因地制宜选用汽车、轮船、飞机等。

3. 雏鸡包装好后，应马上启运，不能耽误。搬运时应平起平放。用机动车运输时，行车要平稳，速度不能过快，以防颠簸震动。转弯、刹车时不能过急，下坡时车速要减慢，以免雏鸡拥挤集堆死亡。

4. 在运雏过程中，要尽量保持运雏箱内的温度恒定，避免过冷或过热，运雏箱内的适宜温度为 24～28℃。冬季、早春天冷时运雏，要用棉被等遮盖运雏箱，夏季运雏要带防雨布，搭设车篷，以防雨淋或日晒。在运输途中要对雏鸡勤观察、勤检查，以防初生雏受冻、受风、受热、受闷和受压，这在较长距离的运输过程中尤为重要。

（三）幼雏的安置

雏鸡运到育雏舍后，应及早安放，使其尽快安定下来，供给水、料。冷天在从车上搬箱到育雏舍时要加以覆盖，以防雏鸡受到寒气与冷风的吹袭。雏鸡入舍后，应按其强弱分群，将弱雏安放在舍内温度较高的地方养育，以促进鸡群发育整齐，提高育雏率。

五、育雏期饲养管理规则

（一）饮水

初生雏鸡体内还残留一些未吸收完的蛋黄，给雏鸡饮水可加速蛋黄物质被机体吸收利用，增进食欲，并可帮助饲料的消化与吸收。加之，育雏舍内温度较高，空气干燥，雏鸡呼吸和排粪时会散失大量水分，需要靠饮水来补充水分。因此，雏鸡进入育雏舍后应先饮水，后开食。

让雏鸡第一次饮水习惯上称为"开饮"。在雏鸡到达前几小时，应将水放入饮水器内，使水温与舍温接近。饮水器可用塔式饮水器或水槽，乃至自制的简易饮水器。饮水器数量要充足，要保证每只雏鸡至少有 1.5 厘米的饮水位置，或每 100 只雏鸡有 2个 4.5 升大小的塔式饮水器。饮水器或水槽要尽量靠近光源、保姆伞等。其高度随雏鸡日龄增长而调整，使饮水器的边缘高于鸡背 2 厘米左右。雏鸡所需饮水器数量可从表 3-2 推算。保持饮水终日不断。

表 3-2　雏鸡应占饮水器和饲槽位置（自由采食）

周龄	饲槽 （厘米/只）	干料桶 （厘米/只）	饲料盘	饮水器 （厘米/只）	备　注
0～6	5.0	1个/30 只	1个/100 只	1.5	干料桶底盘直径 为3～40厘米
7～15	10.0	8		2.0	
16～65	15.0	12		2.5	

　　为消毒饮水，清洗肠胃，促进雏鸡胎粪排出，在最初几天的饮水中，通常可加入万分之一左右的高锰酸钾。经过长途运输的雏鸡，可在饮水中加5%左右的葡萄糖或蔗糖，以增加能量，帮助恢复体力。还可在饮水中加0.1%维生素C，让雏鸡饮用。

　　（二）喂料

　　1. 开食　给初生雏鸡初次喂料俗称"开食"，经过长途运输也最好不超过36小时。开食过早，雏鸡无食欲，并影响卵黄吸收，过晚开食会使雏鸡过多消耗体力，发生失水或虚弱、也影响以后的生长和成活率。一般来说，雏鸡运到后放在育雏舍内，放下窗帘，减弱灯光，让其休息1～2小时后再打开窗帘，增强灯光，使光照强度达到3～4瓦/米^2。当有60%～70%的雏鸡蹦跳并寻觅啄食时就应开食。

　　2. 饲粮配合　育雏饲料应是全价配合饲料，能够满足雏鸡生长发育对蛋白质、能量、维生素、矿物质等营养成分的需要。雏鸡饲粮可按饲养标准结合雏群状况及当地的饲料来源和种类进行配制。从育雏第4天起可在饲粮中另加1%的沙砾，特别是网上育雏和笼式育雏，更应注意沙砾的补给。

　　3. 喂饲方法　在喂饲进程中，若开食料用湿拌料，要分次喂饲。第一天根据开食时间可以喂2～4次，从第二天起每天喂5～6次，3周以后改用干粉料，并开始限制饲料给量，每天喂2～3次。如果从开食就用干粉料，在0～3周龄期间，每天定时添料，少给勤添，任雏鸡自由采食，4周龄起开始限饲，每天喂2～3次。育雏期饲喂程序及饲料给量见表3-3。

表 3-3　艾维茵肉用用种鸡育雏期饲喂程序

周龄	体重（克）	每周增重（克）	饲料类型	饲喂方式	耗料参数[克/（只·天）]
1	—	—	雏鸡饲料（含蛋白质17%～18%）	自由采食	—
2	—	—		自由采食	—
3	—	—		自由采食	
4	500～625	—		每日限食	50
5	580～715	90		每日限食	57
6	660～805	90		每日限食	65

（三）环境管理

适宜的环境条件是雏鸡生长发育所必需的。在育雏阶段，饲养管理上必须人为地满足雏鸡所需要的温度、湿度、空气、光照、营养及卫生等环境条件，才能有效地提高育雏成活率。

1. 育雏温度　适宜的温度是育雏的首要条件。温度是否得当，直接影响雏鸡的活动、采食、饮水和饲料的消化吸收，关系到雏鸡的健康和生长发育。

刚出壳的雏鸡绒毛稀而短，胃肠容积小，采食有限，产热少，易散热，抗寒能力差，特别是 10 日龄前雏鸡体温调节功能还不健全，必须随着羽毛的生长和脱换才能适应外界温度的变化。因此，在开始育雏时，要保证较高的环境温度，以后随着日龄的增长再逐渐降至常温。

育雏温度是指育雏器下的温度。育雏室内的温度比育雏器下的温度低一些，这样可使育雏室地面的温度有高、中、低三种差别，雏鸡可以按照自身的需要选择其适宜温度。培育雏鸡的适宜温度见表 3-4。

平面育雏时，若采用火炉、火墙或火炕等方式供温，测定育雏温度时要把温度计挂在离地面或炕面 5 厘米处。育雏温度，进雏后 1～3 天为 35～34℃，4～7 天降至 33～32℃，以后每周下降 2～3℃，直至降到 20～18℃为止。

测定室温的温度计应挂在距离育雏器较远的墙上，高出地面

1米处。

表3-4 适宜的育雏温度

周　　龄	室温（℃）	育雏器温度（℃）
进雏1～2日龄	24	35
1	24	35～32
2	24～21	32～29
3	21～18	29～27
4	18～16	27～24
5	18～16	24～21
6	18～16	21～18

育雏的温度因雏鸡品种、气候等的不同和昼夜更替而有差异，特别是要根据雏鸡的动态来调整。夜间外界温度低，雏鸡歇息不动，育雏温度应比白天高1℃。另外，外界气温低时育雏温度通常应高些，气温高时育雏温度则应低些；弱雏的育雏温度比强雏高一些。

给温是否合适也可从观察雏鸡的动态获知。温度正常时，雏鸡神态活泼，食欲良好，饮水适度，羽毛光滑整齐，白天勤于觅食，夜间均匀分散在育雏器的周围。温度偏低时，雏鸡靠近热源，拥挤打堆，时发尖叫，闭目无神，采食量减少，有时被挤压在下面的雏鸡发生窒息死亡。温度过低，容易引起雏鸡感冒，诱发白痢病，使死亡率增加。温度高时，雏鸡远离热源，展翅伸颈，张口喘气，频频饮水，采食量减少。长期高温，则引起雏鸡呼吸道疾病和啄癖等。

2. 环境湿度　湿度也是育雏的重要条件之一，但养鸡户不够重视。育雏室内的湿度一般用相对湿度来表示，相对湿度愈高，说明空气愈潮湿；相对湿度愈小，则说明空气愈干燥。雏鸡出壳后进入育雏室，如果空气的湿度过低，雏鸡体内的水分会通过呼吸而大量散发出去，就不利于雏鸡体内的剩余卵黄的吸收，雏鸡羽毛生长亦会受阻。一旦给雏鸡开饮后，雏鸡往往因饮水过多而发生下痢。

适宜的湿度要求：10 日龄前为 60%～65%，以后降至 55%～60%。育雏初期，由于垫料干燥，舍内常呈高温低湿，易使雏鸡体内失水增多，食欲不振，饮水频繁，绒毛干燥发脆，脚趾干瘪。另外，过于干燥也易导致尘土飞扬，引发呼吸道和消化道疾病。因此，这一阶段必须注意室内水分的补充。可在舍内过道或墙壁上面喷水增湿，或在火炉上放置一个水盆或水壶烧水产生蒸汽，以提高室内湿度。10 日龄以后，雏鸡发育很快，体重增加，采食量、饮水量、呼吸量及排泄量与日俱增，舍内温度又逐渐下降，特别是在盛夏和梅雨季节，很容易发生湿度过大的情况。雏鸡对潮湿的环境很不适应，育雏室内低温高湿时，会加剧低温时对雏鸡的不良影响，雏鸡会感到更冷，甚至冷得发抖，这时易患各种呼吸道疾病；当育雏室内高温高湿时，雏体的水分蒸发和体热散发受阻，感到更加闷热不适，雏鸡易患球虫病、曲霉菌病等。因此，这段时期要注意勤换垫料，加强通风换气，加添饮水时要防止水溢到地面或垫料上。

3. **通风换气**　雏鸡虽小，生长发育却很迅速，新陈代谢旺盛，需氧气量大，排出的二氧化碳也多，单位体重排出的二氧化碳量也比大家畜高 2 倍以上。此外，在育雏室的温、湿度条件下，粪便和垫料经微生物的分解产生大量的氨气和硫化氢等不良气体。育雏舍内这些气体积蓄过多，就会造成空气污浊，从而影响雏鸡的生长和健康。如育雏舍内二氧化碳含量过高，雏鸡的呼吸次数显著增加，严重时雏鸡精神萎靡，食欲减退，生长缓慢，体质下降。氨气的浓度过高，就会引起雏鸡肺水肿、充血，刺激眼结膜引起角膜炎和结膜炎，并可诱发上呼吸道疾病的发生。硫化氢气体含量过高也会使雏鸡感到不适，食欲降低等。因此，要注意育雏舍的通风换气，及时排除有害气体，保持舍内空气新鲜，使舍内有害气体氨气、硫化氢、二氧化碳含量分别不超过

0.05 升/米^3、0.01 升/米^3 和 3.5 升/米^3，即人进入育雏舍后无刺鼻、刺眼感觉。在通风换气的同时也要注意舍内温度的变化，防止间隙风吹入，以免引起雏鸡感冒。

育雏舍通风换气的方法有自然通风和强制通风两种。开放式鸡舍的换气可利用自然通风来解决。其具体做法是：每天中午 12 点左右将朝阳的窗户适当开启，应从小到大最后呈半开状态，切不可突然将门窗大开，让冷风直吹雏鸡，开窗的时间一般为 0.5～1 小时。为防止舍温降低，通风前应提高舍温 1～2℃，待通风完毕后再降到原来的温度。密闭式鸡舍通常通过动力机械（风机）进行强制通风。其通风量的具体要求是：冬季和早春为每分钟每只 0.03～0.06 米^3，夏季为每分钟每只 0.12 米^3。

4. 光照　光照包括自然光照（太阳光）和人工光照（电灯光）两种。光照对雏鸡的采食、饮水、运动和健康生长都有很重要的作用。光照时间的长短与雏鸡达到性成熟的日龄更为密切。育雏期与育成期光照时间过短，将延迟性成熟；光照时间过长则提早性成熟，过早开产的鸡，蛋重小，产蛋率低，产蛋持续期短。在雏鸡 3 日龄前可实施 23 小时光照，以便于雏鸡的采食与饮水和饲养。以后逐渐减少每天的光照时间。光照强度，3 日龄前为 3～4 瓦/米^2，3 日龄后为 2～3 瓦/米^2。

（1）开放式鸡舍（传统的有窗鸡舍）的光照计划

①4 月上旬到 9 月上旬孵出的雏鸡，其育成后期正处于日照时间逐渐缩短的时期，故 23 周龄均采用自然光照。

②9 月中旬到翌年 3 月下旬孵出的雏鸡，其大部分生长时期中日照时数不断增加，在其出壳后到 23 周龄可采用控制光照。

一般开放式鸡舍控制光照的方法有两种：一种是渐减法，即查出本批育成鸡达到 23 周龄的白天最长时数（如查到 23 周龄日照时数为 14 小时）增加 4 小时作为 3 日龄雏鸡的光照时数（即 18 小时），以后每周减少光照 20 分，直到 23 周龄以后按种鸡产蛋阶段鸡的光照制度给光。另一种是恒定法，即查出本批育成鸡达到 23 周龄时的白天最长的时数（不低于 8 小时），从出壳后第 4 天起就一直保持这样的光照时间不变，到 23 周龄以后，则按产蛋鸡的光照制度给光。

（2）密闭式鸡舍（环境控制的无窗鸡舍）的光照计划　密闭式鸡舍全部采用人工控制光照时间和光照强度，对培育肉用种鸡比较有利。一般不同类型肉用种鸡光照时间也有差异，具体可参考不同肉用种鸡技术管理资料见表 3-5、表 3-6。

表 3-5　海佩科肉鸡父母代种鸡光照计划

阶　　段	光照时间（小时/天）
1 日龄	24
2 日龄～3 周龄	逐渐减少到 7
4～17 周龄	7
18 周龄	8
19 周龄	9
20 周龄	10
21 周龄	12
22 周龄	14
23 周龄	15
24 周龄以后	16

表 3-6　艾维茵肉鸡父母代种鸡光照计划

阶　　段	光照时间（小时/天）
1～2 日龄	23
3～7 日龄	16
8 日龄～18 周龄	8
19～20 周龄	9
21 周龄	10

（续）

阶　　段	光照时间（小时/天）
22～23 周龄	12
24 周龄	14
25～26 周龄	15
27 周龄以后	16

人工光照常用白炽灯泡，其功率以 25～45 瓦为宜，不可超过 60 瓦。为使照度均匀，灯泡与灯泡之间的距离应为灯泡高度的 1.5 倍。舍内如安装两排以上的灯泡，应错开排列。缺电地区人工给光时，可使用煤油罩灯、蜡烛、气灯等。

5. 饲养密度　雏鸡的饲养密度是指育雏室内每平方米地面或笼底面积所容纳的雏鸡数。饲养密度与雏鸡的生长发育密切相关。鸡群密度过大，吃食拥挤，抢水抢食，饥饱不均，雏鸡生长缓慢，发育不整齐；密度过大还会造成育雏室内空气污浊，二氧化碳含量增加，氨味浓，卫生环境差，雏鸡易感染疾病，易产生恶癖。鸡群密度过小，虽然雏鸡发育好，成活率高些，但房舍利用率降低，不易保温，育雏成本增加，经济上不合算。肉用种鸡育雏阶段的饲养密度参见表 3-7。

表 3-7　不同饲养方式的饲养密度　　单位：只/米²

周　　龄	地面平养	网上平养	多层笼养
0～1	20	24	60
2～3	20	24	40
4～6	20	24	34

育雏群的大小，要根据设备条件和饲养目的而定。每群数量不宜过多，小群饲养效果较好，但太少不经济。通常种鸡育雏每群 500～700 只，公母雏分群饲养。

6. 环境卫生　雏鸡抗病力差，加之实行密集饲养，鸡群一旦发病，很易传播，难以控制。因此，除坚持正常的防疫消毒制度外，还须注意搞好舍内外清洁卫生，保持舍内空气新鲜，勤刷洗饲槽、水槽，勤换垫草，促进雏鸡的健康生长。

（四）分群

雏鸡强、弱分群饲养可提高鸡群均匀度和成活率。笼育时，健康雏放于3层或4层，弱雏放入2层，最弱的雏鸡就要单笼饲养。从笼育的饲养条件来说，2层最好，3层次之，其次是4层，最差的是1层。为使整群雏鸡发育基本一致，就要进行不断的上下各层调整。网上或地面平养时，弱雏鸡用帘子围起来或用一个小单间单独饲养，精心照管，增加喂料次数，饲料中添加促进食欲的药物，待弱雏鸡的生长发育同大群基本一致时，放入大群饲养，再从大群挑出弱雏单独饲养。一般在育雏期可进行3次分群。第一次在雏鸡出壳后转入育雏舍时，将特弱雏鸡淘汰，弱雏单独饲养；第二次在10日龄左右断喙或接种疫苗时，再将弱雏挑出；第三次在4～6周龄离温转群时，再按强弱雏分群饲养。

（五）断喙

适时断喙有利于加强雏鸡的饲养管理。如果鸡舍通风不良，光照过强，饲养密度过大，饲粮营养不平衡特别是缺乏动物性蛋白饲料和矿物质等，均会造成鸡群出现啄羽、啄趾、啄肛等恶癖。恶癖一旦发生，需要查明原因，改善饲养管理。但最有效防止恶癖发生的措施是断喙，而且断喙还能避免雏鸡勾抛饲料，减少饲料浪费。

鸡断喙一般进行2次，第一次断喙在育雏期内，时间安排在7～10日龄；第二次断喙在育成期内，时间在10～14周龄之间，目的是对第一次断喙不成功或重新长出的喙进行修整。大、中型鸡场的雏鸡断喙多采用专用的电动断喙器。在电动断喙器（如9QZ型脚踏式切嘴机）上有一个直径为0.44厘米的小孔，断喙时将喙切除部分插入孔内，由一块热刀片（815°）从上往下切，接触3秒钟后，切除与止血工作即行完毕。操作时，鸡头向刀片方向倾斜，使上喙比下喙多切些，切除的部分是上喙从喙端至鼻孔的 1/2 处，下喙是喙尖至鼻孔的 1/3 处，形成上短下长。

没有断喙器时，对小日龄雏鸡，也可选用电烙铁进行断喙。其方法是：取一块薄铁板，折弯（折角为 90°角）钉在桌、凳上，铁板靠上端适当位置钻一圆孔，圆孔大小依鸡龄而定（以雏鸡喙插入后，另一端露出上喙 1/2 为宜），直径约 0.40～0.45 厘米；取功率为 150～250 瓦（电压 220 伏）的电烙铁一把，顶端磨成坡形（呈刀状）。断喙时，先将电烙铁通电 10～15 分钟，使烙铁尖发红，温度达 800℃以上，然后操作者左手持鸡，大拇指顶住鸡头的后侧，食指轻压鸡咽部，使之缩舌。中指护胸，手心握住鸡体，无名指与小指夹住爪进行固定。同时使鸡头部略朝下，将鸡喙斜插入（呈 45°角）铁板孔内，右手持通电的电烙铁，沿铁板由上向下将露于铁板另一端的雏鸡喙部分切掉（上喙约切去 1/2，上下喙呈斜坡状），其过程应控制在 3 秒钟以内。

断喙前后 1 天，饲料中可适当添加维生素 K（4 毫克/千克），有利于凝血，加抗应激药物，以防应激。断喙后 2～3 天内，料槽内饲料要加满些，以利于雏鸡采食。

（六）疾病防治

雏鸡抗病力差，一旦发病很容易造成大批死亡，因而必须做好疾病预防工作。雏鸡的疾病预防工作除加强饲养、注意环境卫生外，要做好预防性投药，并制定适宜的免疫程序。一般在雏鸡 15 日龄以前，主要投放鸡宝 20 等药物预防鸡白痢病；在 15 日龄以后，主要投放克球粉、氯苯胍等药物预防鸡球虫病。育雏期免疫程序参见表 3-8。

表 3-8　育雏期免疫程序

接种日龄	疫苗（菌苗）名称	接种方法
1 日龄	马立克氏病冻干疫苗	皮下注射
7 日龄	新城疫、传染性气管炎二联疫苗	饮水、点眼、滴鼻
2 周龄	禽流感疫苗首免	股内注射，具体操作可参照瓶签
3 周龄	传染性法氏囊病疫苗	饮水

（续）

接种日龄	疫苗（菌苗）名称	接种方法
3 周龄	鸡痘疫苗	翅膀刺种
4 周龄	新城疫Ⅱ系疫苗	饮水、点眼、滴鼻
6 周龄	禽流感疫苗免疫	肌肉注射
7 周龄	新城疫、传染性气管炎二联疫苗	饮水、点眼、滴鼻

（七）离温

育雏期满（一般为 7 周龄）后要做好离温工作。离温要逐渐进行，开始时可采用晚上给温、白天停温的办法，经 6～7 天后雏鸡已习惯于自然温度时再完全停止给温，离温时环境温度以不低于 18℃为宜。同时逐渐延长雏鸡在运动场的活动时间。开始离温时要注意观察，防止因温度低而造成不必要的损失。

六、笼育幼雏的饲养管理特点

用分层笼育雏时，必须实行全进全出制。在饲养管理中，要从笼育的实际出发，注意鸡舍保温、舍内密度适宜、通风良好和清洁卫生等事项。

（一）笼温

指笼内热源区即离底网 5 厘米高处的温度，可在笼内热源区离底网 5 厘米处挂一个温度计，以测笼温。笼育时给温标准主要根据室温及雏鸡健康状态而定，育雏初期一般维持在 29～31℃，而后随雏鸡日龄增长而逐渐降低，每周下降 2～3℃，直至离温为止。注意观察雏鸡的表现，以确定温度是否适宜。当温度适宜时，雏鸡活动自如，分散在笼内网面上；温度过低时，雏鸡拥挤到笼内一角；温度过高时，雏鸡拥挤到笼内前侧，表现出抬翅张嘴喘气。

（二）舍温

指笼外面离地面 1 米高处的温度。笼育时舍温应稍高些，以便保持笼内温度。育雏开始时要求 22～24℃，以后笼温与舍温的温差逐渐缩小，3 周龄时笼温与舍温接近，舍温应不低于

18℃，这样才能满足雏鸡的需要。但是，笼育时舍温也不宜过高，因雏鸡在网上饲养，羽毛生长较地面平养差，如果温度过高，更易引起雏鸡啄癖。夏季应尽量减少舍外高温的影响，要设有足够的通风装置，采取必要的措施防止舍温偏高。

（三）饮水与喂食

初生雏放入育雏笼后立即给予饮水，在整个育雏期不能断水。最初几天可用塔式饮水器，1周龄改用其他形式的饮水器，其高度随鸡日龄调整。

雏鸡上笼后最初1～2天，可在底网上铺粗糙厚纸或塑料布，便于撒布饲料喂食，以后改在笼外料槽饲喂。6周龄前每只雏鸡需槽位3.0厘米，0～3周龄可让雏鸡自由采食，3周龄以后限制饲料给量，分次喂饲，每天3～4次。

（四）密度与分群

笼内活动面积有限，饲养密度一定要合适（表3-7）。如果密度过大，则会影响雏鸡的生长发育，并易发生恶癖，因而密度要随雏鸡日龄增长而不断地进行调整。对出现的强弱雏要经常分群，将弱雏放在上层笼内饲养。

（五）清洁卫生

要保持笼养设备的清洁卫生，料槽、饮水器要经常刷洗、消毒，底网和承粪板及整个笼体都要定期拆卸进行彻底消毒。

七、育雏期日常管理细则

1. 进门换鞋消毒，注意检查消毒池内的消毒药物是否有效，是否应该更换或添加。

2. 观察鸡群活动规律，查看舍内温度计，检查温度是否合适，尤其是温度能否保持相对稳定。保持适宜的温度是育雏成绩好坏的关键一环。育雏温度不能忽高忽低，对雏鸡行为表现要经常细心的观察，尤其是早春和晚秋气候变化大，早晚间温差悬殊，在管理上更要当心。

3. 观察鸡群健康状况，有没有"糊屁股"（多为白痢所致）的雏鸡，有无精神不振、呆立缩脖、翅膀下垂的雏鸡，有无腿部患病、站立不起的雏鸡，有无大脖子的雏鸡。

4. 仔细观察粪便是否正常，有无拉稀、绿便或便中带血等异常现象。一般来说，刚出壳尚未采食的幼雏排出的胎粪为白色和深绿色稀薄液体，采食以后排出的粪便呈圆柱形、条状，颜色为棕绿色，粪便的表面有白色的尿酸盐沉着。拉稀便可能是肠炎所致；粪便绿色可能是吃了变质的饲料，或硫酸铜、硫酸锌中毒，或患鸡新城疫、霍乱、伤寒等病；粪便棕红色、褐色，甚至血便，可能是发生了球虫病；黄色、稀如水样粪便，可能是发生某些传染病，如法氏囊病、马立克氏病。发现异常现象后及时分析原因，采取相应措施。

5. 检查饮水器或水槽内是否有水，饮水是否清洁卫生。

6. 检查垫料是否干燥，是否需要添加或更换，垫草有无潮湿结块现象。要注意检查饮水器周围的垫料，若发现有潮湿结块现象，应及时更换。

7. 舍内空气是否新鲜，有无刺激性气味，是否需要开窗通气。

8. 食槽高度是否适宜，每只鸡食槽占有位置是否充足，饲料浪费是否严重。

9. 鸡群密度是否合适，要不要疏散调整鸡群。

10. 笼养雏鸡有无跑鸡现象，并查明跑鸡原因，及时抓回，修补笼门或漏洞。

11. 检查笼门是否合适，有无卡脖子现象，及时调换笼门。

12. 及时分出小公鸡，进行淘汰或肥育。

13. 检查光照时间、强度是否合适。

14. 检查有无啄癖现象发生，如有被啄雏鸡，应及时抓出，涂上紫药水。

15. 按时接种疫苗，检查免疫效果。

16. 抽样检查体重，掌握雏鸡生长发育状况。

17. 将病鸡、弱鸡隔离治疗，加强饲养，促使鸡群整齐一致。

18. 检查用药是否合理，药片是否磨细，拌和是否均匀。

19. 掌握鸡龄与气温，确定离温时间，检查离温后果。

20. 加强夜间值班工作，细听鸡群有无呼吸系统疾病，鸡群睡觉是否安静，防止意外事故发生。

重点难点提示

育雏期饲养管理规则、育雏期日常管理细则。

第二节　肉用种鸡育成期的饲养管理

从育雏结束到开产前这段时期（7～23 周龄）叫育成期，处于这个阶段的鸡叫育成鸡。育成鸡的羽毛已经丰满，具有健全的体温调节和对环境的适应能力，食欲旺盛，生长发育迅速，脂肪蓄积能力增强，性腺发育加快，若让其自由采食，特别是饲喂高能量、高山蛋白质饲料，极易造成鸡体过肥、体重过大或过早开产，进而影响其种用价值。因此，肉用种鸡进入育成期后，饲养管理上可以适当粗放一些，但必须在培育上下工夫，做好限制饲养工作，使它们体况良好，骨骼肌肉发达，消化系统机能健全，健康无病，适龄开产，并能持续高产。

一、育成鸡的饲养方式

（一）地面平养

指地面全铺垫料（稻草、麦秸、锯末、干沙等），料槽和饮水器均匀地布置在舍内，各料槽、水槽相距在 3 米以内，使鸡有充分采食和饮水的机会。

（二）栅养或网养

指育成鸡养在距地面 60 厘米左右高的板条栅或金属网上，

粪便直接落于地面，不与鸡接触，有利于舍内卫生。栅上或网上养鸡，其温度较地面低，应适当地提高舍温，防止鸡相互拥挤、打堆，造成损失。

（三）栅地结合饲养

以舍内面积 1/3 左右为地面，2/3 左右为栅栏（或平网）。这种饲养方式有利于舍内卫生和鸡的活动，也提高了舍内面积的利用，增加鸡的饲养只数。

（四）笼养

指育成鸡养在分层笼内，专用的育成鸡笼的规格与幼雏相似，只是笼体高些，底网眼大些。分层育成鸡笼一般为 2～3 层，每笼养鸡 10～20 只。

二、育成鸡的饲养

（一）育成鸡的饲养特点

鸡进入育成期后，生长发育比较迅速，蓄积脂肪能力强，性腺发育加快，如果在此阶段让其自由采食，供给丰富营养，特别是饲喂高能量、高蛋白质饲料，就会造成育成鸡体重过大，影响其种用价值。因此，对育成鸡，在饲养上必须加以限制，在饲粮中减少粗蛋白质给量，同时降低能量浓度。配合饲粮时，可选用稻糠、麦麸等低能饲料替代一部分高能饲料，以利于锻炼胃肠，提高对饲料的消化能力，使育成鸡有一个良好的繁殖体况。

（二）育成鸡的限制饲养

1. 限制饲养的作用

（1）使鸡卵巢和输卵管得到充分发育，机能增强，产蛋量增加。

（2）保持有良好的繁殖体况，防止体重过大或过小，提高种蛋合格率、受精率和孵化率。

（3）可以节省饲料，提高成鸡产蛋和饲料效能。

（4）可以降低产蛋期死亡率，因为健康状况不佳的鸡难以耐受限制饲养，在开产前已被淘汰。

2. 限制饲养的方法　在肉用种鸡育成期的限制饲养主要包括饲料量的限制和饲料质的限制两个方面，但生产中多采用饲料量的限制，即限量饲喂。

（1）限量饲喂的实施方法　在采用限量饲喂时，必须掌握鸡的正常采食量，然后把每只鸡每天料量减少到正常采食量的70%～80%。因为每天应供给鸡群的饲料总量随鸡群日龄及数量的变化而变化，所以具体实施时，要查对雏鸡的出生时间、周龄、标准饲料量、标准体重，然后以测定的实际体重和现有鸡群量调整饲养，确定给料量。肉用种鸡育成期限量饲喂的方法主要有以下几种：①每天限量饲喂（每日限饲法）：即每天规定的饲料量一次喂给。②隔日禁食（隔日限饲法）：一天禁食，第二天饲喂规定的双倍的饲料量，以后重复。③每周禁食两天（5/2限饲法）：把每天规定的饲料量乘以7再除以5，所得的数是5天中每天的饲喂量，周内禁食两天（一般在周日和周三禁食）。

艾维茵肉用种鸡育成期饲喂程序见表3-9、表3-10。

表3-9　艾维茵肉用种鸡生长期饲喂程序

周龄	"无饲日"称重（克）	每周称重（克）	饲料类型	饲喂方式	耗料参数[克/（只·天）]
7	745～895	90	生长鸡饲料（含粗蛋白质14.5%～15.5%）	每日限饲	64
8	835～985	90			65
9	925～1 075	90		隔日限	68
10	1 015～1 165	90			71
11	1 105～1 255	90			73
12	1 195～1 345	90			76
13	1 285～1 435	90		每周2天限饲（周日、周三禁食）或者继续使用隔日限饲法	80
14	1 375～1 525	90			82
15	1 465～1 615	90			85
16	1 555～1 705	90			87
17	1 645～1 795	90			90
18	1 735～1 885	90			92
19	1 825～1 975	90			96

表 3－10　艾维茵肉用种鸡开产饲喂程序

周龄	喂饲日下午称重 （克）	每日增重 （克）	饲料类型	饲喂类型	耗料参数 ［克/（只·天）］
20	2 055～2 205	230*	产蛋前饲料（含蛋白 质 15.5%～16.5%， 含钙 1%）	每日限饲	100
21	2 165～2 315	110			105
22	2 280～2 430	115			110
23	2 410～2 560	130			115
24	2 570～2 720	160			125

＊　在 20 周龄时，由于饲喂方式，体重增加 230 克中，一部分是自然增重 90 克，另一部分是由于高速饲喂方式而增加 140 克。

（2）称重与体重控制

①在育成期每周称重一次，最好每周同天、同时、空嗉称重；在使用"隔日限饲"限饲方式时，应在禁食时称重。②每次随机抽样 5%，逐只称重，计算出平均体重。用计算出的平均体重与标准体重比较，误差最大允许范围为±5%，超过这个范围说明体重不符合标准要求，就应适当减少或增加饲料喂量。每次增加或减少的饲料量以 5～10 克/只·日为宜，待体重恢复标准后仍按规定饲料量喂给。

（3）限制饮水　在育成期，限饲可导致鸡饮水过量，从而造成垫料潮湿，因此可采取限制饮水措施。一般在"喂饲日"鸡进食时供水，以后每 2～3 小时供水 20 分钟。在高温炎热的天气和鸡群应激情况下，不限制饮水。

3. 限制饲养时应注意的问题

（1）限饲前应实行断喙，以防相互啄伤。

（2）要设置足够的饲槽。限饲时必须备足饲槽，而且要摆布合理，以保证每只鸡都有一定的采食位置，防止饥饱不均，发育不整齐。

（3）对每群中弱小鸡，可以挑出特殊饲喂，不能留种的作商品鸡饲养上市。

（4）限饲应与控制光照相结合，这样效果更好。

三、育成鸡的管理

（一）育成期的准备

1. 鸡舍和设备　转群前必须做好育成鸡舍的准备，如鸡舍的维修、清刷、消毒等，准备充足的料槽和水槽。

2. 淘汰病弱鸡　在转群过程中，挑选健康无病、发育匀称、外貌符合本品种要求的鸡只转入育成鸡舍，淘汰病弱鸡、残鸡及外貌不符合本品种要求的鸡只。

（二）做好转群过渡工作

笼育或网育雏鸡进入育成期后，有的需要下笼改为地面平养，以便加强运动；有的需要转入育成鸡笼，以便于加强管理。这一转变使幼鸡不太习惯，转群后有害怕表现，容易引起拥挤，必须提供采食、饮水的良好环境，注意观察鸡群，尤其是在夜间要加强值班，防止意外事故的发生。

（三）保持适宜的饲养密度

育成鸡无论是平养还是笼养，都要保持适宜的饲养密度，才能使鸡只个体发育均匀。密度过大，再加上舍内空气污浊，鸡的死亡率高，体重的均匀度较差，残鸡较多，合格鸡减少，影响育成计划。育成鸡的饲养密度见表 3-11。

表 3-11　肉用种鸡育成期饲养密度

饲养方式　　　　　周　龄	7～15	16～24
地面平养（只/米²）	5～6	3.5～4.5
栅　　养（只/米²）	6～8	4.5～5.0
笼罩养（厘米²）	350	550

（四）控制性成熟

控制育成鸡性成熟的方法主要有两个方面。一方面是限制饲养，另一方面是控制光照，特别是 10 周龄以后，光照对育成鸡性成熟的影响越来越明显。育成鸡的限制饲养和光照控制可参见本书有关内容。

（五）合理设置料槽和水槽

育成期的料槽位置，每只鸡为 8～10 厘米，水槽的位置不少于 2.5 厘米。料槽、水槽在舍内要均匀分布，相互之间的距离不应超过 3 米。其高度要经常调整，使之与鸡背的高度基本一致。

（六）加强通风

通风的目的，一是保持舍内空气新鲜，给育成鸡提供所需要的氧气，排除舍内的二氧化碳、氨气等污浊气体；二是降低舍内气温；三是排除舍内过多的水分，降低舍内湿度。开放式鸡舍要注意打开门、窗通风，封闭式鸡舍要加强机械通风。

（七）添喂沙砾

为提高育成鸡的胃肠消化机能及饲料利用率，育成期内有必要添喂沙砾，沙砾的直径以 2～3 毫米为宜。添喂方法，可将沙砾拌入饲料喂给，也可以单独放入沙槽内饲喂。沙砾要求清洁卫生，最好用清水冲洗干净，再用 0.1% 的高锰酸钾水溶液消毒后使用。

（八）避免啄癖

笼养育成鸡容易发生啄癖。为减少啄癖造成的损失，一定要做好笼养鸡的断喙工作。鸡群出现啄癖后，要及时分析原因，并采取针对性措施，消除发病因素。

（九）预防疾病

由于育成鸡饲养密度大，要注意及时清除粪便，保持环境卫生，加强防疫，做好疫苗接种和驱虫工作。一般在育成鸡 130～140 日龄进行驱虫、灭虱，育成期疫苗接种程序见表 3 - 12。

表 3 - 12　育成鸡及产蛋期免疫程序

接种日龄	疫苗种类	接种方法
70	传染性喉气管炎疫苗	饮水
120～130	禽流感油苗	肌内注射

（续）

接种日龄	疫苗种类	接种方法
120～140	新城疫＋传染性法氏囊病＋减蛋综合征油佐三联苗	肌内注射
120～140	传染性支气管炎油乳剂活苗	肌内注射
120～140	鸡痘疫苗	刺种
270	禽流感油苗	肌内注射
280	传染性法氏囊油乳剂灭活苗	肌内注射

（十）做好记录

在育雏和育成阶段都要有记录，这也是鸡群管理的必要组成部分。做好认真全面的记录，可使管理者随时了解鸡群状况，为即将采取的决策提供依据，记录的主要内容应包括以下诸方面。

1. 雏鸡的品种（系）、来源和进雏数量。

2. 每周、每日的饲料消耗情况。

3. 每周鸡群增重情况。

4. 每日或某阶段鸡群死亡数和死亡率。

5. 每日、每周鸡群淘汰只数。

6. 每日各时的温、湿度变化情况。

7. 疫苗接种，包括接种日期、疫苗生产厂家和批号、疫苗种类、接种方法、接种鸡日龄及接种人员姓名等。

8. 每日、每周用药统计，包括使用的药物、投药日期、鸡龄、投药方法、疾病诊断及治疗反应等。

9. 日常物品的消耗及废物处理方法等。

10. 其他需要记载的事项。

11. 分析育成记录

（1）分析育成鸡群生长及死亡淘汰情况，计算每日或每周鸡群增重率和育成率。

（2）分析育成期饲料利用情况。

（3）分析传染病或其他疾病的发生情况，总结防疫和用药效果。

（4）计算成本，包括育雏期成本和育成期成本。如雏鸡价格、进雏数量、各期饲料价格和用量、疫苗及药品用量和所用款项、人员工资、易耗品支出、设备及鸡舍折旧、贷款利息支付、水电费用及其他用于养鸡生产的支出等。

重点难点提示

育成鸡限制饲养、育成鸡的管理。

第三节　肉用种鸡产蛋期的饲养管理

育成鸡一般养到 20～22 周龄时，即转入种鸡舍饲养，到 25～26 周龄开始产蛋，利用一年或两年便全部淘汰，更换鸡群，饲养肉种鸡的方法与蛋鸡明显不同，饲养管理的主要任务是控制种鸡的采食量，防止体重过大、过肥，保持良好的种用体况，使之具有较高的产蛋率、受精率，以便生产更多的肉用仔鸡。

一、产蛋鸡的饲养方式

（一）地面平养

有更换垫料平养和厚垫料平养两种，有的设有运动场，有的是全舍饲。这种饲养方式投资少，房屋简单，受精率高。但出粪劳力较重，比较容易感染疾病。

（二）网（栅）上平养

网上平养是利用铁丝网或硬塑料网或木条等材料制成有缝地板，并借助支撑材料将其架起距地面有一定高度的平整网面饲养肉用种鸡。网面距地面高度约 60 厘米。网眼的大小以粪便能落入网下为宜。网上平养可采用槽式链条喂料或弹簧喂料机供料。

公母鸡混养时，公鸡另设料桶喂料。网上平养每平方米可饲养4.8只成年肉用种鸡。

（三）2/3 栅架饲养

舍内纵向中央 1/3 为地面铺设垫料，两侧各 1/3 部分为栅架。地面与栅架之间设隔离网以防止鸡进入栅架下面。在栅架的一侧还应设置斜梯，以便于鸡只上下。喂料设备和饮水设备置于栅架上，产蛋箱横跨一侧栅架，置于垫料地面之上，其高度距地面 60 厘米左右。2/3 栅架饲养方式模式图见图 3-3。

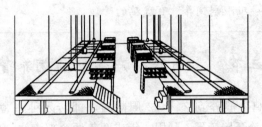

图 3-3　2/3 栅架饲养方式

1. 2/3 栅架饲养的优点　鸡的采食、饮水均在栅架上，粪便多数都落到栅架之下，减少了垫料的污染。由于鸡只可以在架上架下自由活动，增加了运动量，减少了脂肪的沉积，有利于鸡只体质健壮。另外，种鸡交配大多数在垫料地面上进行，受精率高。

2. 2/3 栅架饲养的缺点　耗费垫料多，增加饲养成本。管理人员需要经常清理垫料，保持清洁。饲养密度比网上平养稍低，每平方米可养 4.3 只成年肉用种鸡。

（四）笼养

肉用种鸡笼多为两层阶梯笼。种母鸡每笼装 2 只，种公鸡每笼 1 只。由于肉用种鸡体重大，对鸡笼质量要求高，笼底的弹性要好，坡度要适当，否则鸡易患胸腿疾病。

1. 笼养的优点　笼养的优点是可以提高房舍的利用率，便于管理。由于鸡的活动量减少，可以节省饲料，采用人工授精技术，可减少种公鸡的饲养量，一般公母比例为：1：25～30。

2. 笼养的缺点　由于鸡只的活动量少，易过胖，影响繁殖，还易患胸腿部疾病。在饲养过程中要注意调整营养水平。

二、开产前的饲养管理

从育成期进入产蛋期，机体处于生理上的转折阶段，开产前的饲养管理应采取过渡性的逐步措施，使种母鸡开产后能迅速达到产蛋高峰。

（一）转群

育成鸡在20～22周龄应及时转入产蛋鸡舍，这个时期育成鸡逐渐达到性成熟，生理变化比较大，因而转群工作如何将直接影响到鸡群能否适时开产。

1. 种母鸡的选择　在转群前对种母鸡要进行严格的选择，淘汰不合格的母鸡。可通过称重，将母鸡体重在规定标准±5％范围内予以选留，淘汰过肥或发育不良、体重过轻、脸色苍白、羽毛松散的弱鸡；淘汰有病态表现的鸡；按规定进行鸡白痢、支原体病等检疫，淘汰呈阳性反应的公、母鸡。

2. 转鲜前1周　应做好驱虫工作，并按时接种鸡新城疫Ⅰ系、传染性法氏囊病、减蛋综合征等疫苗。切不可在产蛋期进行驱虫、接种疫苗。

3. 转群前　应准备好产蛋鸡舍，对产蛋鸡舍要进行严格的消毒，并准备好足够的食槽、水槽、产蛋箱等。

4. 转群前3天　在饮水或饲料中加入0.004％土霉素（四环素、金霉素均可），适当增加多种维生素的给量，以提高抗病力，减少应激反应。

5. 搬迁鸡群　最好在晚间进行。在炎热夏季，选择晚间凉爽、无雨时进行；在冬季应选择无雪天。搬运鸡笼里的鸡不能太挤，以免造成损失。搬运的笼、工具及车辆，事先应做好清洗消毒工作。

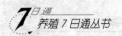

（二）饲养设施安排

1. **鸡舍** 在鸡转群前要做好鸡舍准备。鸡舍面积应按密度要求而略有剩余，在舍内设有通风装置，并经过全面清扫、消毒。

2. **栅、网及垫料** 栅（网）养与栅（网）结合饲养方式所用的架床是由金属网、竹片、小圆竹、木条等编排而成，金属网的网眼规格为 2.5 厘米×5 厘米，网下每隔 30 厘米设一支架架起网底。网面最好是组装式（1 米×2 米），以便于装卸时起落。木（竹）栅间缝宽 2.5～3.0 厘米，板条走向多与鸡舍长轴平行。栅（网）养时，栅（网）面离地面 60 厘米，栅地结合饲养时，栅面离地面 45 厘米左右。地面平养时，垫料应清洁干燥，没有发霉和尘埃。

3. **食槽、水槽及沙盘** 肉用种鸡群对食槽、水槽及沙盘的需要数量见表 3 - 13。

表 3 - 13 肉用种鸡群对食槽、水槽、沙盘需要数量

设施类型		需要数量
食槽	长饲槽	15 厘米/只鸡
	料 槽	7 个/100 只鸡
水槽	长水槽	2.5 厘米/只鸡
	圆形饮水器	最少占有 2.5 厘米/只鸡
	饮水杯	7 个/100 只鸡
	乳头状饮水器	10 个/100 只鸡
圆筒式沙砾盘		1 个/250 只鸡

（三）产蛋箱的设置

每 4 只母鸡设置一孔产蛋箱。产蛋箱必须放在较暗的位置，一般高度不超过 30 厘米。栅养方式的产蛋鸡舍在走道上设有长食槽和水槽，产蛋箱在食槽上面（内侧），因此要留鸡跳上产蛋箱所需的距离和增设鸡跳上栖息的地方。产蛋箱不能放置太高、太亮、太暗、太冷的地方。

（四）环境控制

从育成鸡舍转入产蛋舍，必须有一个适宜的环境条件。对产蛋影响较大的有合理的光照、新鲜的空气、适宜的温度和湿度、合适的饲养密度以及噪音等诸因素。

1. 合理的光照　父母代肉用种鸡一般从 20～22 周龄开始增加光照。一般开放式鸡舍逐周增加到 16～17 小时，密闭式鸡舍逐周增加到 15 小时，以后保持相对稳定。不同品种的父母代种鸡对光照要求略有不同，生产中可参考有关技术资料。

灯光一般均采用白炽灯（普通灯泡），功率最好在 60 瓦以内，保持舍内［光］照度在 2～3 瓦/米。灯头要带有伞罩，距地面 2 米左右，并经常擦净，以保持灯泡明亮。

2. 新鲜的空气　鸡舍内允许的有害气体最高浓度为：氨气 20 毫克/千克、硫化氢 10 毫克/千克、二氧化碳 0.15%。排除舍内有害气体、保持舍内空气新鲜的有效措施是加强通风。鸡舍温度高于 27℃，以降温为主。加大通风量；鸡舍温度在 18～27℃时，应根据舍温调节适当的通风量；夏季气温较高，通风量应不低于 0.5 米/秒。

3. 适宜的温湿度　开放式鸡舍温度受外界气温影响，而鸡舍温度又直接影响鸡的采食量及产蛋率。产蛋鸡舍的合适温度为 10～25℃，密闭式鸡舍可以人工控温，开放式鸡舍除夏季和冬季外，是可以达到此要求的。在高温季节，应加强鸡舍通风，采取降温措施，并供给低温深井水；冬季做好保暖工作，适当增加饲料的饲喂量。低温低湿或高温高湿都会影响鸡的活动、采食、饮水、配种和产蛋率。一般鸡舍要求的温度为 10～25℃，相对湿度为 60%～65%。鸡舍湿度以较低为好，过于潮湿，不仅影响鸡体热量散发，还会增加垫料的含水量和提高氨气等有害气体浓度，并容易诱发疾病。

4. 合适的饲养密度　地面平养，每平方米 3.6 只鸡；棚地结合饲养（1/3 地面，2/3 棚架），每平方米 4.8 只鸡；离地网养，每平方米 5.5 只鸡。

5. 消除噪音　鸡属于习性动物，容易惊群。现代肉鸡生产群体较大，管理操作上应尽量小心，任何噪音、特殊的颜色、粗暴的管理行为都会使鸡群惊恐飞跃，这对产蛋鸡是极其有害的。所以，必须阻止一切噪音及其他应激因素。

（五）开产前的饲养

在 22 周龄前，育成鸡转群移入产蛋鸡舍，23 周龄更换成种鸡料。种鸡料一般含粗蛋白质 16%，代谢能 11.51 兆焦/千克。为了满足母鸡的产蛋需要，饲料中含钙且应达 3%，磷、钙比例为 1∶6，并适当增加多种维生素与微量元素的添加量。饲喂方式由每日或隔日 1 次改为每日限料，日喂 2 次。

开产前后阶段饲养得当，则母鸡开产适时且整齐，一般如果 23 周龄见第一个蛋，25 周龄可达 5%，26～27 周龄达 20%，29 周龄达 50%，31～33 周龄可出现产蛋高峰，并使高峰期持续较久。

三、产蛋期的限量饲喂

父母代肉用种鸡在产蛋期也必须限量饲喂，如果在整个产蛋期采用自由采食的方式饲喂，则造成母鸡增重过快，体内脂肪大量积聚，不但增加了饲养成本，还会影响产蛋率、成活率和种蛋的利用率。母鸡在整个产蛋期间体重增长，一般最好控制在 0.5千克左右。因此，在产蛋期必须实施限量饲喂的饲养方案；大致要求是：在 23 周龄时才允许任意进食，待鸡群开产见蛋时才逐渐增加饲喂量，产蛋率达 20%时才允许鸡群略作自由采食，以后再继续增加饲喂量，达到自由采食的程度，使产蛋率达到高峰。以后饲喂量视鸡群的产蛋率变化、气温冷暖、增重率及饲料中所含能量而作适当调整，使饲喂量逐渐减少到最大量的 90%左右。如海佩科父母代肉用种鸡 24 周龄，在饲料营养含粗蛋白质 16%～17%，代谢能 11.72 兆焦/千克，磷、钙比例 1∶6，舍温在 18～21℃时，每只鸡每天给料量保持 160 克，舍温每增加或减少1℃，每只鸡可减少或增加1克饲料的饲喂量；如温度在10℃以下或饲料质量差，每只鸡每天增加饲料量10~15克；如鸡群产蛋率达80%以上，观察鸡群有饥饿感，则可增加饲料量，产蛋率已有3~5天停止上升，试增加5克饲料量；如5天内产蛋率仍不见上升，重新减去增加的5克饲料量；若增加了产蛋率，则保持增加后的饲料量。从38~40周龄起，要逐渐减少饲料量，每减少1%产蛋率。每只鸡少喂0.5克饲料，减少量应逐渐进行，每周不超过1克。海佩科肉用种鸡通常在产蛋末期的饲料量为每只鸡每天140~150克。

产蛋期每只鸡每天下午或晚上喂5克左右的碎玉米粒（稻谷、大麦、小麦均可），撒在垫料上，可增加鸡的运动量，提高鸡群产蛋率和成活率。在产蛋高峰，每只鸡每天约需1.74兆焦代谢能和22.5克蛋白质，随产蛋周龄增加、产蛋率下降。对能量及蛋白质需要量逐渐减少。肉用种鸡产蛋期的饲养标准及日粮配合参见本书有关内容。

肉用种鸡产蛋期饲喂程序及喂料标准参见表3-14、表3-15。

表3-14 艾维茵肉用种鸡产蛋期饲喂程序及耗料量

周龄	鸡群产蛋率（%）	下午称重（克）	每周称重（克）	饲料类型	饲喂方式	耗料参数[克/(只·天)]
25	5	2 075~2 900	180	产蛋前饲料（含蛋白质15.5%~16.5%、含钙1%）	每日限饲	127~132
26	21	2 850~3 000	100			136~141
27	42	2 950~3 100	100			145~150
28	58	3 050~3 200	100	产蛋期饲料（含蛋白质15.5%~16.5%、含钙3%）		154~159
29	74	3 130~3 280	80			154~163
30	80	3 210~3 360	80			154~163
30	83	3 280~3 480	70			154~163
32	85	3 340~3 490	60			154~163
33	84	3 380~3 530	40			154~163
34	83	3 400~3 550	20			154~163

表3-15 艾维茵肉用种鸡产蛋期饲料消耗（千克/100克）

周龄	每日	每周	累计	周龄	每日	每周	累计
25	12.7~13.2	88.9~92.4	89~92	46	14.3~15.2	101.1~106.4	2 283~2 411
26	13.6~14.1	95.2~98.7	184~191	47	14.3~15.2	101.1~106.4	2 384~2 517
27	14.5~15.0	101.5~105.0	286~296	48	14.3~15.2	101.1~106.4	2 484~2 624
28	15.4~15.9	107.8~111.3	393~407	49	14.3~15.2	101.1~106.4	2 584~2 730
29	15.4~16.3	107.8~114.1	501~522	50	14.3~15.2	101.1~106.4	2 684~2 836
30	15.4~16.3	107.8~114.1	609~636	51	14.3~15.2	101.1~106.4	2 784~2 943
31	15.4~16.3	107.8~114.1	717~750	52	14.1~15.0	98.7~105.0	2 883~2 411
32	15.4~16.3	107.8~114.1	825~864	53	14.1~15.0	98.7~105.0	2 981~3 153
33	15.4~16.3	107.8~114.1	932~978	54	14.1~15.0	98.7~105.0	3 080~3 280
34	15.4~16.3	107.8~114.1	1 049~1 092	55	14.1~15.0	98.7~105.0	3 179~3 363
35	15.4~16.3	107.8~114.1	1 148~1 206	56	14.1~15.0	98.7~105.0	3 277~3 468
36	15.4~16.3	107.8~114.1	1 256~1 320	57	14.1~15.0	98.7~105.0	3 376~3 573
37	15.0~15.9	105.0~111.3	1 361~1 432	58	13.8~14.7	96.6~102.9	3 473~3 676
38	15.0~15.9	105.0~111.3	1 466~1 543	59	13.8~14.7	96.6~102.9	3 569~3 779
39	15.0~15.9	105.0~111.3	1 571~1 654	60	13.8~14.7	96.6~102.9	3 666~3 882
40	15.0~15.9	105.0~111.3	1 676~1 765	61	13.8~14.7	96.6~102.9	3 763~3 984
41	14.5~15.4	101.5~107.8	1 777~1 873	62	13.8~14.7	96.6~102.9	3 859~4 087
42	14.5~15.4	101.5~107.8	1 879~1 981	63	13.8~14.7	96.6~102.9	3 956~4 190
43	14.5~15.4	101.5~107.8	1 980~2 089	64	13.8~14.7	96.6~102.9	4 052~4 293
44	14.5~15.4	101.5~107.8	2 082~2 191	65	13.8~14.7	96.6~102.9	4 149~4 396
45	14.5~15.4	101.5~107.8	2 188~2 304				

四、产蛋期的管理

肉用种鸡产蛋期的饲养管理至关重要，任何营养条件的变化和应激因素都会影响其产蛋性能或种用性能，因而需做好以下几项工作。

（一）引导鸡到产蛋箱产蛋，减少破蛋率和脏蛋率

在母鸡开产前1~2周，在产蛋箱内放入麻袋片或其他垫料，

并制作假蛋放入箱内，让鸡熟悉产蛋环境，有产蛋现象的鸡可抱入产蛋箱内。假蛋的制作：将孵化后的死精蛋用注射器刺个洞，把空气注入蛋内，迫出内容物，再抽干净，将完整蛋壳浸泡在消毒液中，消毒干燥后装入沙子，用胶布将洞口封好。到大部分鸡已开产后，把假蛋捡出。

鸡开产后，要勤捡蛋，每天不少于 5 次。夏天不少于 6 次。对产在地面的蛋要及时捡起，不让其他鸡效仿而也产地面蛋。每天清扫产蛋箱，保持清洁干燥。下午最后一次捡蛋后，把产蛋箱门关好，不让鸡在产蛋箱内过夜，第二天一早再把箱门打开。

（二）保持环境安静，防止各种应激因素

1. **实施操作程序化** 饲养员实行定时饲喂、清粪、捡蛋、光照、给水等日常管理工作。饲养员操作要轻稳，保持服装颜色稳定，避免灯泡晃动，以防鸡群的骚动或惊群。

2. **分群、转舍、预防接种疫苗等** 应尽可能在夜间进行。捉鸡时要轻抓轻放，以防损伤鸡只。

3. **场内外** 严禁各种噪音及各种车辆的进出，防止各种应激因素。

4. **日常管理** 建立日常管理制度，认真执行各项生产技术措施，是保证鸡群高产、稳产的关键。

（1）做好生产记录，以备查考 要做好连续的生产记录，并经常对记录进行分析，以便能及时发现问题，总结经验教训。生产记录主要内容包括以下几个方面。①每天记录鸡群变化，包括鸡群死亡数、淘汰数、出售数、转入隔离鸡舍数和实际存栏数。②每天记录实际喂料数量，每周一小结，每月一大结，每批鸡一总结，核算生产成本。③每天记录入库种蛋数和人孵种蛋数，每周一小结，每月一大结，每批鸡一总结。④按规定定期抽样 5%个体重，以了解鸡群体态状况，以便于实施限量饲喂工作。⑤做好鸡群产第一个蛋日龄、5%产蛋率日龄、20%产蛋率日龄、50%产蛋率日龄及产蛋高峰周龄记录，并对照技术参考资料，分析鸡群产蛋情况。⑥在42周龄时连续5天称重，取平均数，以记录鸡群标准蛋重。⑦记录鸡群免疫接种日龄、疫苗种类、接种方法的反应等情况。⑧记录鸡群发生疫病日龄、数量及诊断、用药、康复等情况。⑨记录生产支出与收入，搞好盈亏核算。

（2）严格实施产蛋期光照计划，并加强管理。

（3）保持垫料干燥、疏松、无污染。

（4）养好公鸡，保证种蛋受精率 自24周龄起每百只母鸡配11只强健的公鸡，以后保持每百只母鸡不少于10只公鸡比例；防止种公鸡体重超标，做好限量饲喂；经常检查公鸡脚病，及时淘汰不能配种的劣公鸡。

（5）做好种蛋收集、管理及消毒工作 要坚持勤捡蛋，每天不少于5～6次，天气炎热可增加1～2次。当地面产蛋数超过1%时，应增加捡蛋次数。每次捡蛋时分别记录地面蛋数，发现问题及时采取措施。捡蛋后直接装入消毒的塑料孵化盒或者新的纤维蛋盘之中。人孵蛋应与地面产的污秽、畸形或裂壳蛋分别放置。

收集到的蛋应尽早熏蒸消毒，最好在蛋仍在温暖时进行，在细菌渗入蛋内前杀灭。消毒后的种蛋宜放在14～16℃和相对湿度75%～80%的环境中，一般不超过5天。

5. 季节管理 目前国内大多数的鸡场、专业户饲养肉用种鸡仍多采用开放式鸡舍，鸡群的生产性能受外界环境影响较大。因此，在不同季节里，应根据气候变化和鸡的生理特点采取有效措施。确保鸡群高产、稳产。

（1）春季 春季气候逐渐变暖，日照时间延长，是母鸡产蛋的旺季，也是微生物大量繁殖的季节。因此，在鸡群的饲养管理上要特别慎重。初春伊始，要对鸡舍、运动场及用具进行消毒，搞好卫生防疫；逐渐增加鸡舍通风量；提高日粮的营养水平，满足鸡的产蛋需要。预防各种应激因素，充分发挥鸡的产蛋潜力。

（2）夏季 夏季天气炎热，高温多湿，蚊虫猖獗，主要任务是防暑降温，尽量增加鸡的食欲，经常更换清凉饮水，饲料种类多样化。注意饲槽清洁，防止饲料酸败和发霉变质，引起胃肠疾病。还要注意消灭舍内蚊虫，防止发生鸡瘟病和球虫病。

（3）秋季　秋季日照逐渐缩短，成年母鸡停产换羽，当年新鸡陆续开产，主要工作是：淘汰低产鸡，调整新老鸡群，对选出的高产"二年鸡"进行强制换羽；增加光照时间。注意夜间保温；及时进行驱虫和疫苗接种，做好越冬准备。

（4）冬季　冬季气候寒冷，日照时间短，主要任务是防寒保温，使舍温不低于8℃。防寒措施：有条件的增设取暖设备，条件差的将鸡舍门窗，特别是北面窗用塑料膜钉好，防止寒风吹入鸡舍。冬季气温低，鸡体散热量大，要适当提高日粮中的能量水平。另外还要补充人工光照，使自然光照和人工光照时间之和达到15～16小时。

6. 笼养种鸡的饲养管理要点

（1）选择好笼具　由于肉用种鸡笼养是由蛋鸡笼养衍生而来的，所以一般多采用普通蛋鸡笼，现在国内已有很多厂家专门生产肉用种鸡笼具。若采用普通蛋鸡笼（每小笼装4只蛋鸡），为便于人工授精，可装置成二层阶梯式，每格笼装2只肉用种鸡。

（2）控制好营养　种鸡在笼内的活动量小，所需营养比地面平养或栅地结合饲养方式少。特别是对能量的需要量要减少，否则过多的营养在鸡体内以脂肪的形式贮存，鸡体过肥，影响种鸡的产蛋性能。其他营养水平可保持正常。考虑到种鸡在平养时可从地面垫料中采食到少量B族维生素，可酌情将笼养种鸡维生素添加量提高5%左右。在地面平养时，种鸡产蛋期饲粮能量为11.5～11.7兆焦/千克，笼养时饲粮含能量可减少0.4～0.8兆焦/千克。

（3）合理饲喂与饮水　饲喂量要根据鸡群的日龄、体重、产蛋率、舍温等因素而定。把每天所要供给的料量计算好，分两次饲喂，上午8时与下午15时各1次。一定要定期抽测体重，防止体重增长过快。饮水也要适当限制，可在喂料前后给水各0.5~1 小时，熄灯前再供水 1 次，每天饮水 4 小时，夏天要增加饮水时间。

（4）保持舍内通风，尽量减少应激　笼养密度较大，所以通风量一定要比平养时大，要根据不同季节、不同舍温灵活调整换气量。肉用种鸡笼养后对应激因素较敏感，常有受惊后撞开笼门逃出现象，甚至造成伤亡，影响产蛋，所以要尽量减少应激。

（5）观察与调整鸡群　笼养鸡很容易观察到粪便变化，也很容易发现病弱鸡。当发现病鸡后，要将病鸡及时挑出，隔离饲养治疗，并根据情况对鸡群采取预防措施。个别病弱鸡死亡、淘汰后，笼内剩下鸡位，要及时进行并笼，使每只鸡占有相同的采食位置，便于饲养管理。

重点难点提示

产蛋鸡的限量饲喂、产蛋鸡的管理。

第四节　种公鸡的培育

一、种公鸡的育雏

为了使公雏发育良好，在育雏期应把公雏与母雏分开，以350~400 只公雏为一组置于一个保温伞下饲养。

公雏的开食愈早愈好，为了使它们充分发育，应占有足够的饲养面积空间及食槽、水槽等器具，在最初 8 周龄内，每 5 只公雏占 1 米^2 地面，其上至少需铺垫 12 厘米厚清洁而吸湿性较强的垫草。

孵出后 3 周内，每 100 只公雏需备有 2 个 120 厘米长的饲槽和 3 个容量 4 升的饮水器，此后的育雏期中，每 100 只公雏需要4 个 120 厘米长的饲槽及 4 个 12 升的饮水器。

育雏期公雏对环境条件及其他管理的要求，与母雏相似。

二、种公鸡的断趾与断喙

种用公雏的内侧两个趾，在出壳时就可以剪短。如采用电烙铁断趾能避免流血，因脚趾的剪短部分不能再行生长，故交配时不会伤害母鸡。

种用公雏的断喙最好比母雏晚些，可安排在 10～15 日龄进行。公雏断去部分应比母雏短些，以便于种公鸡啄食和配种。

三、种公鸡的腿部保健

公鸡的腿力如何，直接影响它的配种。因此，必须选择具有良好腿力的公鸡用于繁殖。由于公鸡生长过于迅速，腿部疾病容易发生，但如果管理得当，仍能保持公鸡的健康状态。在管理上一般需注意以下几个问题：

1. 不要把公鸡养在间隙木条的地面上。

2. 当搬动生长期的公鸡时，需特别小心。因为捕捉及放入笼中的时候，可能扭伤它们的腿部，也切勿把公鸡放置笼中过久，因为过度拥挤及蹲伏太久，会严重扭伤腿部的肌肉及筋腱。

3. 在生长期中，要给胆小的公鸡设置躲避的地方如栖架等，并在那里放置饲料和饮水。

4. 采取适当的饲养措施，以改进公鸡的腿力。

四、种公鸡的选择

（一）第一次选择

在 6 周龄进行第一次选择，选留数量为每 100 只母鸡配 15 只公鸡。要选留体重符合标准、体型结构好、灵活机敏的公鸡。

（二）第二次选择

在 18～22 周龄时，按每 100 只母鸡配 11～12 只公鸡的比例进行选择。要选留眼睛敏锐有神、冠色鲜红、羽毛鲜艳有光、胸骨笔直、体型结构良好、脚部结构而无病、脚趾直而有力的公鸡。选留的体重应符合规定标准，剔除发育较差、体重过小的公鸡。对体重大但有脚病的公鸡坚决淘汰，在称重时注意腿部的健康和防止腿部的损伤。

五、种公鸡的限制饲喂

育成期公、母鸡在同一鸡舍混养时，公鸡与母鸡采取同样的限饲计划，以减少鸡群应激，如果使用饲料桶，在"无饲料日"时，可将谷粒放在更高的饲槽里，让公鸡跳起来方能吃到。这样可减少公鸡在"无饲料日"的啄羽和打斗。在公、母鸡分开饲养时，应根据公鸡生长发育的特点，采取适宜的饲养标准和与育成母鸡略有不同的限饲计划。肉用种公鸡饲喂程序及喂料标准参见表3-16。

表3-16 艾维茵肉用种公鸡饲喂程序及耗料量

周龄	平均体重（克）	每周增重（克）	饲喂方式	累计消耗饲料量（千克/100 只）
1	—	—	全饲	—
2	—	—		—
3	—	—		105
4	680	—	每日限饲	105
5	810	130	每日限饲	205
6	940	130		260
7	1 070	130		315
8	1 200	130		380
9	1 310	110		440
10	1 420	110		520
11	1 530	110		580
12	1 640	110		650
13	1 750	110	每周2天限饲（星期日、星期三禁食）或者继续使用隔日限饲	730
14	1 860	110		810
15	1 970	110		890
16	2 080	110		970
17	2 190	110		1 050
18	2 300	110		1 130

（续）

周龄	平均体重（克）	每周增重（克）	饲喂方式	累计消耗饲料量（千克/100 只）
19	2 410	110	每日控制	1 220
20	2 700	360*		1 310
21	2 950	180		1 410
22	3 130	180		1 500
23	3 310	180		1 600
24	3 490	180		1 700
25	3 630	140		
26	3 720	190		
27	3 765	45		
28	3 810	45		
29	4 265	455		

＊ 20 周龄时体重急剧增加是由于自然增重（180 克）再加上改变限饲计划所致。

六、种公鸡的限制饮水

在公鸡群中，垫料潮湿和结块是一个普遍的问题，这对公鸡的脚垫和腿部极其不利。限制公鸡饮水是防止垫料潮湿的有效办法，公鸡群可从 29 日龄开始限水。一般在禁食日，冬季每天给水 2 次，每次 1 小时，夏季每天给水两次，每次 2.5 小时；喂食时，吃光饲料后 3 小时断水，夏季可适当增加饮水次数。

七、种公鸡的管理

（一）自然交配种公鸡管理要点

1. 如公鸡一贯与母鸡分群饲养，则需要先将公鸡群提前 2～3 天放在鸡舍内，使它们熟悉新的环境，然后再放入母鸡群；如公、母鸡一贯合群饲养，则某一区域的公、母鸡应于同时放入同一间种鸡舍中饲养。

2. 小心处理垫草，经常保持清洁、干燥，以减少公鸡群的葡萄球菌感染和胸部囊肿等疾患。

3. 做白痢及副伤寒凝集反应时，应载上脚圈，脚圈放上以后，钳扁其合口（切勿打褶），以免脚圈滑落到距趾下缘。

(二) 人工授精种公鸡管理要点

1. 饲养方式　以特制单层公鸡笼一鸡一笼为宜。

2. 光照　公鸡的光照时间不分季节应保持每天 16～17 小时，并要求稳定不变，防止时长时短。辐〔射〕照度，要求每平方米 3 瓦左右。

3. 温度　室温最好保持在 15～20℃，高于 30℃ 或低于 10℃ 时对精液品质有不良影响，有条件的安装降温和保温设备。

4. 湿度　舍内要求相对湿度 55%～60%，防止过潮。

5. 通风。要求舍内经常进行通风换气，以保持舍内空气新鲜。

6. 喂料　要求少给勤添，每天饲喂 4 次，每隔 3.5～4 小时喂 1 次。

7. 饮水　要求饮水清洁卫生。

8. 清粪　3～4 天清粪 1 次。

9. 观察鸡群　主要观察种公鸡的采食量、粪便、鸡冠的颜色及精神状态，若发现异常应及时采取措施。

重点难点提示

种公鸡的选择、种公鸡的限量饲喂、种公鸡的管理。

第五节　肉用种鸡的强制换羽

换羽是鸡的一种自然生理现象，不论是母鸡还是公鸡，每年都要更换一次羽毛，即旧羽脱落，长出新羽毛。自然换羽一般在秋季，换羽早的在夏末秋初，换羽迟的临近初冬。鸡的自然换羽时间较长，一般需要 3～4 个月，换羽期间鸡停止产蛋并需要消耗很多营养物质以形成新羽。

所谓人工强制换羽，就是人为地给鸡施加一些应激因素，在应激因素作用下，鸡体器官和系统发生特有形态和机能的变化，表现为停止产蛋、体重下降、羽毛脱落和更换新羽，从而达到在短期内使鸡群停产、换羽、休息，然后恢复产蛋，并提高蛋的品质，延长蛋鸡利用期的目的。

一、肉用种鸡人工强制换羽的优点

（一）降低种鸡育成费用

一只肉用种母鸡，从开始育雏到产蛋率达 50％，大约需要 15～20 千克饲料，同时还要占用房舍，花费人工费、电费、燃料费、药品疫苗费等。从总体上看，培育一只新开产种母鸡需要花费人民币 50 元以上，而实行人工强制换羽，母鸡从开始停产到恢复产蛋率达 50％以上，约需 60 天左右。耗料 6～7 千克，同时也节省了房舍、人工、水电、能耗、药耗。一只强制换羽母鸡从开始换羽到产蛋率达 50％，约需花费人民币 25～28 元，通过强制换羽降低了 50％以上的育成费用。

（二）提高种蛋质量

种鸡实施人工强制换羽后，种蛋的受精率、合格率、孵化率均有所提高。由于换羽后蛋壳质量显著增加，减少了破蛋率，提高了种蛋合格率。据测定，人工强制换羽后，种蛋合格率提高 5％以上，孵化率提高 3％以上。

（三）提高母鸡成活率

由于在换羽前要对鸡群进行严格挑选，瘦小不健康鸡只均被淘汰，参加强制换羽的均是健康鸡，在经历严峻换羽考验后，存活下来的鸡均是健康鸡，其抗病力强，死淘率低。

（四）扩大种蛋供应量

人工强制换羽所需的时间短，如商品雏鸡售价较低时，可考虑提前进行人工强制换羽，待换羽结束后、市场种蛋价格反弹时，可充分提供更多的种蛋。

二、人工强制换羽的基本要求和方法

（一）强制换羽的基本要求

对鸡群进行强制换羽，要求在很短的时间内使鸡群停止产蛋，在强制换羽后5～7天，务必使产蛋率降到0～1%。在鸡群停产期间，要控制所有的鸡不产蛋，一般理想的停产时间为6～8周。在鸡群采取强制换羽后的5～6天，体羽开始脱落，15～20天脱羽最多，一般35～45天换羽结束。羽毛脱落顺序，一般为头部→颈部→胸部及两侧→大腿部→背部→主翼羽→尾羽。当鸡群产蛋率达50%时，主翼羽10根中有5根以上脱落为换羽成功，不足5根的为不成功。断料后期应天天称重，及时掌握体重的变化，一般体重减轻25%～30%（这对肉用种鸡是比较困难的）即开始喂料。强制换羽期间的死亡率最好控制在2%～3%，即7天内为1%；10天内为1.5%；5周内为2.5%；8周内为3%。断水时，若死亡率达到5%，应立即饮水；在绝食期间，若死亡率达到5%，应立即给料。

（二）强制换羽的具体做法

1. 饥饿法　它是传统的强制换羽方法，也是最实用、效果最好的方法。其基本原理是：通过断料、断水、缩短光照时间的刺激，给鸡只造成强烈应激，致使鸡内分泌失调，卵泡发育停止以至萎缩，导致鸡停产与换羽。应用时要根据季节、鸡只状况决定停水天数（一般为2～5天）、断料天数（一般为8～14天），同时减少光照刺激的时间。具体实施时要根据体重的失重率来决定。如失重率低于20%，换羽效果不理想。当体重下降到目标体重时，开始恢复供料，这时是饲喂育成料。但见到鸡只开产后，换成产蛋料。

2. 化学法　将2%～2.5%的氧化锌加入到饲料中，任鸡自由采食，自由饮水，同时减少光照时间。正常时，鸡采食高锌饲料后，第二天会减少一半的采食量，一周后减到正常采食量的1/5。体重迅速减轻，当体重的失重率达到30%时，改喂无锌的育成料。待采食量达到90克/只·日时，大约是开始换羽后的第四周。这时开始补充人工光照，每天光照14小时，将育成料转为产蛋料，以后每周增加10～15克，一直递增到160～170克/只·日，以后根据产蛋率调节供料量。从第五周开始，每周增加1小时光照，一直递增到16小时光照为止，然后保持此光照时数，直至鸡群被淘汰。

3. 综合法　即饥饿—化学合并法，是将饥饿法和喂锌的化学法两者结合进行的一种方法。具有安全、简便易行、换羽速度快、休产期短等优点。其缺点与化学法相同，母鸡换羽不彻底，恢复产蛋早，但下降也快。具体实施方法为：第一天至第三天停水、断料、停止人工补充光照。第四天恢复供水，喂饲含氧化锌2%～3%的饲料，连喂7天，第十三天改喂正常无锌饲料，恢复原光照刺激，通常是在开始换羽后20～25天重新开产。

三、肉用种鸡人工强制换羽应注意的问题

实践证明，人工强制换羽具有很多优点，但实施时应注意以下几个问题。

（一）要正确选择换羽的时机

在强制换羽时，不仅要考虑经济因素，而且要考虑鸡群的状况和季节。在秋冬之交的季节进行强制换羽的效果最好，因为这与自然换羽的季节相一致。盛夏酷暑和严寒的冬季进行强制换羽，会影响换羽的效果。如果在夏季换羽，天气炎热，断水使鸡难以忍耐干渴；而在冬季换羽，鸡挨饿受冻，羽毛又脱落，体质急剧下降，对健康不利。一般来说，冬季换羽的效果好于夏季，死亡率低些，产蛋量可多5%以上。要注意，夏季断水时间长短要掌握好，冬季饥饿的时间不可过长。

(二) 严格挑选健康鸡

强制换羽对鸡体来说，是十分苛刻的残酷手段。因此，必须把病弱个体挑出，只选临床上健康的鸡进行换羽，只有健康的鸡才能耐受断水、断料的强烈应激影响，也只有健康的鸡才能指望第二年高产。用病鸡换羽，可能成为换羽期间暴发疫病的诱因。

(三) 掌握好饥饿时间的长短

根据季节和鸡的体况，一般断料时间以 10～12 天为宜，断水时间不应超过 3 天。饥饿时间过短，达不到停产换羽的目的；饥饿时间过长，鸡群死亡率增加，对鸡的体质也有较大损伤。

(四) 注意体重和死亡率的变化

通过称重，掌握体重下降幅度。换羽期间的体重以比换羽前减轻 25％～30％为适度，这需要从断料后第 5 天（指春秋两季，冬季早 2 天，夏季迟 2 天）起，每天在同一时刻称重。同时注意鸡群死亡率的变化，一般认为，第 1 周鸡群死亡率不应超过 1％，头 10 天不应高于 1.5％；头 5 周超过 2.5％和 8 周超过 3％是不容许的。

(五) 调节好舍内温度

鸡舍温度忽高忽低，对鸡换羽不利。一般应使舍温保持在 15～20℃。在冷天进行强制换羽，必须通过减少通气保存热量和使用发热器产生辅助热量，以达到舍内目标温度。一旦开始限制饲养，鸡群的正常体热产生会迅速减少，这时必须结合控制通风和增加辅助热量来维持舍内温度和空气质量。恢复饲喂期仍应维持舍内温度，以提高体重恢复速度。鸡群达 50％产蛋率时长出的羽毛足以维持体温，舍内温度可开始恢复正常。

(六) 控制好鸡舍内的光照

在实施强制换羽的同时，密闭式鸡舍减至 8～10 小时/天，开放式鸡舍采用自然光照，但要尽可能遮光，使光照强度减弱，一般在强制换羽处理后的 20 天内光照时间不能提高。

（七）搞好换羽期间的饲养管理

1. 把握好鸡的开食时间　当鸡的体重减少 25％～30％时，鸡体内营养消耗过多，体力不支，应立即换料。最初几天，喂量逐日增加。

2. 软化开食饲料　将开食饲料软化处理后，有利于鸡的消化吸收，能明显降低死亡率，这是因为长时间的饥饿，造成鸡体质虚弱，消化道变薄，消化机能降低，从而导致有些鸡食入饲料后无力消化而死亡。

3. 保证换羽期间的营养　经过强制手段处理的母鸡在恢复产蛋前，必须喂给能促进羽毛生长、肌肉发育和生殖功能恢复的饲料。当产蛋率达到 50％以上时，则应用与开产母鸡相同的营养标准，使每只鸡每天摄取含硫氨基酸达 610 毫克，以帮助控制蛋重。

（八）切忌连续强制母鸡换羽和强制公鸡换羽

已结束了换羽的母鸡不应再进行强制换羽，种公鸡强制换羽会影响受精率，所以强制换羽制度不适于种公鸡。

（九）要坚定强制换羽的信心

在实施种鸡强制换羽工作中，要有坚定的信心，坚持到底，这样才会取得强制换羽的预期效果。一般在停水停料 8～10 天后，鸡冠上部开始发黑，鸡只精神不振，出现将要残废的样子，这时有人担心，往往在没有达到预定的失重率就恢复了供料，这样易使换羽停在不完全状态，以后产蛋数也不会多。

重点难点提示

人工强制换羽的基本要求和方法。

第六节　种鸡的人工授精

鸡的人工授精，是利用人工方法将公鸡的精液采取出来，又以人工方法将精液注入母鸡生殖道内。使母鸡的卵子受精的方法。它是近代运用于鸡的繁育上的一项先进技术，随着种鸡笼养技术的普及。鸡的人工授精技术日益受到重视和应用。

一、人工授精的优点

1. 充分发挥优秀种公鸡的利用率，节约种公鸡的饲养成本。自然交配时，公母鸡比例一般为 1：8～10，而人工授精公母比例为 1：20～30，提高公鸡使用效率 2～3 倍。

2. 可以解决因笼养或公母鸡体型相差悬殊而不能顺利交配的问题。

3. 公鸡精液经冷冻，可以不受时间、地区、国界的限制而推广使用。

4. 不受公鸡生命的限制，公鸡如被淘汰或残废，可利用库存冷冻精液，复制公鸡品系。

5. 自然交配时，若公鸡交配器官患病，其精液受到污染，交配过程中可传染给母鸡。采用人工授精，能及时发现公鸡病变，停止使用，从而减少了母鸡生殖道疾病。

二、人工授精技术

（一）种公鸡的调教训练

用作人工授精的种公鸡要采用笼养，最好是单笼饲养，以免啄架和爬跨而影响采精量。平时群养的种公鸡，应在采精前一周转入笼内，熟悉环境，便于求精。开始采精要进行调教训练，先把公鸡泄殖腔外周约 1 厘米宽的羽毛剪掉，以防采精时污染精液；同时剪短两侧鞍羽，以免采精时挡住视线。

调教训练方法：操作人员坐在凳子上，双腿夹住种公鸡的双腿。使鸡头向左、鸡尾向右。左手放在鸡的背腰部，大拇指在一侧，其余 4 指在另一侧，从背腰向尾部轻轻按摩，连续几次。同时，右手辅助从腹部向泄殖腔方向按摩，轻轻抖动，注意观察种公鸡是否有性感，即表现翘尾，出现反射动作。露出充血的生殖突起（交接器）。每天调教 1～2 次，一般健康的种公鸡，经 3～4 天训练，即可采出精来。个别发育良好的种公鸡，若操作人员技术熟练，开始训练的当天就可采到精液。

初学者，可以选几只性欲旺盛和性反射好的种公鸡作练习用，主要是熟练掌握采精的方法，搞清楚由性反射到排精的过程及技术关键，然后再着手调教训练大群公鸡。这样既能掌握采精的要领、排精的规律，又能采集到品质优良的精液。

（二）采精

用于采精的种公鸡，在采精前 3～4 小时绝食，防止过饱和排粪便，影响精液品质。

采精一般需两人操作，一人保定，另一人采精。

1. 保定方法　保定人员用双手各握住种公鸡一只腿，自然分开，以拇指扣其翅，使种公鸡头向后，类似自然支配姿势。

2. 采精方法　采精人员左掌心向下，拇指一方，其他 4 指一方，从背部靠翼基处向背腰部至尾根处，由轻至重来回按摩，刺激种公鸡将尾翘起，右手中指与无名指夹住集精杯，杯口朝外。待种公鸡有性反射时，左手掌将尾羽向背部拨，右手掌紧贴种公鸡腹部柔软处，拇指与食指分开，置于耻骨下线，反复抖动按摩。当种公鸡泄殖腔翻开，露出退化的交接器时，左手立即离开背部，用拇指和食指捏住泄殖腔外缘，轻轻挤压。公鸡即射精。这时。右手迅速将集杯口朝上贴向泄殖腔开口，接收外流的精液（图 3 - 4）。

图 3 - 4　对种公鸡采精手法

人员不多时，也可一人采精。采精员坐在凳上，将种公鸡两腿夹于两腿间，种公鸡头朝左下侧。其他方法同上所述。

3. 注意事项 采精时按摩动作要轻而快，时间过长会引起种公鸡排粪；左手挤压泄殖腔时用力不用过大，以免损伤黏膜而引起出血，使透明液增多，污染精液。采到的精液要注意保温，最好立即放到装有30℃左右温水的保温杯里，切不可让水进入集精环中。在采精过程中，防止灰尘、杂物进入精液。种公鸡两天采精1次为宜，配种任务大时可每天采精1次，采精3天后休息1天；采精出血的种公鸡应休息3～4天。

（三）精液的品质检查

精液品质检查的目的是了解精液是否符合输精要求。定期或不定期地开展精液品质检查是长期保持良好受精率的有效措施之一。精液品质检查的方法有外观检查、显微镜检查等，检查时力求操作迅速，取样具有代表性，评定结果尽量客观准确。

1. 外观品质检查 采到精液后，用肉眼观测每只公鸡的射精量、精液颜色、精液稠度、精液污染等情况，即为精液的外观品质检查。

（1）颜色 正常、新鲜的精液为乳白色；精液混入血液为粉红色；被粪便污染为黄褐色；尿液混入呈粉白色棉絮状，凡受污染的精液，品质均急剧下降，受精率不高。

（2）射精量 公鸡的射精量因品种、年龄、饲养条件、采精季节和熟练程度而异，且个体间差异较大。一般公鸡的射精量为0.2～0.6毫升，有的则多达1.0～1.5毫升。射精量应该以一定时间多次采精的平均量为准，可用带有刻度的吸管测量。

2. 精子活力检查 精子活力是评定精液品质优劣的重要指标，一般对采精后、稀释后、冷冻精液解冻后的精液应分别进行活力检查。检查时，将取精液样品少许放在载玻片中央，然后再滴1滴1％氯化钠溶液混合均匀，再压上玻片，在37～38℃保温箱内、200～400倍显微镜下观察。

根据若干视野中所能观察到的前进运动精子占视野内总数的

百分率，按十级评分法加以评定。例如：100％的精子为前进运动时，其活力为 1.0；90％的精子为前进运动评为 0.9；以此类推。做圆周运动和就地摆动的精子均无受精能力。

3. 精子浓度检查 精子浓度指单位容积（1 毫升）所含有的精子数目。浓度检查的目的是为确定稀释倍数和输精量提供依据。检查时，取样在显微镜下观察，一般把精液评为浓、中、稀三等。浓，指整个视野完全被精子占满，精子间距离很小，是云雾状，每毫升精子数约为 40 亿以上；中，指视野中精了之间有明显距离，每毫升约 20 亿精子；稀，指精子之间有很大空隙，每毫升精液约有精子 20 亿以下。精子浓度也可以采用血细胞计数器计数法，这种方法与红细胞、白细胞的计算方法相同。

4. pH 的测定 公鸡的精液呈中性反应（pH＝7.0）时最好，pH 小于 6.0 时呈酸性反应，会使精子运动减慢。pH 大于 8.0 时呈碱性反应，精子运动加快，但精子很快死亡。精液的 pH 使用精密试纸测定。

5. 畸形精子检查 取精液滴于载玻片上抹片，自然干燥后用 95％酒精固定 1～2 分钟，冲洗；再用 0.5％龙胆紫染色 3 分钟，冲洗，干燥后即可在显微镜下观察。

（四）精液的稀释和保存

1. 精液的稀释 精液的稀释是指在精液里加入一定比例配制好的并能保持精子受精力的稀释剂。鸡精液稀释液的配方很多，目前国内外认为较好的配方见表 3-17。

表 3-17　国内外最佳稀释液配方

成　　分		中国 BJJX	美国 BPSE	前苏联 ВИРГЖ-2	前苏联 C-2	英国 LAKE
葡萄糖	（克）	1.4			1.0	1.0
果糖	（克）		0.5	1.8		
氯化镁	（克）		0.34			0.068
醋	（克）		0.430		1.0（特纯）	0.57

（续）

成　分		中国 BJJX	美国 BPSE	前苏联 ВИРГЖ-2	前苏联 C-2	英国 LAKE
柠檬酸钾	（克）		0.064			0.128
柠檬酸钠	（克）					
谷氨酸钠	（克）	1.4	0.867	2.8		1.92
碳酸氢钠	（克）				0.15	
10%醋酸	（毫升）				0.2	
磷酸二氢钾	（克）	0.36	0.065		0.15	
磷酸氢二钾	（克）		1.270			
二碳酸钠	（克）				0.15	
二氢甲基氨基甲烷	（克）		0.195			
蒸馏水	（毫升）	100	100	100	100	100

此外，适于目前农村使用的简单方法还有以下几种：①葡萄糖稀释液：1 000毫升蒸馏水中加57克葡萄糖；②蛋黄稀释液：1 000毫升蒸馏水中加42.5克葡萄糖和15毫升新鲜蛋黄；③生理盐水稀释液：1 000毫升蒸馏水中加10克氯化钠。

在1 000毫升稀释液中加40毫克双氢链霉素以预防细菌感染，效果较好。

2. 精液的低温保存　将采取的新鲜精液用刻度试管测量后，按1：1或1：2稀释，然后混匀。将稀释过的精液在15分钟内逐渐降至2～5℃，可以保存9～24小时，再给母鸡输精。

（五）输精

1. 输精方法　输精时由2人操作进行。助手用左手伸入笼内抓住母鸡双腿，拉到笼门口，并稍提起，右手拇指与食指、中指在泄殖腔周围稍用力压向腹部；同时抓腿的左手一面拉向后，一面用中指、食指在胸骨后端处稍向上项，泄殖腔即外翻，内有两个开口，右侧为直肠口，左侧为阴道口。这时将已吸有精液的注射器套在塑料管（也可用专用输精器）插入阴道，慢慢注入精液（图3-5）。同时，助手右手缓缓松开，以防精液溢出。注意不要将空气或气泡输入输卵管，否则将影响受精率。

图3-5　对母鸡输精手法

2.输精深度　生产中多采用浅部输精，输精深度以2.5～3.0厘米为宜。

3.输精量　在一般情况下，每次输精量以0.025～0.03毫升和有效精子数1亿为最好。

4.输精次数　一般每周输精1～2次。为获得较高的受精率，在不影响产蛋的情况下，最好每4天输精1次。输精后第三天开始收集种蛋。

5.输精时间　在大部分母鸡产完了蛋，即在每天下午4～5点以后进行输精，最早不能早于下午3点。试验证明，下午3点前输精比下午5点以后输精，种蛋受精率要低。

（六）人工授精常用器具

1.集精杯　用于收集精液，有锥形和"∪"形刻度两种，为棕色玻璃制品，杯口直径2.5～2.8厘米。

2.贮精器　常用刻度试管，规格为5～10毫升，供贮存液用。

3.输精器　用于输精。多为带胶头的玻璃吸管，规格为0.05～0.5毫升；也可采用1毫升的注射器，前端联以塑料管和玻璃管。

4.保温杯（瓶）　常用小型保温杯。杯口配有相应的橡皮塞，并打上可放入小试管的4个孔，以便插入小试管。杯内盛入35～40℃温水，作临时性短期精液用。

5.玻璃注射器　规格为20毫升，共吸取蒸馏水及稀释精液用。

此外，还要备好温度湿度计、电炉、显微镜、剪毛剪、毛巾、脸盆、试管刷等用具，以及药棉、酒精、生理盐水、蒸馏水等用品。

人工授精器具要消毒烘干备用。如无烘干设备，洗干净后用蒸馏水煮沸消毒，再用生理盐水冲洗2～3次才能使用。

重点难点提示

种公鸡的调教训练、采精技术、输精技术。

第四讲

肉鸡的孵化

![icon] **本讲目的**

1. 让读者了解孵化过程中胚胎发育情况。

2. 让读者了解生产中孵化条件和影响孵化率的因素。

3. 让读者了解孵化设备和孵化前的准备工作。

4. 让读者了解、掌握孵化方法。

5. 让读者了解、掌握初生雏雌雄鉴别的基本知识和方法。

孵化是养鸡生产中的一个重要环节，孵化效果好坏，不仅影响孵化率的高低，而且关系到雏鸡的成活、生长和将来的生产性能。为获得良好的经济效益，养鸡生产者必须重视孵化，熟练地掌握孵化技术，取得较好的孵化效果。

第一节 鸡的胚胎发育

一、蛋的构造与形成

（一）鸡蛋的构造

1. **蛋壳** 蛋壳是鸡蛋最外一层坚硬保护物，主要成分是碳酸钙。蛋壳上密布着小气孔，胚胎发育过程中可通过气孔进行气体和水分的代谢。紧贴蛋壳的是蛋壳膜，分内外两层，外层叫蛋外壳膜，厚而粗糙；内层叫蛋内壳膜，又称蛋白膜，薄而致密。

当蛋产出后遇冷，内容物收缩，蛋内外壳膜分离，常在蛋的钝端形成气室，若鸡蛋存放时间较长，随着水分蒸发气室逐渐增大，所以气室的大小是鸡蛋新鲜程度的标志之一。蛋壳表面有一层胶性黏液，称胶护膜，有防止蛋内水分蒸发和微生物侵入的作用，如将鸡蛋洗涤或被粪便污染，或长期存放，胶护膜很容易被破坏。

2. 蛋白　蛋白位于蛋壳内蛋黄外。靠近蛋黄周围的为浓蛋白，接近蛋壳的为稀蛋白。在蛋黄两端呈白色螺旋状的称为系带，由浓蛋白构成，有固定蛋黄的作用。经过不良装运的种蛋，孵化率下降与系带受损有关。

3. 蛋黄　蛋黄位于鸡蛋内的中央，呈黄色球状。蛋黄内容物由薄而透明的蛋黄膜包裹，新鲜蛋的蛋黄膜弹性好，可维持蛋黄的一定形状，陈蛋黄膜弹性差，易破裂而造成散黄。

在蛋黄表面有一白色圆点，受精后称为胚盘，结构紧密；未受精者称为胚珠，结构松散。胚盘为片状细胞构成，胚胎则由此发育形成。

(二) 鸡蛋的形成

母鸡性成熟以后，体内左侧卵巢上有许多不同发育程度的卵泡，每个卵泡中都包含着一个卵子。卵泡成熟后，卵泡膜逐渐变薄，最后破裂排卵，排出的卵子在未形成蛋前叫卵黄，形成蛋后称蛋黄。一般母鸡在产蛋后约 15～75 分钟进行排卵。卵子排出后即被输卵管伞所接纳，卵黄全部纳入输卵管伞的时间约需 13 分钟。随着输卵管蠕动，卵黄在输卵管内沿长轴旋转前进，卵黄通过输卵管伞的时间大约需要 20 分钟，并在此与精子结合受精。受精后的卵子叫受精卵。随后受精卵进入膨大部并在此停留约 3 个小时。膨大部具有很多腺体，分泌蛋白，包裹卵黄。首先分泌浓蛋白来包裹卵黄，因机械旋转，引起这层浓蛋白扭转而形成系带；然后分泌稀蛋白，形成内稀蛋白层，再分泌浓蛋白形成浓蛋白层，最后再包上稀蛋白，形成外稀蛋白层。这些蛋白在膨大部时都呈浓厚黏稠状，其重量仅为蛋产出后的1/2，但其蛋白质含量则为产出蛋相应蛋白含量的2倍。这说明卵离开膨大部后不再分泌蛋白，而主要是加水于蛋白，加上卵黄在输卵管内旋转运动所引起的物理变化，形成明显的蛋白分层。

膨大部蠕动，使卵进入输卵管峡部，在峡部分泌形成内外蛋壳膜，也可能吸入极少量的水分，经过这里的时间约需74分钟。

卵进入子宫部，在此存留约18～20小时或更长一些时间。由于通过蛋内外壳膜渗入子宫分泌的子宫液（水分和盐分），使蛋白的重量几乎增加了一倍，同时使蛋壳膜膨胀成蛋形。蛋壳的形成速度，最初很缓慢，以后逐渐加快，一直保持到离开子宫为止。另外，在子宫内还能形成蛋壳上的胶护膜和有色蛋壳的色素。

卵在子宫部已形成为完整的蛋，到达阴道部只待产出，时间约为半小时。至此，蛋在输卵管停留的时间共约24～26小时，所以鸡连续产蛋时，产蛋时间依次往后延迟，当产蛋时间超过下午2点以后，则次日休产1天。

二、鸡的胚胎发育

（一）鸡的孵化期

胚胎在孵化过程中发育的时期称孵化期。鸡的孵化期为21天，但胚胎发育的确切时间受许多因素的影响，如蛋用型鸡比肉用型鸡孵化期短，小蛋和薄壳蛋比大蛋和厚壳蛋孵化期短，种蛋保存时间太长时孵化期延长，孵化温度高时孵化期缩短，孵化期过长或过短对孵化率和雏鸡品质都有不良影响。

（二）胚胎在蛋形成过程中的发育

卵子在输卵管伞部受精后不久即开始发育，到鸡蛋产出体外为止，约经24小时的不断分裂而形成一个多细胞的胚盘。受精蛋的胚盘为白色的圆盘状，胚盘中央较薄透明部分为明区，周围较厚的不透明部分为暗区。无精蛋也有白色的圆点，但比受精蛋

的胚盘小，并没有明、暗区之分。胚胎在胚盘的明区部分开始发育并形成两个不同的细胞层，在外层的叫外胚层，内层的叫内胚层。鸡胚形成两个胚层之后蛋即产出，遇冷暂时停止发育。

（三）胚胎在孵化过程中的发育

1. 胚胎发育的外部形态变化　将受精卵置于抱鸡体下或孵化器内，胚盘随即继续分裂，很快地在内外胚层之间形成第三胚层，即外胚层形成皮肤、羽毛、神经系统、眼、耳及口腔和泄殖腔上皮；中胚层形成肌肉、生殖器官、骨骼、循环系统和结缔组织；内胚层形成消化道、呼吸器官的上皮和内分泌腺体。21天长成完整的鸡雏。

关于鸡在孵化过程中胚胎发育的外部形态特征列表4-1。

表4-1　鸡胚发育不同日龄的形态特征

胚龄（天）	特征俗称	验蛋时所见及蛋内部发特征
1	白光珠	蛋黄表面有一个透明圆点，胚盘开始发育呈梨形
2	樱桃珠	卵黄囊血管区形成，形状似樱桃，开始血液循环，心脏跳动
3	蚊虫珠	卵黄囊开始扩展，胚胎隐约可见血管伸展，形状似蚊虫
4	小蜘蛛	蛋黄不随蛋转动，胚胎及卵黄囊血管形似小蜘蛛
5*	单　蛛	眼球开始有色素沉着，胚胎弯曲，四肢开始发育，照蛋可见眼点
6	双　蛛	可见两种小圆团，一是头部，一是弯曲的躯干部。羊膜开始收缩，胚胎开始活动
7	沉	羊水开始增多，胚胎不易看清、下沉。血管布满半个蛋面，胚颈伸长，喙翼明显，肉眼可区别雌雄性腺
8	浮	正面可见胚胎浮游在羊水中，背面两边蛋黄不易晃动
9	发　边	两边蛋黄易晃动，背面尿囊血管迅速伸延出蛋黄。腹腔愈合，软骨开始骨化
10~11*	合　拢	尿囊伸展在蛋的锐端合拢，除气室外全蛋布满血管，体躯长出羽毛

（续）

胚龄（天）	特征俗称	验蛋时所见及蛋内部发特征
12～16	锐端亮部缩小	血管加粗，颜色加深，锐端发亮部分逐日缩小，蛋白开始吸入羊膜囊中
17	封　门	蛋的锐端不见发亮部分，蛋白全部吸入
18	斜　口	气室斜向一方，胚胎转身，喙转向气室，蛋黄有少量进入腹中
19*	闪　毛	气室内有黑影闪动，胚胎大转身，颈和翅突入气室内，蛋黄绝大部分或全部吸入腹内，尿囊血管逐渐萎缩
20	啄　壳	胚喙部穿破壳膜，伸入气室开始肺呼吸，听见叫声，开始啄壳。尿囊血管枯萎，少量雏出壳
20.5～21	出　壳	

* 为孵化过程中的照蛋时期。

2. 胎膜的发育和物质代谢　鸡胚的营养和呼吸主要靠胎膜实现，因此胎膜的发育至关重要。

（1）卵黄囊　是包在卵黄外面的一个膜囊。孵化第 2 天开始形成，逐渐生长覆盖于卵黄的表面。第 4 天覆盖 1/3，第 6 天覆盖 1/2，到第 9 天几乎覆盖整个卵黄的表面。卵黄囊由囊柄与胎儿连接，卵黄囊上分布着稠密的血管，并长有许多绒毛，有助于胎儿从卵黄中吸收营养物质。卵黄囊既是胚胎的营养器官，又是早期的呼吸器官和造血器官。孵化到第 19 天，卵黄囊及剩余卵黄开始进入腹腔，第 20 天完全进入腹腔。

（2）羊膜　是包在胎儿外面的一个膜囊。在孵化后 33 小时开始出现，第 2 天即覆盖胚胎的头部并逐渐包围胚胎的身体，到第 4 天时羊膜合拢将胚胎包围起来，而后增大并充满透明的液体即羊水。在孵化中蛋白流进羊膜内，使羊水变浓，到孵化末期羊水量减少，因而羊膜又贴覆胎儿的身体，出壳后残留在壳膜上。由于羊膜中充满羊水，羊膜壁上有平滑肌细胞，能发生规律性收缩，可保护胎儿不受机械损伤，防止黏连，也能起到促进胎儿运动的作用。

3. 浆膜 与羊膜同时形成，孵化前6天紧贴羊膜和卵黄囊外面，以后由于尿囊发育而与羊膜分离，贴到内壳膜上，并与尿囊外层结合起来，形成尿囊浆膜。由于浆膜透明而无血管，因此打开孵化中的胚胎看不到单独的浆膜。

4. 尿囊 位于羊膜和卵黄囊之间，孵化的第2天开始出现，而后迅速生长，第6天紧贴壳膜的内表面。在孵化10～11天时包围整个胚胎内容物并在蛋的锐端合拢。尿囊以尿囊柄与肠相连，胎儿排泄的液体蓄积其中，然后经气孔蒸发到蛋外。尿囊的表面布满血管，胚胎通过尿囊血液循环吸收蛋白中的营养物质和蛋壳的矿物质，并于气室和气孔吸入外界的氧气，排出二氧化碳。尿囊到孵化末期逐渐干枯，内存有黄白色含氮排泄物，在出雏后残留于蛋壳里。

胚胎在孵化中的物质代谢主要取决于胎膜的发育。孵化头两天胎膜尚未形成，无血液循环，物质代谢极为简单，胚胎以渗透方式吸收卵黄中的养分，所需气体从分解碳水化合物而来。两天后卵黄囊血液循环形成，胚胎开始吸收卵黄中的营养物质和氧气。孵化5～6天以后，尿囊血液循环也形成了，这时胎儿既靠卵黄囊吸收卵黄中的营养，又靠尿囊血管吸收蛋白和蛋壳中的营养物质，还通过尿囊循环经气孔吸收外界的氧气。当尿囊合拢后，胚胎的物质代谢和气体代谢大大增强，蛋内温度升高。当孵化18～19天后，蛋白用尽，尿囊枯萎，啄穿气室，开始用肺呼吸，胚胎仅靠卵黄吸收卵黄中的营养物质，脂肪代谢加强，呼吸量增大。

重点难点提示

鸡的胚胎发育。

第二节　孵化条件及影响孵化率的因素

一、孵化所需要的条件

鸡的胚胎发育主要依靠蛋内的营养物质和适宜的外界条件，经过一定的孵化期雏鸡才能破壳而出。孵化就是为胚胎发育创造适宜的外界条件，使种蛋孵出雏鸡的过程。孵化技术的好坏直接关系到种蛋的孵化率、雏鸡的成活率及生长发育和生产性能。因此，要把握好孵化条件，以获得较高的孵化率和健雏率。种蛋的孵化条件主要有温度、湿度、通风、翻蛋和凉蛋等。

（一）温度

温度是胚胎发育的首要条件，只有保持适宜的温度才能保证胚胎正常的物质代谢和生长发育。孵化的供温标准与鸡的品种、蛋的大小、孵化器类型和孵化季节等有一定的关系。总的来说，蛋鸡系需要的孵化温度低于肉鸡系，小蛋低于大蛋；立体孵化低于平面孵化；夏季低于早春。实践证明，机械孵化器中的适宜孵化温度为 37.8℃（100℉），单独出雏的出雏器温度为 37.3℃（99℉）。孵化温度过高或过低都会影响胚胎发育，严重时造成胚胎死亡。孵化温度过高，则胚胎发育快，出壳时间提前，雏鸡软弱，成活率低。如果孵化温度高于 42℃，经过 2～3 小时则能造成胚胎的全部死亡。孵化温度低时，胚胎发育迟缓，出壳时间推迟，亦不利于雏鸡的生长发育。如果孵化温度低于 24℃，经 30 小时胚胎即全部死亡。

胚胎发育的不同时期，对外界温度的要求的也不一样。孵化初期，胚胎中物质代谢处于低级阶段，本身产生的体热少，因而需要较高的孵化温度；孵化中、后期，物质代谢日益增强，特别是孵化末期，由于脂肪代谢加强，胚胎产生的体热多，因而需要较低的孵化温度。整批孵化时，应采用"前高、中平、后低"的

变温方法来控制孵化温度；而分批孵化时，则可采用每隔 5～7
天进一批种蛋、"新蛋"和"老蛋"的蛋盘交错放置，以相互调
节温度。

（二）湿度

湿度也是胚胎发育的重要条件之一。机器孵化的相对湿度应
保持在 55%～60%，出雏时升为 70%左右。孵化过程中相对湿
度与蛋内水分蒸发及胚胎的物质代谢有关。孵化湿度过低，蛋内
水分蒸发过多，易发生胚胎与壳膜粘连；湿度过高，蛋内水分不
易蒸发，阻碍胚胎的发育。整批进蛋时应注意：前期湿度大些，
可使胚胎受热良好，有利于几个囊膜的形成；中后期湿度低些，
有利于水分的蒸发；出雏时湿度高些，以避免蛋壳与雏鸡粘连，
并能在足够的水分和二氧化碳作用下，使蛋壳的碳酸钙变为碳酸
氢钙，蛋壳变脆，有利于雏鸡破壳。

（三）通风

胚胎发育中不断与外界进行气体交换，即吸入氧气，排出二
氧化碳。在孵化过程中，必须供给足够的新鲜空气，以利于胚胎
的正常气体代谢。在正常通风条件下，要求孵化器内二氧化碳含
量不超过 0.5%。若二氧化碳超过 1%，胚胎发育迟缓，死亡率
增高，出现胎位不正和畸形等现象。因此，通常孵化器具都设有
通风换气装置，机器孵化时常在机箱两侧外壳设有通风孔，机内
安装电扇通风。同时注意机内空气流速和路线，风速适宜，通风
孔大小和位置适当，以保持机内空气新鲜。

（四）翻蛋

翻蛋的目的是改变种蛋的孵化位置和角度，以避免胚胎粘
连，并有利于胚蛋受热均匀。受精卵中蛋黄含脂肪多，比重轻，
总是浮在蛋白的上面，而胚盘又在蛋黄表面。如果在孵化中长时
间不翻蛋，鸡胚就易与壳膜粘连。因此，在孵化过程中，必须经
常翻蛋，一般每隔两小时翻蛋 1 次，待孵化 19 天落盘后停止翻
蛋。为保证翻蛋效果，翻蛋角度必须有 90°。

（五）凉蛋

胚胎发育到中后期，由于体内物质特别是脂肪代谢加强，产生大量体热，可使孵化箱内温度升高，胚胎发育加快，这时就需要通过凉蛋来散发过剩热量，降低蛋温，排除胚胎代谢的污浊气体。如果孵化室设计的合理，有良好通风系统的电孵机，在机内温度正常时可不进行凉蛋。人工孵化，如火炕孵化、电褥子孵化等，温度很难维持恒定，通气不佳，需结合翻蛋进行凉蛋，每昼夜凉蛋2～4次。凉蛋的时间应根据季节和蛋温灵活掌握，寒冷季节凉蛋时间不宜过长，热天应该多凉，以蛋温不低于32℃为宜，一般可用眼皮来试温，即以蛋贴眼皮，稍感微凉即可。每次凉蛋时间约为20分钟左右。

此外，孵化室的小气候环境对孵化器能否维持适宜的孵化条件影响很大。一般要求孵化室保持在22～24℃，允许变动范围在20～27℃，相对湿度在50%～60%。室内清洁卫生，空气清新，排水通畅。

二、影响孵化率的因素

孵化率是指孵出的雏鸡数与入孵蛋或受精蛋数的百分比。孵化率的高低，除受孵化条件的直接影响外，还与许多其他因素有关。

（一）遗传因素

近亲繁殖时，种蛋的孵化率低，杂交种蛋孵化率高。

（二）种鸡年龄

母鸡刚开产时的蛋孵化率低，孵出的初生雏也弱；母鸡在8～13月龄时的蛋孵化率高，而后随母鸡年龄增长逐渐下降。

（三）种鸡的健康状况

种鸡感染蛔虫、白痢、支原体病、新城疫、脑脊髓炎、白血病、伤寒、大肠杆菌病等均影响孵化率。有些疾病如鸡白痢、鸡支原体病等又可经蛋传染，尤应注意。

(四)种蛋贮存时间

新鲜种蛋孵化率高,陈蛋孵化率低。

(五)种鸡饲料

饲粮中蛋白质、维生素 A、维生素 D、维生素 E、核黄素、泛酸、生物素、维生素 B_{12},以及亚油酸缺乏时孵化率低;钙、磷、锌等矿物质不足时影响孵化率。

(六)种鸡管理

鸡舍的温度、通风、垫料状况都与种蛋孵化率有关。通风是减少鸡舍内微生物的有效措施,垫料污脏、在地面上产蛋、积蛋不取等,都可污染种蛋,从而影响孵化率。

(七)气温

夏季高温时种鸡活力低,种蛋保存差,蛋白稀薄,孵化率低;冬季气温低时,种鸡的活力低,如果种蛋受冻,则孵化率大大降低。

(八)蛋的形态构造

蛋重、蛋形、蛋壳质量等均与孵化率有关。过大的蛋在孵化前期感温和孵化后期胚胎散热不良,孵化率低;过小的蛋出雏提前且是弱雏;薄壳蛋的蛋壳不仅易碎,而且蛋内水分蒸发过快,破坏正常物质代谢,孵化率也低。

(九)胎位

胚胎在蛋内的正常位置,头部朝向蛋的钝端,在右翅下,两腿屈曲,紧贴腹部。胎位不正孵化率低。

(十)畸形

非正常的胚胎,如扭颈、弯趾、缺翅膀、喙短、喙交错等均影响健雏的孵化率。

(十一)孵化时蛋的位置

孵化时种蛋应钝端朝上,使气室能保持正常的位置,减少胎位不正的现象。若锐端朝上,往往气室松弛,有时出现胚胎头部在蛋的锐端现象,孵化率低。

第三节 孵化设备和孵化前的准备工作

一、孵化设备

孵化常用设备包括孵化室、孵化器和其他一些用具。孵化规模可按现有的孵化设备和孵化任务做具体安排。

（一）孵化室

要求孵化室宽敞，保温性能良好，具有通风换气设备，室内保持清洁卫生和安静。生产时室内温度应保持在 $22\sim24℃$，相对湿度在 $60\%\sim65\%$ 左右。孵化室内的孵化工作程序为：种蛋入库→消毒→选蛋→入孵→出雏及雏鸡出厂，要坚持"一路去不逆转"的原则，即种蛋从孵化室一端进入，出壳雏鸡从另一端出去，不走迂回线路，减少人来人往，保证雏鸡健康，防止感染疾病。孵化室应设在交通便利，但又距离公路干线至少 200 米远的地方。

（二）孵化器

目前广泛采用大型立体孵化器，以电为热源，机上装有电热调节器（导电表或膨胀饼）控制孵化箱内温度，用水盘或调湿器控制孵化箱内湿度，在孵化箱上装有通风换气装置，内设翻蛋装置、蛋架与蛋盘、出雏盘等设备。

靠近孵化器处不要有加热设备（特别是火炉等），防止阳光直射孵化器，以免影响孵化器内的温度调节。孵化器安装要平稳，离墙壁 1 米以上。孵化器在使用之前要认真检修调试，部件螺丝拧紧，电路接通而且要牢固，导电表或膨胀饼要灵敏，鼓风部件及各种指示灯都应正常，温、湿度表用前要校正好，电动机要彻底检修，并要求配有备用电机，防止发生故障。

二、种蛋的选择、保存、运输和消毒

(一) 种蛋的选择

用于孵化的蛋称为种蛋。种蛋的品质是影响孵化效果的内在因素，它不仅影响孵化率的高低，而且还影响到雏鸡的健康及以后生产性能的优劣。因此，在孵化前要综合考虑各种因素，对种蛋进行严格认真的选择。

1. 种蛋的来源　种蛋应来源于健康、高产的鸡群。用于孵化的种蛋，其受精率应在80%以上。初产母鸡在半个月内所产的蛋小，受精率低，一般不宜用作种蛋；发生过传染病或患有慢性病的鸡群所产的蛋，也不宜用作种蛋。为防止营养缺乏而导致胚胎在孵化期中死亡，种鸡群应喂给全价日粮和适量的青绿多汁饲料。只有这样，才能保证种蛋孵化率高，雏鸡品质好。

2. 种蛋品质　要求种蛋越新鲜越好，随着存放时间延长，孵化率逐渐降低。种蛋的保存时间，应视气候和保管条件而定，春秋季节不超过7天，夏季不超过5天，冬季不超过10天，最好及时入孵。目前，商品性孵化厂通常每周入孵两次，因而种蛋存放不超过4天。

3. 种蛋蛋壳　蛋壳表面应清洁干净，不应沾有饲料、粪便和泥土等污物。若沾染污物，不仅会堵塞蛋壳上的气孔，影响蛋的气体交换，而且易侵入细菌，引起种蛋腐败变质或造成死胎。脏蛋不应用于孵化。种蛋蛋壳的质地应细致均匀，不得有皱纹、裂痕，厚薄适中。在选择种蛋时，要将厚皮蛋、砂皮蛋、裂纹蛋、皱纹蛋等剔出。

4. 种蛋内部品质　用灯光照视蛋内部品质，应选择蛋内颜色较深、蛋黄转动缓慢的种蛋。凡是贴壳蛋、散黄蛋、蛋黄流动性大、蛋内有气泡以及偏气室和气室游动的蛋，特别是气室在中间或锐端的蛋，均不宜用于孵化。

此外，种蛋的颜色、蛋重和蛋形要符合品种要求。如国外引进的速长型白羽肉鸡父母代种蛋应为浅褐色。一般肉鸡种蛋重量以 55～65 克为宜，过大过小的蛋均不宜孵化。种蛋应为椭圆形，蛋形指数（蛋形指数＝短轴长度÷长轴长度）以 0.72～0.76 为宜。

（二）种蛋的保存

孵化厂应建有专用蛋库，以妥善保存种蛋。蛋库要求清洁，无灰尘，隔热性能好，通风防湿、避免日光直射和穿堂风，无蚊蝇和鼠害等。在生产中，还可利用地窖、地下室来保存种蛋，有条件的种鸡场可在蛋库安装空调器。保存种蛋最适宜的温度是：保存一周以内以 15℃左右最好，一周以上以 12℃为宜。为防止蛋内水分蒸发，蛋库内相对湿度应保持在 75％～80％。室内还应注意通风，使室内无特殊气味。种蛋保存一周内不需翻蛋，超过一周则每天要以 45 度角翻蛋 1～2 次，防止胚胎与蛋壳发生粘连。

（三）种蛋的运输

运输种蛋，最好用专门的蛋箱包装。如用压型蛋托，每个蛋托上放 30 枚蛋，左右各 6 个蛋托，一箱共装 360 枚蛋。如无压型蛋托，箱中应有固定数量的厚纸隔，将每个蛋、每层蛋分隔开来，并装填充料如草屑等。若无专用蛋箱，也可用木箱、纸箱或箩筐，但应在蛋与蛋之间、层与层之间用清洁的碎纸或稻草隔开，填实。装蛋时钝端朝上竖放，因为蛋的纵轴压力大，不易破碎。运输的车、船应清洁卫生，通风透气，防雨防晒，在运输途中切忌震动。长距离运输最好选用飞机，即节省时间，又减少了震动。冬季运蛋时要注意保温防冻。种蛋运抵目的地后应及时打开包装检查，剔除破损蛋，并将种蛋装入蛋盘内，在入孵前重新消毒。

（四）种蛋的消毒

由于受到不洁垫料或粪便等污染，种蛋表面常会沾污大量的细菌，这些细菌不仅影响种蛋的孵化率，还会污染孵化器和用具。因此，对种蛋要进行严格消毒处理，以杀灭病源菌，保证雏鸡的健康。一般在种蛋收集后和孵化前各进行一次消毒，常用的消毒方法如下。

1. 福尔马林熏蒸消毒法　采用此法首先要算出孵化器（或种蛋消毒室）的容积，按每立方米用福尔马林（即40%的甲醛原液或工业用甲醛）30毫升，高锰酸钾15克的药量准备好药物。消毒前将孵化器内的温度调至25～27℃，相对湿度保持在75%～80%，再把称好的高锰酸钾预先放在一个瓷容器内，容器的大小应为福尔马林用量的10倍以上。将容器放在孵化器的底部中央，然后按用量加入福尔马林，两种药混合后即产生甲醛气体，关闭孵化器机门及通风孔，熏蒸30分钟即可。这样，种蛋、孵化箱均得到了消毒。也可按每立方米容积30毫升的福尔马林溶液，加适量水直接放在加热器上加热熏蒸。消毒后打开机门和通风孔，充分放出气体。此法杀菌力强，但排除气体较慢，适用于大批种蛋消毒。

2. 高锰酸钾溶液消毒法　用高锰酸钾加水配制成0.01%～0.05%的水溶液（呈浅紫红色），置于大盆内，水温保持在40℃左右，然后将种蛋放入盆内浸泡3分钟，并洗去蛋壳上的污物，取出晾干即可。

3. 紫外线消毒法　在离地面约1米高处安装40瓦紫外线灯管，对种蛋辐射10～15分钟即可。

种蛋消毒后放入蛋盘，蛋应直立或稍倾斜放置，钝端朝上，排列整齐，事先将蛋盘推入架上，置于25～27℃温室内预温6～8小时，最好一齐入孵，这样不仅种蛋入孵后升温较快，而且胚胎发育均匀一致。

重点难点提示

种蛋的选择、运输和消毒。

第四节　孵化方法

孵化方法可分为自然孵化、人工孵化和机器孵化 3 种。自然孵化法就是利用母鸡抱窝孵出雏鸡的方法，这种方法只在边远农村家庭少量养鸡时采用，大多数养鸡专业户和鸡场均采用人工孵化法和机器孵化法。

一、人工孵化法

人工孵化起源于古代，方法多种多样，其共同特点是所用设备简单，取材方便，成本低廉，生产规模可大可小，孵化率也较高，但人工孵化需要凭借丰富的经验，温度不易掌握，劳动强度较大，翻蛋时也易造成破损。在缺电或供电不稳的地区和家庭小规模作坊式孵化，采用这种方法，具有较好的经济价值和适用性。

（一）火炕孵化法

这种孵化方法在我国北方较为常见，需要有火炕、摊床和棉被等孵化设备。

1. 建炕　宜选择背风朝阳、保温良好的房屋作孵化室，将炕建在室内中央。火炕一般用土坯或砖砌成，炕高 65～75 厘米，宽 180～200 厘米，长度依孵化数量和房屋状况而定。炕灶烟道的搭法以好烧、炕温均匀、不倒烟为原则。炕上铺一层黄土，再铺一层麦草和席子。

2. 搭设摊床　摊床为孵化中后期放置种蛋继续孵化和出雏的地方，一般设在炕的上方，即在离炕面 1 米左右用木柱（或木棒）搭成棚架。摊床可搭 1～3 层，若搭 2 层或 3 层，两层间的距离以作业不碰头为宜。摊床上用秫秸（高粱秸）铺开，再铺稻草或麦秸，上面铺苇席或棉被。摊床的四周用木板做成围子，以防止胚蛋滚落。摊床架要牢固，防止摇晃（图 4 - 1）。

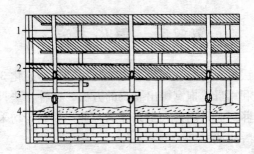

图 4-1 火炕孵化示意图

1. 支架 2. 摊 3. 脚木 4. 火炕

另外，还要准备棉被、毯子、被单、火炉、温度计、手电、照蛋器等孵化用具。

3. 孵化操作 孵化前先把炕烧热到 40～41℃，炕面温度要均匀，室温达到 25～27℃，种蛋经过选择、消毒后，用 40℃ 温水浸泡 5 分钟，即可上炕入孵。摆蛋的方法：钝端朝上或平放均可，摆 2 层，要摆整齐、靠紧，盖上棉被即可入孵。一般头两天炕温保持在 39℃，以后保持在 38～39℃，直到上摊。蛋间插一支温度计，以备经常检查温度。如果蛋温偏高或偏低，可用增减棉被或开闭门窗来调节。入孵第 1、2 天应特别注意观察温度变化，及时翻蛋，一般每 2～3 小时翻蛋 1 次，使蛋面受热均匀，胚胎发育一致；第 2 天后，炕温稳定，可 4～6 小时翻蛋 1 次。翻蛋方法：即上层蛋翻至下层，下层蛋翻至上层，中央蛋翻至边缘，边缘蛋翻至中央。

湿度调节，可在墙角放一盆水，保持室内湿度在 65% 左右即可。

孵化 5～6 天，进行头照；孵化 11～12 天照二照，然后把胚蛋移至摊床上继续孵化。这以后主要靠胚胎自身产生的热量和室温来维持孵化温度。上摊前，蛋温应提高到 39℃，以免上摊后温度下降幅度太大，影响孵化效果。摊床上与火炕上孵化同样管理，蛋温靠增减棉被（毯子、被单）、翻蛋、凉蛋来调节。

在正常情况下，孵化至19天，停止翻蛋，提高室温至27～30℃，湿度增大到70％～75％。20天开始出雏，在大批啄壳时除去覆盖物，以利于胚蛋获得新鲜空气。每隔2～4小时将绒毛已干的雏鸡与蛋壳一起拣出，并将剩余的活胚蛋集拢在一起，以利于保温，促进出雏。

（二）塑料膜热水袋孵化法

此法的优点是热源方便，温度均匀，孵化效果好、且成本低，适于农户小批量生产，便于掌握应用。

1. 准备工作　首先准备好水袋和套框。水袋用市售筒式塑料膜即可，其规格为80厘米×240厘米，两端不必封口；用木板做一个长方形木框套在水袋的外面，起保温和保护水袋的作用，水袋开口搭在高出水面的框沿外，以防漏水和便于换水。

其次是烧好火炕，做好孵化室保温工作，再准备几支温度计和湿度计及棉被2～3条。

2. 操作技术　入孵前先把炕烧热，然后把木框平放在火炕上，框底铺一层麻袋片或牛皮纸，塑料膜水袋平放在木框内。然后往袋里加40℃温水，水量以水袋鼓起12厘米左右即可。框内四周与水袋之间用棉花或软布塞上，以利于保温和防止水袋磨破。

把种蛋放入蛋盘或直接平摆于水袋上面，在蛋的中间平放一支温度计，盖上棉被即可开始孵化。塑料膜热水袋孵化模拟图参见图4-2。

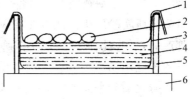

图4-2　塑料热水袋孵化模拟图
1. 塑料袋　2. 种蛋　3. 棉被
4. 水　5. 木框　6. 火炕

蛋面温度：1～7天为38.5～39℃，8～18天为38～38.5℃，19～21天为37.5℃。室温保持在27℃左右。

孵化温度的掌握，主要靠往水袋里加冷、热水来适度调节。为了便于工作，从入孵当天开始，要使炕面温度保持相对稳定，这样可以延长水袋里水温的保持时间，减少加温水次数。每次换水时，先从水袋里放出一定量的水，然后加入等量的温水，使水袋里的水量保持不变。

翻蛋：每昼夜翻蛋 4～6 次，孵化到第 19 天，停止翻蛋，注意检查温度，准备出雏。

二、机器孵化法

机器孵化是应用广泛、技术先进的高效率孵化方法，在鸡的孵化中已占主要地位。随着养鸡业的发展，孵化器的结构日趋完善，功能日益丰富。目前生产的孵化器都具有自动控温、调湿系统、报警和自动翻蛋等装置，不仅易管理，劳动强度小，孵化效果好，而且不受孵化季节的影响，可常年进行孵化，孵化量很大。机器孵化的缺点是一次性投资大，孵化成本高，且需要有稳定的电源，缺电或间隙性停电地区需配备发电机组。

目前，国内市场孵化器品牌很多，较有名气的有南京实验仪器厂生产的"吉母"牌孵化器，无锡市孵化机厂的"鸣凤"牌孵化器，机电部第 41 研究所的"依爱"牌孵化器，杭州余杭畜禽设备厂的"沙诺"牌孵化器，长春市白山电热设备厂的"白山"牌孵化器，上海德宏孵化设备厂的"东川"牌孵化器和上海市农机研究所实验厂生产的 9FP 系列孵化器等。此外，一些国外名牌产品，如美国产的"鸡王"牌（Chick Master）孵化器等也已进入中国市场。

孵化器分平面孵化器和立体孵化器两大类型。平面孵化器一般无翻蛋设备，需定时进行手工翻蛋，且孵化量小。立体孵化器根据出雏方式不同，分为机下出雏、机旁出雏和另设出雏机 3 种。目前，大、中型孵化厂采用的孵化器多是孵化机和出雏机分开，操作简便，每批孵化出雏后，能进行彻底消毒。常见的型号容量有 16 800、19 200、37 200 枚蛋，超大型的可容纳 55 200 到 114 000 枚蛋。

在使用机器进行孵化时，应按照其工艺流程，做好以下几项工作。

（一）孵化准备

种蛋入孵前对孵化室、孵化器进行检修、消毒和试温。孵化室要求保温良好，空气新鲜，温、湿度适宜。孵化室应高大宽敞，天棚要稍高些，最好离地面 3 米以上，窗户小些，光照系数为 1：15～20 为宜。孵化室应有专用的通风孔或风机，保证室内有足够的新鲜空气。孵化器要离开热源，且要避免阳光直射，以免影响机内温度。孵化室的地面、墙壁、孵化器及其附属设备均需彻底消毒。

孵化器在使用前要认真检修，确保孵化期间无故障安全运行。入孵前应试温 2～3 天，待温、湿度稳定后，方可正式孵化。

（二）上蛋

上蛋就是指将种蛋码到蛋盘上。各项准备工作做好后，即可上蛋开始孵化。为了种蛋码盘后很快达到孵化温度，种蛋应在入孵前 12 小时左右装入蛋盘中，然后将蛋盘移入孵化室内预热。所谓入孵，就是指将装满种蛋的蛋盘插入孵化机内的蛋架，然后开机孵化。入孵时要注意保持蛋架的平衡，防止蛋车翻倒。开孵时间最好安排在下午 4 点以后，这样大批出雏的时间正好是白天，便于出雏操作。一般立体孵化器每 5～7 天入孵 1 次，可在同一台孵化机内进行多批次孵化。为了便于区别，在分批上蛋时，每次上的蛋盘要作上特殊显眼的标记，并使各批入孵的蛋盘一套间一套地交错放置，这样"新蛋"和"老蛋"能互相调节温度，既省电，孵化效果又好。

（三）温度调节

温度经过设定之后，一般不要轻易变动。刚入孵时，由于开门放蛋，散失部分热量，种蛋和蛋盘又要吸收部分热量，而使孵化器内温度骤然下降，这是正常现象，过一段时间会逐渐恢复正常。在孵化期间，要注意孵化温度的变化。当温度偏离给温要求

±0.5℃以上时，就应进行调节。每次调节的幅度要小，逐步调至机内温度允许波动的范围内。当整批孵化采用"前高、中平、后低"的孵化温度时，逐渐降温也应遵循小幅度调节的原则。孵化机的温度要每隔半小时观察 1 次，每隔 2 小时记录 1 次。

(四) 湿度调节

将干湿球温度计放置在孵箱内，工作人员通过机门玻璃窗观察了解机内的相对湿度。如果机器没有调湿装置，湿度的调节就要靠增减水盘、升降水温等措施。当湿度偏低时，应增加水盘，提高水温，加速蒸发；或向孵化室内地面洒水，必要时可直接喷雾提高湿度。北方的大部分地区应注意防止湿度偏低，沿海及降水量较大的地区要注意防止湿度过高。一般每天加水 1 次，外界气温低时应加温水。

(五) 通风和翻蛋

如孵化器没有自动通风装置，应采取人工通风。一般入孵后第一天可不进行通风，但从第二天起就要逐渐开大风门增加通风量。夏季高温高湿，机内热量不易散出，应增大通风量。在孵化过程中，要正确处理好温度、湿度和通风三者的关系，在管理上掌握下列原则："绿灯常亮时，加大风量；红灯常亮时，稍闭风门；红绿交替时，正常工作"。孵化时每 2 小时翻蛋 1 次，并记住翻蛋方向，注意手工翻蛋要"轻、稳、慢"。目前使用的立体孵化器一般都有自动通风系统和翻蛋装置，管理非常方便。

(六) 照蛋

一般于孵化第 5～6 天和第 18～19 天进行两次照蛋，也可在孵化 11～12 天再进行抽查照蛋，以便及时检出无精蛋和死胚蛋，并观察胚胎的发育情况。

(七) 移盘（落盘）

在孵化第 18～19 天最后一次照蛋后，剔除死胎，把发育正常的活胚蛋移入出雏箱内的出雏盘中准备出雏，这个过程叫移盘或落盘。移盘的时间可根据胚胎发育情况灵活掌握。如发育良好，此时气室已斜口，下部黑暗，应及时移盘；若气室边界平整，下部发红，则为发育迟缓，应稍晚些时间移盘。移盘的动作要轻快，尽量缩短操作时间，以减少破蛋或蛋温下降。移盘前出雏机内的温度要升至 98～99℉，移盘后要停止翻蛋，增加水盘，提高湿度，保证顺利出雏。

（八）拣雏

鸡蛋孵化满 20 天即开始出雏，20.5 天时大批出雏。孵化中可视出雏情况，分三批将雏鸡和空壳拣出。要求拣出的雏鸡绒毛已干，脐带收缩良好。见有 30％～40％ 出壳时拣出第一批雏鸡和空壳，有 60％～70％ 出壳时即拣出第二批，尚未出雏的进行并盘，并移到出雏箱的上层，在出雏结束时拣出第三批。拣雏动作要轻、快。在出雏期间，应关闭出雏机内的照明灯，以免雏鸡骚动，尽量不要同时打开前后机门，防止机内温度、湿度下降过快而影响出雏。每次拣出的雏鸡每 100 只放在分隔的雏鸡箱内或经过消毒、垫有软草的雏篮内，然后置于 25℃ 左右的暗室内，让雏鸡充分休息。对已啄壳但无力出壳的弱雏，可进行人工助产。助产要待雏鸡破壳已过 1/3、内膜发黄或焦黄、显得干焦、不见血管、或者绒毛已干时进行。如破壳不足 1/3、内膜发白、湿润、血管清晰时，不宜进行人工助产。

（九）清扫、消毒

出雏完毕，必须对出雏器、孵化器、孵化室等进行清扫和消毒。出雏盘、水盘冲洗干净后放入出雏箱内，进行熏蒸消毒。

（十）停电时措施

在孵化时，为了预防停电，必须预先准备一些应急措施。一般孵化厂要有两套供热设备，一是自备发电机，遇到停电，马上发电；二是孵化室内要有火炉或火墙，一旦遇到停电，立即提高室温，保持在 27～30℃，不能低于 25℃，同时地面洒温水调节湿度。

对孵化器内温度的掌握，要根据季节、室温和胚龄因地制宜。若是孵化前期的胚蛋，要注意保温，而孵化后期的胚蛋则要注意散热。在早春、孵化器的进、出气孔全是关闭着的，如果停电 4 小时之内，可不必采取措施；如果停电超过 4 小时，就应将室温升至 32℃；如果出雏箱内胚蛋多，则要防止中心部位和顶上几层胚蛋超温，发现蛋烫眼皮，就要立即倒盘。气温超过 25℃，孵化器内种蛋胚龄在 10 天以内，停电时也不必采取措施；胚龄超过 13 天时，应先打开机门，当内部上几层蛋温下降 2～3℃后再关上机门。每隔 2 小时检查一次顶上几层蛋温，保持不超温即可。如果胚蛋在出雏箱内，开门降温的时间要延长，到温度下降 3℃后便将门关上。每隔 1 小时检查一次顶上几层蛋温，发现有超温趋向时，进行倒盘，特别要注意中心部位的蛋温升高趋向。气温超过 30℃时停电，孵化器内如果是早期入孵的胚蛋，可以不采取措施；若是中、后期胚蛋，必须打开机门和进、出气孔，将孵化器内温度降到 35℃左右，门留一小缝，每小时检查一次顶上几层蛋温。

> ● **重点难点提示**
>
> 　　机器孵化法。

第五节　初生雏的雌雄鉴别

　　鉴别初生雏公母的方法，主要有羽毛鉴别法、肛门鉴别法、器械鉴别法、外形鉴别法等，在生产中常用羽毛鉴别法和肛门鉴别法。

一、羽毛鉴别法

　　此法是运用伴性遗传理论，培育出自别雌雄品系，然后根据初生雏鸡羽毛的生长速度或颜色差异来鉴别公母。其特点是简便易行，鉴别准确率高，但只适用于自别雌雄品系。例如，用慢生羽系母鸡配快生羽系公鸡，其后代公雏均为慢生羽，母雏均为快生羽。如罗斯 1 号肉鸡，其商品代初生雏凡是速羽型的均为母雏，而慢羽型的均为公雏。

二、肛门鉴别法

又称为翻肛鉴别法，简称肛鉴法。此法是现代蛋鸡生产中最广泛采用的鉴别方法之一。出壳后的雏鸡经 4 小时左右毛干后，即可进行鉴别。应在出壳后 24 小时之内鉴别完毕，以出壳后 4~12 小时鉴别最适宜，因为这时公雏和母雏的生殖突起差异最显著，若超过 24 小时，生殖突起萎缩，则鉴别准确率低。

鸡的交尾器已经退化，在雏鸡泄殖腔开口部下端的中央仅有一个很小的突起，称为生殖突起，其两侧斜向内方呈八字状的皱襞称为八字皱襞。胚胎不论是雌性和雄性，在孵化初期都有生殖突起，在孵化中期雌性胚胎的生殖突起开始退化，到出壳前基本消失，而雄性胚胎在发育中生殖突起不退化，一直保留至出壳以后。通过翻肛观察初生雏生殖突起的有无及组织形态的差异即可进行雌雄鉴别。

其具体做法是：将雏鸡握在左手中，雏鸡背贴掌心，肛门朝上，雏鸡颈部轻夹于中指与无名指之间，双翅夹在食指与中指之间，无名指与小指弯曲，将两脚夹在掌面，并用拇指在雏鸡的左腹侧部直肠下轻压，使之排出胎粪。然后迅速向有聚光装置 40~100 瓦乳白灯泡的光线下，这时右手食指顺着肛门略向背部推，右手拇指顺着肛门口略向腹部拉，同时左手拇指协同作用。由于 3 个手指一起作用，肛门即可翻开露出。

在操作过程中，抓鸡、握鸡、排粪、翻肛的动作要快而轻巧，否则，既影响鉴别准确率，又对雏鸡的健康不利。

肛门翻开后，即可根据雏鸡生殖突起的形状、大小及生殖突起旁边的八字皱襞的形状，识别公母。

公雏生殖突起大而圆，长约0.5毫米以上，形状饱满，轮廓极为明显；八字皱襞很发达，并与外皱襞断绝联系；生殖突起两旁有两个粒状体突起（图4-3）。

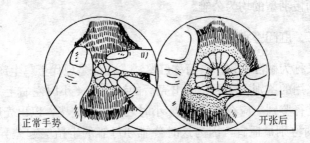

正常手势　　　　　　　　开张后

图4-3　雏鸡的翻肛法
1. 生殖突起（雄、正常型）

母雏生殖突起小而扁，形状不饱满，有的仅留有痕迹；八字皱襞退化，并与外皱襞相连；在生殖突起两旁没有两粒实起，中间生殖突起不明显。

上述生殖突起类型都是标准型，占雏鸡的大多数。也有少数雏鸡的生殖突起不是标准型的，有的突起小，直径0.5毫米以下；有的突起呈扁平型和八字皱襞不规则；有的突起肥厚，与八字皱襞连成一片；有的突起呈纺锤纵立状八字皱襞分布不规律；有的突起分裂成纵沟或两半，能与八字皱襞区分开。这些不规则的突起只有通过多次实践鉴别才能掌握其规律。

重点难点提示

照蛋、初生雏雌雄鉴别。

第五讲
肉用仔鸡的饲养管理

本讲目的

1. 让读者了解饲养肉用仔鸡的准备工作及饲养方式。
2. 让读者了解生产中选择、接运雏鸡需要注意的问题。
3. 让读者掌握肉用仔鸡饲养管理技术。

第一节　进雏前的准备与饲养方式的选择

一、进雏前的准备工作

为了获得满意的饲养效果，必须做好进雏前的准备工作。

（一）人员的安排

实行机械化饲养，每人可饲养 1 万～2 万只，人工饲养可饲养 2 000～3 000 只。根据饲养规模的大小，确定好人员，在上岗前对饲养人员要进行技术培训，明确责任，确定奖罚指标，调动生产积极性。

（二）饲料及常用药品的准备

用成品颗粒料饲喂肉用仔鸡，2.5 千克重的毛鸡每只需用料 5～5.5 千克，如果自配料，按所用的配方计算好所需的各种原料并备足，2.5 千克重的毛鸡需配合料 5.5～5.8 千克。饲养期常用的药物有饲料添加剂、抗菌药及消毒药等。常用的抗菌药有庆大霉素、卡那霉素、青霉素、链霉素、痢特灵、土霉素、氟哌酸、北里霉素等；常用的消毒药有百毒杀、过氧乙酸、爱迪福、威岛、抗毒威、高锰酸钾、福尔马林等。

（三）房舍及用具的准备与消毒

要选择有利于夏季防暑降温、冬季保温的鸡舍来饲养肉用仔鸡。对养过鸡的鸡舍待上批鸡出栏后，抓紧时间清洗维修房舍及用具。其工作包括以下几项。

1. 撤出所用过的饲用工具和饮水用具及塑料网、金属网、保温伞、电灯泡等一些设备，并用清水洗净、晾干。

2. 清除垫料和粪便，并运到远离鸡舍的地方进行焚烧或发酵处理，以作农肥。对天棚、墙壁、窗台等进行彻底清洗，堵严鼠洞，不准有死角。

3. 安装维修好饲养设备。在已清洗好的房舍内安装养鸡所需要的设备，并做好检修，如喂料系统、供水系统、供热系统、供电系统、通风系统、围栏等。

4. 鸡舍及用具的消毒。消毒的目的是杀死病原微生物。消毒的方法可采用药液浸泡消毒法、药液喷雾消毒法、熏蒸消毒法等。

5. 预温。无论采用哪种供热方式，在进雏前（远处进雏提前 5～10 小时，近处进雏提前 2～3 小时）把舍温升高到 34℃（由距离床面 10 厘米高处测得），同时保持舍内相对湿度 70%左右。

二、饲养方式的选择

饲养肉用仔鸡主要有地面平养、网上平养、笼养和笼养与地面平养相结合四种饲养方式。

（一）地面平养

是饲养肉用仔鸡较普遍的一种方式，适用于小规模养鸡的农户。方法：首先在鸡舍地面上铺设一层 4～10 厘米厚的垫料，要注意垫料不宜过厚，以免妨碍鸡的活动甚至小鸡被垫料覆盖而发生意外。随着鸡日龄的增加，垫料被践踏，厚度降低，粪便增多，应不断地添加新垫料，一般在雏鸡2～3周龄后，每隔3～5天添加1次，使垫料厚度达到15～20厘米。垫料太薄，养鸡效果不佳，因垫料少粪便多，鸡舍易潮湿，氨气浓度会超标，这将影响肉用仔鸡的生长发育，并易暴发疾病，甚至造成大批死亡。同时，潮湿而较薄的垫料还容易造成肉用仔鸡胸骨囊肿。因此，要注意随时补充新垫料，对因粪便多而结块的垫料，及时用耙子翻松，以防止板结。要特别注意防止垫料潮湿，首先在地面结构上应有防水层，其次对饮水器应加强管理，控制任何漏水现象和鸡饮水时弄湿垫料。常用于作垫料的原料有木屑、谷壳、甘蔗渣、干杂草、稻草等。总之，垫料应吸水性强，干燥清洁，无毒无刺激，无发霉等等。每当一批肉用仔鸡全部出栏后，应将垫料彻底清除更换。

地面平养的优点：①由于垫料与粪便结合发酵产生热量，可增加舍温，对肉用仔鸡抵抗寒冷有益；②由垫料中微生物的活动产生维生素 B_{12}，是肉用仔鸡不可缺少的营养物质之一，肉用仔鸡活动时扒翻垫料，可从垫料中摄取维生素 B_{12}；③厚垫料饲养方式对鸡舍建筑设备要求不高，可以节约投资，降低成本，适合农户采用；④鸡群在松软的垫料上活动，腿部疾病和胸部囊肿发生率低，肉用仔鸡上市合格率高。

地面平养的缺点：①鸡与粪便接触，容易发生球虫、白痢等疾病；②占地面积大，垫料来源和处理比较困难；③劳动强度大，生产效率低。

（二）网上平养

所谓网上平养，即在离地面约60厘米高处搭设网架（可用金属、竹木等材料搭架），架上再铺设金属或竹木制成的网、栅片，鸡群在网、栅片上活动，鸡粪通过网眼或栅条间隙落到地面，堆积一个饲养期，在鸡群出栏后一次清除。网眼或栅缝的大小以鸡爪不能进入而又能落下鸡粪为宜。采用金属网的网眼形状有圆形、三角形、六角形、菱形等，常用的规格一般为1.25厘米×1.25厘米。网床大小可根据鸡舍面积灵活掌握，但应留足够的过道，以便操作。网上平养一般都用手工操作，有条件的可配备自动供水、给料、清粪等机械设备。

网上平养的优点：①鸡与粪便不接触，降低了球虫等疾病的发生率；②鸡粪干燥，舍内空气新鲜；③鸡体周围的环境条件均匀一致；④取材容易，造价便宜，特别适合缺乏垫料的地区采用；⑤便于实行机械化作业，节省劳动力。其缺点是腿病和胸部囊肿病的发生率比地面平养高。

（三）笼养

肉用仔鸡笼养在20世纪70年代初欧洲就已出现，但不普遍，主要原因是残次品多和生长速度不及平养。近年来改进了笼底材料及摸索出了适合笼养特点的饲养管理技术，肉用仔鸡笼养又有了新的发展。目前，世界上在肉鸡生产中采用笼养工艺最广泛的国家是俄罗斯，全国30%以上的肉鸡实行了笼养。中东、日本笼养肉鸡有大发展的趋势。东欧很欢迎笼养工艺，捷克、斯洛伐克、匈牙利都有一定程度的发展。我国广大养鸡户也越来越广泛地采用笼养肉用仔鸡，以利于在有限的鸡舍面积上饲养更多的肉用仔鸡。

笼养肉仔鸡的优点是：①可以大幅度提高单位建筑面积上的饲养密度。如采用四层重叠式笼养，鸡舍平面密度每平方米可达100只，在一个12米×100米的传统规格肉鸡舍里，地面平养每批饲养1.5万～2.0万只，而笼养每批饲养量可达6万～8万只，年产量可从地面平养的236吨活重提高到1 181吨，即在同样建筑面积内，肉产量提高4倍以上；②可以实行雌雄分开饲养，充分利用不同性别肉用仔鸡的生长特性，提高饲料转化率，并使上市胴体的规格更趋一致，增加经济收入；③由于笼养限制了肉用仔鸡的活动，降低了能量消耗，相应降低了饲料消耗，达到同样体重的肉用仔鸡生长周期缩短 12％，饲料消耗降低 13％；④鸡只不与粪便接触，球虫等疾病减少；⑤笼养便于机械操作，可提高劳动生产率，有利于科学管理，获得最佳的经济效益。

笼养肉用仔鸡的主要缺点是鸡笼等设备一次性投资较大，其次是胸部囊肿和腿病发生率较高。

（四）笼养与地面平养相结合

这种饲养方式的应用，我国各地多是在育雏期（出壳至 28 日龄）实行笼养，育肥期（5～8 周龄）转到地面平养。

育雏期舍温要求较高，此阶段采用多层笼育雏，点地面积小，房舍利用率高，环境温度比较容易控制，也能节省能源。

在 28 日龄以后，将笼子里的肉用仔鸡转移到地面上平养，地面上铺设 10～15 厘米厚的垫料。此阶段虽然鸡的体重迅速增长，但在松软的垫料上饲养，也不会发生胸部和腿部疾病。所以，笼养与平养相结合的方式兼备了两种饲养方式的优点，对小批量饲养肉用仔鸡具有推广价值。

重点难点提示

房舍及用具的准备与消毒、饲养方式的选择。

第二节　雏鸡的选择与运输

一、雏鸡的订购

从可靠的种鸡孵化厂家选购品种优良、纯正、种鸡群没有发生过疫病的商品杂交雏鸡，并按生产计划安排好进雏时间与数量，同时要签订购雏合同。

二、雏鸡的挑选与查数

1. 雏鸡须孵自 52～65 克重的种蛋，对过小或过大的种蛋孵出的雏鸡必须单独饲养，同一批雏鸡应来自同一批种鸡的后代。

2. 雏鸡羽毛良好，清洁而有光泽。

3. 雏鸡脐部愈合良好，无感染，无肿胀，不残留黑线，肛门周围羽毛不粘贴成糊状。

4. 雏鸡眼睛圆而明亮，站立姿势正常，行动机敏、活泼，握在手中挣扎有力。对拐腿、歪头、眼睛有缺陷或交叉嘴的雏鸡要剔出。

5. 鸡爪光亮如蜡，不呈干燥脆弱状。

6. 雏鸡出壳时间在孵化 20.5～21 天。

7. 对选好的雏鸡，准确清点数量。

三、雏鸡的接运

雏鸡的运输是一项技术性较强的细致工作，要求迅速及时，安全舒适到达目的地。

（一）接雏时间

应在雏鸡羽毛干燥后开始，至出壳后 36 小时结束，如果远距离运输，也不能超过 48 小时，以减少中途死亡。

（二）装运工具

运雏时最好选用专门的运雏箱（如纸箱、塑料箱、木箱等），规格一般长 60 厘米、宽 45 厘米、高 20 厘米，内分 2 个或 4 个格，箱壁四周适当设通风孔，箱底要平而且柔软，箱体不得变形。在运雏前要注意运雏箱的清洗和消毒，根据季节不同每箱可装 80～100 只雏鸡。运输工具可选用汽车、拖拉机、轮船等。

（三）装车运输

主要考虑防止缺氧闷热造成窒息死亡或寒冷冻死，防止感冒拉稀。装车时箱与箱之间要留有空隙，确保通风。夏季运雏要注意通风防暑，避开中午运输，防止烈日曝晒发生中暑死亡，冬季运输要注意防寒保温，防止感冒及冻死，同时也要注意通风换气，不能包裹过严，防止闷死。春、秋季节运雏气候比较适宜，春、夏、秋季节运雏要备有防雨用具。如果天气不适而又必须运雏时，就要加强防护措施，在途中还要勤检查，观察雏鸡的精神状态是否正常，以便及早发现问题及时采取措施。无论采用哪种运雏工具，要做到迅速、平稳、尽量避免剧烈震动，防止急刹车，尽量缩短运输时间，以便及时开食、饮水。

（四）雏鸡的安置

雏鸡运到目的地后，将全部雏鸡盒移入育雏舍内，分放在每个育雏器附近，保持盒与盒之间的空气流通，把雏鸡取出放入指定的育雏器内，再把所有的雏盒移出舍外，对一次性的纸盒要烧掉；对重复使用的塑料盒、木盒等应清除箱底的垫料并将其烧掉，下次使用前对雏鸡盒进行彻底清洗和消毒。

重点难点提示

雏鸡的运输。

第三节　饲养管理技术

一、雏鸡的喂饲与饮水

（一）开食与喂饲

在首次饮水后2～3小时进行开食，先饮水而后开食有利于雏鸡的胃肠消毒，减少肠道疾病。

1. 饲喂用具　通常雏鸡的饲喂用具采用盘（塑料盘或镀锌铁皮料盘），也可采用塑料膜、牛皮纸、报纸等。开食用具要充足，每个40厘米×40厘米方料盘可供50只雏鸡开食用。雏鸡5～7日龄后，饲喂用具可采用饲槽、料桶、链条式喂料机械等。

2. 饲喂方法　首先饮水2～3小时后，将所用的开食用具放在雏鸡当中，然后撒料，先撒料约0.5～0.8厘米厚，让每只雏鸡都能吃到食。不宜喂得太饱，对靠边站而不吃料的弱雏，统一放到弱雏区进行补饲，第一天喂 8～10 次，平均 2～3 小时喂料 1 次，以后逐渐减少到日喂 4 次，要加强夜间饲喂工作。每次饲喂时，添料量不应多于料槽容量的 1/3，每只鸡应有 5～8 厘米的槽位（按料槽两侧计算）。喂料时间和人员都要固定，饲养人员的服装颜色不宜改变，以免引起鸡群的应激反应（惊群）。饲养肉用仔鸡，宜实行自由采食，不加以任何限量，添料量要逐日增加，原则上是饲料吃光后 0.5 小时再添下一次料，以刺激肉用仔鸡采食。开食后的前一周采用细小全价饲料或粉料，以后逐渐过渡到小雏料、中雏料、育肥料和屠宰前期料。饲养肉用仔鸡，最好采用颗粒料，颗粒料具有适口性好、营养成分稳定、饲料转化率高等优点。

3. 饲料消耗　肉用仔鸡每周耗料量，因饲粮含能量不同而有一定差异，见表 5 - 1。

表 5 - 1　每 100 只肉用仔鸡耗料量（公母混养）

单位：千克

周　龄	饲粮代谢能 12.15（兆焦/千克）	12.54（兆焦/千克）	13.38（兆焦/千克）
1	14.0	13.5	13.1
2	33.2	31.5	29.7
3	49.1	46.0	42.8
4	70.2	67.2	64.3
5	90.0	88.5	85.1
6	111.5	109.6	105.4
7	128	126.2	123.0
8	150	147.6	144.8
9	162	159	156.6

（二）饮水

肉用仔鸡的饮水质量与人食用水标准相同，良好的饮水是鸡群健康的必要保证。

1. 营养液的配制　饮用营养液有利于雏鸡健康扶壮，提高鸡群成活率。它是用 20℃ 左右的凉开水添加其他补品制成，具体配方如下。

配方一：8 千克水，0.5 千克奶粉，20 克蛋氨酸，10 克速补，100 万国际单位庆大霉素（或卡那霉素）针剂。

配方二：8 千克水，0.5 千克奶粉，20 克蛋氨酸，10 克速补，160 万国际单位青霉素，100 万国际单位链霉素。

2. 饮水方法　在小雏期，每个 2 千克容量的塑料饮水器可供 50 只雏鸡饮水，上述每一份营养液每次供 1 000 只雏鸡饮用，前三天日饮 4 次，以后根据雏鸡精神状态来决定是否继续饮用营养液。如果停饮营养液，则要供给充足的清水。饮水器与饲喂器具应交替放置。如果笼育，从第 5 天起向笼侧的水槽中上水，但饮水器还要继续盛水，第 7 天以后逐渐撤出饮水器。如果是地面厚垫料平养，从第 4 天起，把小型塑料饮水器（或其他简易饮水器）逐渐移向自动饮水器，到第 7～10 天把小型塑料饮水器逐渐撤换下来，改为自动饮水器供水，每个自动饮水器可供 50～70 只雏鸡饮水。如果采用其他饮水器，每只鸡应有 1.8～2 厘米的饮水槽位。除饮用疫苗的当天外，饮水器每天应用优质的消毒剂（如百毒杀、爱迪福等）刷洗，以保证饮水清洁。

二、饲养环境管理

肉用仔鸡生产的特点是：在提高饲养密度、饲喂高能量、高蛋白质饲粮条件下实现肉用仔鸡快速生长，但是必须充分满足其生理环境条件，才能使肉用仔鸡的生产力得以充分实现。影响肉用仔鸡生长的环境条件有温度、湿度、通风换气、饲养密度、光照、卫生等。

(一) 温度

生产实践证明，保持适宜温度是养好雏鸡的关键。在生产中要注意按标准供温与看雏施温相结合，效果才会更好。

1. 肉用仔鸡适宜的环境温度　测温位置，如果采用全舍供热方式，应在距离墙壁 1 米与距离床面 5～10 厘米交叉处测得；如果采用综合供热方式，应在距保温伞或热源 25 厘米与距床面 5～10 厘米交叉处测得。适宜的育雏温度是以鸡群感到舒适为最佳标准，这时肉用仔鸡表现活泼好动，羽毛光顺，食欲良好，饮水正常，分布均匀，体态自然，休息时安静无声或偶尔发出悠闲的叫声，无挤堆现象。

饲养肉用仔鸡施温标准为：一日龄 34～35℃，以后每天降低 0.5℃，每周降 3℃，直到 4 周龄时，温度降至 21～24℃，以后维持此温度不变。当鸡群遇有应激如接种疫苗、转群时，温度可适当提高 1～2℃，夜间温度比白天高 0.5℃，雏鸡体质弱或有疫病发生时，温度可适当提高 1～2℃。但温度要相对稳定，不能忽高忽低，降温时应逐渐进行。温度高时，雏鸡表现伸翅，张口喘气，不爱吃料，频频饮水，影响增重；温度低时，雏鸡表现挤堆，闭眼缩脖，不爱活动，发出尖叫声，饲料消耗增多。

2. 热源选择与供热方式　热源可选用电、煤气、煤、炭或其他燃料，供热方式有以下几种。

(1) 全舍供热　将整个鸡舍供热同温度，使用暖气、火墙、火炉等。

(2) 综合供热　雏鸡有一个供热中心，其余空间另行加温，用电热伞、煤气伞及暖气、火墙、火炉等。

(3) 局部供热　雏鸡有中心热源，四周有凉爽的非加热区，用电热伞、煤气伞等。

3. 节省能源　降低养鸡成本必须合理利用能源，重点放在育雏期的管理上。育雏时要采用干燥垫料，以免热量随水分蒸发而散失热能；房舍的保温性能要好，冬季房舍可加设一层稻草，窗户要用塑料膜封好；育雏器的热源悬挂应采用厂家建议的高度；要经常查看温度计的准确性及鸡群的表现；每个育雏器要放有足够数量的雏鸡；若采用全舍供暖或综合供暖平养时，要在整个鸡舍内用塑料膜围起数个育雏空间，然后再逐渐放开；使用煤或炭等要燃烧彻底，防止不应有浪费。

（二）湿度

湿度是指空气中含水量的多少，相对湿度是指空气实际含水量与饱和含水量的比值，用百分比来表示。

1. 适宜的湿度　饲养肉用仔鸡，最适宜的湿度为：0～7 日龄 70%～75%；8～21 日龄 60%～70%，以后降至 50%～60%。湿度过高或过低对肉用仔鸡的生长发育都有不良影响。在高温高湿时，肉用仔鸡羽毛的散热量减少，鸡体散热主要通过加快呼吸来排除，但这时呼出的热量扩散很慢，并且呼出的气体也不易被外界潮湿的空气所吸收，因而这时鸡不爱采食，影响生长。低温高湿时，鸡体本身产生的热量大部分被环境湿气所吸收，舍内温度下降速度快，因而肉用仔鸡维持本身生理需要的能量多，耗料增加，饲料转化率低。另外，湿度过高还会诱发肉用仔鸡多种疾病，如球虫病、腿病等。

湿度过低时，肉用仔鸡羽毛蓬乱，空气中尘埃量增加，患呼吸道系统疾病增多，影响增重。

2. 增加和降低舍内湿度的办法　在生产中，由于饲养方式不同，季节不同，鸡舍不同，舍内湿度差异较大。为了满足肉用仔鸡的生理需要，时常要对舍内湿度进行调节。

（1）增加舍内湿度的办法　一般在育雏前期，需要增加舍内湿度。如果是笼养或网上平养育雏，可以往水泥地面上洒水来增加湿度；若厚垫料平养育雏，则可以向墙壁上面喷水或在火炉上放一个水盆蒸发水气，以达到补湿的目的。

（2）降低舍内湿度的办法　降低舍内湿度的办法主要有升高舍内温度，增加通风量；加强平养的垫料管理，保持垫料干燥；冬季房舍保温性能要好，房顶加厚，如在房顶加盖一层稻草等；加强饮水器的管理，减少饮水器内的水外溢；适当限制饮水。

（三）光照

光照是鸡舍内小气候的因素之一，对肉用仔鸡生产力的发挥有一定影响。合理的光照有利于肉用仔鸡增重，节省照明费用，便于饲养管理人员的工作。

光照分自然光照和人工光照两种。自然光照就是依靠太阳直射或散射光通过鸡舍的开露部位如门窗等射进鸡舍；人工光照就是根据需要，以电灯光源进行人工补光。

1. 光照方法及时间

（1）连续光照　目前饲养肉用仔鸡大多施行 24 小时全天连续光照，或施行 23 小时连续光照，1 小时黑暗。黑暗 1 小时的目的是为了防止停电，使肉用仔鸡能够适应和习惯黑暗的环境，不会因停电而造成鸡群拥挤窒息。有窗鸡舍，可以白天借助于太阳光的自然光照，夜间施行人工补光。

（2）间歇光照　指光照和黑暗交替进行，即全天施行 1 小时光照、3 小时黑暗或 1 小时光照、2 小时黑暗交替。大量的试验表明，施行间歇光照的饲养效果好于连续光照。但采用间歇光照方式，鸡群必须具备足够的吃料和饮水槽位，保证肉用仔鸡足够的采食和饮水时间。

（3）混合光照　即将连续光照和间歇光照混合应用，如白天依靠自然光连续光照，夜间施行间歇光照。要注意白天光照过程中需对门窗进行遮挡，尽量使舍内光线变暗些。

2. 光照强度　在整个饲养期，光照强度原则是由强到弱。一般在 1～7 日龄，光照强度为 20～40 勒克斯，以便让雏鸡熟悉环境。以后光照强度应逐渐变弱，8～21 日龄为 10～15 勒克斯，22 日龄以后为 3～5 勒克斯。在生产中，若灯头高度 2 米左右，1～7 日龄为 4～5 瓦/米^2；8～12 日龄为 2～3 瓦/米^2；22 日龄以后为 1 瓦/米^2 左右。

3. 光源选择　选用适宜的光源有利于节省电费开支，又能促进肉用仔鸡生长。一盏 15 瓦荧光灯的照明强度相当于 40 瓦的白炽灯，而且使用寿命比白炽灯长 4～5 倍。另外，有试验表明，在肉用仔鸡 3 周龄以后，用绿光荧光灯代替白炽灯，其光照强度为 6～8 勒克斯，结果肉用仔鸡增重速度快于对照组。

在生产中无论采用哪种光源，光照强度不要太大（白炽灯泡以不大于 60 瓦为宜），使光源在舍内均匀分布，并且要经常检查更换灯泡以保持清洁，白天闭灯后用干抹布把灯泡或灯管擦干净。

（四）通风换气

是指加强鸡舍通风，适当排除舍内污浊气体，换进外界的新鲜空气，并借此调节舍内的温度和湿度。

鸡舍内空气新鲜和适当流通是养好肉用仔鸡的重要条件，足够的氧气可使肉用仔鸡维持正常的新陈代谢，保持健康，发挥出最佳生产性能。

进行通风换气时，要避免贼风，可根据不同的地理位置，不同的鸡舍结构、不同的季节、不同的鸡龄、不同体重，选择不同的空气流速。在计划通风需要量时，要安装足够的设备，以便必要时能达到最大功率。

如果通风换气不当，舍内有害气体含量多。则导致肉用仔鸡生长发育受阻。当舍内氨气含量超过 20 毫克/升时，对肉用仔鸡的健康有很大影响，氨气会直接刺激肉用仔鸡的呼吸系统，刺激黏膜和角膜，使肉用仔鸡咳嗽、流泪；当氨气含量长时间在 50 毫克/升以上时，会使肉用仔鸡双目失明，头部抽动，表现出极不舒服的姿势。

（五）饲养密度

影响肉用仔鸡饲养密度的因素主要有品种、周龄与体重、饲养方式、房舍结构及地理位置等。

一般来说，房舍结构合理，通风良好，饲养密度可适当大些，笼养密度大于网上平养，而网上平养又大于地面厚垫料平养。近几年农户饲养肉用仔鸡多实行网上平养，其优点是便于管理，不需垫料，鸡粪可以回收，经过处理可作为猪和鱼的饲料，同时也有利于防疫。

如果饲养密度过大，舍内的氨气、二氧化碳、硫化氢等有害气体增加，相对湿度增大，厚垫料平养的垫料易潮湿，肉用仔鸡的活动受到限制，生长发育受阻，鸡群生长不齐，残次品增多，增重受到影响，易发生胸囊肿、足垫炎、瘫痪等疾病，发病率和死亡率偏高。若饲养密度过小，虽然肉用仔鸡的增重效果好，但房舍利用率降低，饲养成本增加。

饲养肉用仔鸡，适宜的饲养密度可参照表 5 - 2。

表 5 - 2　肉用仔鸡饲养密度

单位：只/米²

饲养方式	周龄	1～2	3～4	5～6	7～8	9～10
笼养 （以每层笼计算）	夏季	55	30	20	13	11
	冬季	55	30	22	15	13
	春季	55	30	21	14	12
网上平养	夏季	40	25	15	11	10
	冬季	40	25	17	13	12
	春季	40	25	16	12	11
地面厚垫料平养	夏季	30	20	14	13	8
	冬季	30	20	16	13	12
	春季	30	20	15	11.5	10

注：笼养密度是指每层笼每平方米饲养只数。

三、饲养期内疾病预防

肉用仔鸡饲养密度大，生长快，抗病力差，患病机会多，因而必须做好疫病的预防工作，根据疫病的多发期、敏感阶段及当地疫病流行情况进行预防性投药。

（一）雏鸡白痢的预防

雏鸡白痢多发于 10 日龄以前，选用药物有诺氟沙星、庆大霉素、青霉素、链霉素、土霉素等。在生产中，可于雏鸡初饮时用

0.05％～0.1％高锰酸钾饮水；1～2 日龄用青霉素、链霉素和4 000单位/只·日饮水，日饮两次；3～9 日龄用土霉素、雏康宝（盐酸恩诺沙星可溶性粉）、肠可舒（硫酸新霉素可溶性粉）拌料。

（二）球虫病的预防

肉用仔鸡球虫病多发于 2 周龄以后，选用药物有加福、盐霉素、球痢灵、鸡宝 20 等。生产中预防球虫病，可在肉用仔鸡 2 周龄以后，选用 2～3 种抗球虫药物，每种药以预防量使用 1～2 个疗程，交替用药。如 12～28 日龄 40 毫克/千克氯苯胍拌料；29～40 日龄鸡宝 20 预防量饮水；41～52 日龄 500 毫克/千克加福拌料。

（三）呼吸道疾病的预防

肉用仔鸡呼吸道疾病多发于 4 周龄以后而影响增重，常用的药物有庆大霉素、卡那霉素、北里霉素、链霉素等。

（四）疫苗接种

1 日龄根据种鸡状况和当地疫病流行情况决定是否接种马立克氏病疫苗；7～10 日龄滴鼻、点眼接种鸡新城疫Ⅱ系弱毒苗或鸡新城疫 LaSota 系弱毒苗；14 日龄饮水接种鸡传染性法氏囊病弱毒疫苗；25～30 日龄饮水接种鸡新城疫 LaSota 系弱毒疫苗。

（五）环境消毒

目前常用的消毒药物有过氧乙酸、百毒杀、爱迪福、威岛、农福等。消毒时按药品说明要求的浓度进行。带鸡消毒一般每5～7 天进行 1 次，要达到药物浓度，各种消毒药物应交替使用，有必要时还应施行饮水消毒。

四、日常管理

肉用仔鸡的日常管理是一项辛苦而细致的工作，需要持之以恒，工作中要注意以下几个问题。

（一）用好垫料，适时清粪

不同的饲养方式，其管理方法也不尽相同，下面就地面厚垫料平养、网上平养、笼养的垫料、粪便处理分别阐述。

1. 地面厚垫料平养

(1) 垫料的选择　作为垫料的种类很多，总的要求是干燥清洁、吸湿性好，无毒、无害、无刺激、无霉变，质地柔软。常用的垫料有稻壳、铡碎的稻草及干杂草、干树叶、秸秆碎段、细沙、锯末、刨花及碎纸等。

(2) 垫料的管理与清粪　垫料的厚度要适当，雏鸡入舍首次铺垫料的厚度为5～10厘米，不宜过厚。垫料过厚会妨碍雏鸡的活动，还易导致雏鸡被垫料覆盖而窒息。待垫料被践踏潮湿或太脏时，要注意及时部分更换和铺垫新的垫料。铺垫料时要均匀，避免高低不平。一批鸡结束后，可使垫料厚度达15～20厘米，鸡出栏后彻底清理垫料。并运到远离鸡舍的地方处理，不可用上一批鸡垫料养下一批鸡。施行厚垫料平养时，要求房舍地势要高，要加强饮水的管理，避免水外溢弄湿垫料。夏季高温季节可以用细沙作为垫料平养育肥鸡，其好处是有利于防暑降温。

地面厚垫料平养肉用仔鸡，首次铺垫料后，肉用仔鸡生活在垫料上，以后经常铺垫新的垫料使鸡的粪便与垫料混在一起，因此，鸡出栏后粪便与垫料一起清出舍外。

2. 网上平养或笼养　为了完善网底结构，防止肉用仔鸡发生外伤和胸囊肿，可以采用塑料网铺在竹帘、木条或金属网上。每周清粪1次，以便降低舍内湿度和有害气体含量。

(二) 合理分群，及时调整饲粮结构

饲养人员应随时进行肉用仔鸡强弱、大小分群，加强喂饮，注意环境安静，防止鸡群产生任何应激。在饲养后期，及时提高饲粮的能量水平，可在饲粮中适当添加植物油。

(三) 公、母鸡适时分群饲养

公、母鸡分群饲养具有很多优点，随着我国肉鸡生产的发展和大规模机械化养鸡场的兴起，公、母鸡分群饲养方式将逐渐代替混饲。有条件的大型鸡场可施行初生雏的雌雄鉴别，农户饲养的肉用仔鸡，一般在 4 周龄结合注苗分群，一次分出公、母鸡为好。

（四）适时增加维生素和微量元素

雏鸡一般在 1～4 周龄时饮水加入速补，以增强体质；在 7～10 日龄、14～16 日龄和 25～30 日龄接种疫苗期间，多种维生素和微量元素的给量可增加 0.3～0.5 倍，另外添加适量的维生素 E 和亚硒酸钠，以防应激。

（五）注意饲料的过渡

由于肉用仔鸡随着日龄的增长，对饲粮营养要求不同，饲养期内要更换 2～3 次料，为了减少应激，更换饲料时要注意饲料的过渡，不能突然改变。过渡期一般为 3 天，具体方法是：第一天饲粮由 2/3 过渡前料和 1/3 过渡后料组成；第二天饲粮由 1/2 过渡前料和 1/2 过渡后料组成；第三天饲粮由 1/3 过渡前料和 2/3 过渡后料组成；第 4 天起改为过渡后料。

（六）适时断喙

肉用仔鸡断喙的主要目的是防止啄癖和减少饲料浪费。肉用仔鸡啄癖包括啄肛、啄羽、啄尾、啄趾等。引起啄癖的因素较多，如温度高、光线强，饲养密度大，通风差，饲粮中缺少食盐及营养不足等。随着生产中肉用仔鸡公母分饲的进展，自别雌雄系公鸡的羽毛生长速度慢，也容易引起啄癖。肉用仔鸡啄癖发生率比蛋鸡小得多，主要采用改善环境条件、平衡饲粮营养措施来预防，一般肉用仔鸡在较弱的光照强度下饲养可以不实施断喙。

肉用仔鸡的断喙时间一般在 7～8 日龄。具体要求是：断喙器的刀片要快，刀片预热烧红呈樱桃红色，上喙断去 1/2～1/3（喙端至鼻孔为全长），下喙断去 1/3。断喙不宜过度，要烫平、止血，断喙期间在饮水中或饲料中加入抗应激药物，同时适当提高舍温，以减少应激。

（七）做好卫生防疫消毒工作

良好的卫生环境、严格的消毒、按期接种疫苗是养好肉用仔鸡的关键一环。对于每一个养鸡场（户），都必须保证鸡舍内外卫生状况良好，严格对鸡群、用具、场区进行消毒，认真执行防疫制度，做好预防性投药，按时接种疫苗，确保鸡群健康生长。

1. 环境卫生　包括舍内卫生、场区卫生等。舍内垫料不宜过脏、过湿，灰尘不宜过多，用具安置应有序不乱，经常杀灭舍内外蚊蝇。对场区要铲除杂草，不能乱放死鸡、垃圾等，卫生保持经常性良好。

2. 消毒　场区门口和鸡舍门口要设有火碱消毒池，并经常保持火碱的有效浓度，进出场区或鸡舍要脚踩消毒，杀灭鞋底带来的病菌。饲养管理人员要穿工作服进鸡舍工作，同时要保证工作服干净。鸡场（舍）应限制外人参观，更不准拉鸡车进入生产区。饲养用具应固定鸡舍使用，饮水器每天进行消毒，然后用清水冲洗干净，对其他用具每5天进行一次喷雾消毒。

3. 疫苗接种　根据当地疫病流行情况，按免疫程序要求及时接种各类疫苗。肉用仔鸡接种疫苗的方法主要有滴鼻、点眼法、气雾法和饮水法等。

（八）测重

每周末早晨空腹随机抽测5％，并做好记录，掌握鸡群的个体发育情况，与标准相对照，分析原因，肯定成绩，找出不足，以便指导生产。

（九）减少应激

应激是指一切异常的环境刺激所引起的机体紧张状态，主要是由管理不良和环境不利造成的。

管理不良因素包括转群、测重、疫苗接种、更换饲料、饲料和饮水不足、断喙等。

环境不利因素有噪音，舍内有害气体含量过多，温、湿度过高或过低，垫料潮湿，鸡舍及气候变化，饲养人员变更等。根据分析以上不利因素，在生产中要加以克服，改善鸡舍条件，加强饲养管理，使鸡舍小环境保持良好状况。提高饲养人员的整体素质，制定一套完善合理、适合本场实际的管理制度，并严格执行。同时应用药物进行预防，如遇有不利因素影响时，可将饲粮中多种维生素含量增加 10%～50%，同时加入土霉素、杆菌肽等。

（十）死鸡处理

在观察鸡群过程中，发现病鸡和死鸡及时捡出来，对病鸡进行隔离饲养或淘汰，对死鸡要进行焚烧或深埋，不能把死鸡存放在舍内、饲料间和鸡舍周围。捡完病死鸡后，工作人员要用消毒液洗手。

（十一）观察鸡群

认真细致地观察鸡群，能及时准确掌握鸡群状况，以便及时发现问题，及时解决，确保生产正常运行。作为养鸡的技术人员和饲养人员都必须养成"脑勤、眼勤、腿勤、手勤、嘴勤"的工作习惯，这样才能观察管理好鸡群。

1. 饮水的观察　检查饮水是否干净，有无污染，饮水器或水槽是否清洁，水流是否适宜，有无不出水或水流外溢的，看鸡的饮水量是否适当，防止不足或过量。

2. 采食的观察　饲养肉用仔鸡，施行自由采食，其采食量应是逐日递增的，如发现异常变化，应及时分析原因，找出解决的办法。在正常情况下，添料时健康鸡争先抢食，而病鸡则呆立一旁。

3. 精神状态的观察　健康鸡眼睛明亮有神，精神饱满，活泼好动，羽毛整洁，尾翘立，冠红润，爪光亮；病鸡则表现冠发紫或苍白，眼睛混浊、无神，精神不振，呆立在鸡舍一角，低头垂翅，羽毛蓬乱，不愿活动。

4. 啄癖的观察　若发现鸡群中有啄肛、啄趾、啄羽、啄尾等啄癖现象，应及时查找原因，采取有效措施。

5. 粪便的观察　一般刚清完粪便时好观察，经验丰富的饲养员可以随时观察。主要观察鸡粪的形状、颜色、干稀、寄生虫等,以此确定鸡群健康与否。如雏鸡有拉白色稀便并有糊屁股症状,则可疑为鸡白痢,血便可疑为球虫,绿色粪便可疑为伤寒、霍乱等,稀便可疑为消化不良、大肠杆菌病等,发现异常情况要及时诊治。

6. 听呼吸　一般在夜深人静时听鸡群的呼吸声音,以此辨别鸡群是否患病。异常的声音有咳嗽、啰音、甩鼻等。

7. 计算死亡率　正常情况下第一周死亡率不超过 3%,以后平均日死亡率在 0.05% 左右。若发现死亡率突然增加,要及时进行剖检,查明原因,以便及时治疗。

(十二) 减少胸囊肿、足垫炎

肉用仔鸡胸部囊肿、足垫炎和外伤严重影响其胴体品质和等级,给养鸡场(户)造成一定的经济损失。其原因是:肉用仔鸡采食量多、生长快、体重大、长期卧伏,厚垫料平养时胸部与不良潮湿垫料摩擦,笼养时笼底结构不合理等,使胸部受到刺激,引起滑液囊炎而形成胸部囊肿。

(十三) 节约饲料

肉用仔鸡出栏后的饲料成本约占总成本的 70%~80%。为降低养鸡成本,提高经济效益,抓好节约饲料工作具有重要意义。节约饲料的主要途径有:提高饲料质量;合理保管饲料;科学配合饲粮;加强日常饲养管理等等。

据调查统计,饲料因饲槽不合理浪费 2%;因每次添料太满浪费 4%;流失及鼠耗 1%;疫病死亡损失 3%~5%。对于这些损失,只要在日常工作中细心想办法是可以克服的。

(十四) 正确抓鸡、运鸡,减少外伤

据统计,肉用仔鸡等级下降的原因除其胸部囊肿外,另一个就是创伤,而且这些创伤多数是在出售时抓鸡、装笼、装卸车和挂鸡过程中发生。为减少外伤出现,肉用仔鸡出栏时应注意以下几个问题:

1. 在抓鸡之前组织好人员,并讲清抓鸡、装笼、装卸车等

有关注意事项，使他们胸中有数。

2. 对鸡笼要经常检修，鸡笼不能有尖锐棱角，笼口要平滑，没有修好的鸡笼不能使用。

3. 在抓鸡之前，把一些养鸡设备如饮水器、饲槽或料桶等拿出舍外，注意关闭供水系统。

4. 关闭大多数电灯，使舍内光线变暗，在抓鸡过程中要启动风机。

5. 用隔板把舍内鸡隔成几群，防止鸡挤堆窒息，方便抓鸡。

6. 抓鸡时间最好安排在凌晨进行，这时鸡群不太活跃，而且气候比较凉爽，尤其是夏季高温季节。

7. 抓鸡时要抓鸡腿，不要抓鸡翅膀和其他部位，每只手抓3～4只，不宜过多。入笼时要十分小心，鸡要装正，头朝上，避免扔鸡、踢鸡等动作。每个鸡笼装鸡数量不宜过多，尤其是夏季，防止闷死、压死。

8. 装车时注意不要压着鸡头部和爪等，冬季运输上层和前面要用苫布盖上，夏季运输中途尽量不停车。

（十五）适时出栏

根据目前肉用仔鸡的生产特点，公母分饲一般母鸡50～52日龄出售。临近卖鸡的前一周，要掌握市场行情，抓住有利时机，集中一天将一房舍内肉用仔鸡出售结束，切不可零卖。

五、夏、冬季饲养管理特点

（一）夏季肉用仔鸡饲养管理特点

夏季炎热，我国大部分地区夏季的炎热期持续3～4个月，给鸡群造成强烈的热应激，肉用仔鸡表现为采食量下降、增重慢、死亡率高等。因此，为消除热应激对肉用仔鸡的不良影响，必须采取相应措施，以确保肉用仔鸡生产顺利进行。

1. 做好防暑降温工作　鸡羽毛稠密，无汗腺，体内热量散发困难，因而高温环境影响肉用仔鸡的生长。一般6～9月份的中午气温达 30℃左右，育肥舍温度多达 28℃以上，使鸡群感到温度不适，必须采取有效措施进行降温。夏季防暑降温的措施主要有鸡舍建筑合理、植树、鸡舍房顶涂白、进气口设置水帘、房顶洒水、舍内流动水冷却、增加通风换气量等。

（1）建好鸡舍　鸡舍的方位应坐北朝南，屋顶隔热性能良好，鸡舍前无其他高大建筑物。

（2）搞好环境绿化　鸡舍周围的地面尽量种植草坪或较矮的植物，不让地面裸露，四周植树，如大叶杨、梧桐树等。

（3）将房顶和南侧墙涂白　这是一种降低舍内温度的有效方法，对气候炎热地区屋顶隔热差的鸡舍为宜，可降低舍温 3～6℃。但在夏季气温不太高或高温持续期较短的地区，一般不宜采取这种方法，因为这种方法会降低寒冷季节鸡舍内温度。

（4）在房顶洒水　这种方法实用有效，可降低舍温 4～6℃。其方法是在房顶上安装旋转的喷头，有足够的水压使水喷到房顶表面。最好在房顶上铺一层稻草，使房顶长时间处于潮湿状态，房顶上的水从房檐流下，同时开动风机效果更佳。

（5）在进风口处设置水帘　采用负压纵向通风，外界热空气经过水帘时蒸发，从而使空气温度降低。外界湿度愈低时，蒸发就愈多，降温就愈明显。采用此法可降温 5℃左右。

（6）进行空气冷却　通常用旋转盘把水滴甩出成雾状使空气冷却，一般结合载体消毒进行，在 2～3 小时 1 次，可降低舍温 3～6℃，适于网上平养。

（7）使用流动水降温　可往运行的暖气系统内注入冷水，也可向笼养鸡的地沟中注入流动冷水，使水槽中经常有流动水，此法可降温 3～5℃。

（8）采用负压或正、负压联合纵向通风　负压通风时，风机安装在鸡舍出粪口一端，启动风机前先把两侧的窗口关严、进风口（进料口）打开，保证鸡舍内空气纵向流动，使启动风机后舍内任何部位的鸡只均能感到有轻微的凉风。此法可降温 3～8℃。

2. 调整饲粮结构及喂料方法，供给充足饮水　在育肥期，如果温度超过 27℃，肉用仔鸡采食量明显下降。因此，可采取如下措施：

（1）提高饲粮中蛋白质含量 1%～3%，多种维生素增加 0.3～0.5 倍，保证饲粮新鲜，禁喂发霉变质饲料。

（2）饲用颗粒饲料，提高肉用仔鸡的适口性，增加采食量。

（3）将饲喂时间尽量安排在早晚凉爽期，日喂 4～6 次，炎热期停喂让鸡休息，减少鸡体代谢产生的鸡体增热，降低热应激，提高成活率。另外，炎热季节必须提供充足的凉水，让鸡饮用。

3. 在饲粮（或饮水）中补加抗应激药物

（1）在饲粮中添加杆菌肽粉，每千克饲粮中添加 0.1～0.3 克，连用。

（2）在饲粮（或饮水）中补充维生素 C。热应激时，机体对维生素 C 的需要量增加，维生素 C 有降低体温的作用。当舍温高于 27℃，可在饲料中添加维生素 C 150～300 毫克/升或在饮水中加维生素 C 100 毫克/升，白天饮用。

（3）在饲粮（饮水）中加入小苏打或氯化铵。高温季节，可在饲粮中加入 0.4%～0.6% 的小苏打，也可在饮水中加入 0.3%～0.4% 的小苏打于白天饮用。注意使用小苏打时应减少饲粮中食盐（氯化钠）的含量。在饲粮中补加 0.5% 的氯化铵有助于调节鸡体内酸碱平衡。

（4）在饲粮（或饮水）中补加氯化钾。热应激时出现低血钾，因而在饲粮中可补加 0.2%～0.3% 的氯化钾，也可在饮水中补加氯化钾 0.1%～0.2%。补加氯化钾有利于降低肉用仔鸡的体温，促进生长。

（5）加强管理，减少密度，做好防疫工作。在炎热季节，搞好环境卫生工作非常重要。要及时杀灭蚊蝇和老鼠，减少疫病传播媒介。水槽要天天刷洗，加强对垫料的管理，定期消毒，确保鸡群健康。

（二）冬季肉用仔鸡饲养管理特点

冬季的管理特点主要是防寒保温、正确通风、降低舍内湿度和有害气体含量等等。

1. 减少鸡舍的热量散发　对房顶隔热差的要加盖一层稻草，窗户要用塑料膜封严，调节好通风换气口。

2. 供给适宜的温度　主要靠暖气、保温伞、火炉等供温，舍内温度不可忽高忽低，要保持恒温。

3. 减少鸡体的热量散失　要防止贼风吹袭鸡体；加强饮水的管理，防止鸡羽毛被水淋湿；最好改地面平养为网上平养，或对地面平养增加垫料厚度，保持垫料干燥。

4. 调整饲粮结构　提高饲粮能量水平。

5. 采用厚垫料平养育雏时　注意把空间用塑料膜围护起来，以节省燃料。

6. 正确通风，降低舍内有害气体含量　冬季必须保持舍内温度适宜，同时要做好通风换气工作，只看到节约燃料，不注意通风换气，会严重影响肉用仔鸡的生长发育。

7. 防止一氧化碳中毒　加强夜间值班工作，经常检修烟道，防止漏烟。

8. 增强防火观念　冬季养鸡火灾发生较多。尤其是农户养鸡的简易鸡舍，更要注意防火，包括炉火和电火。

六、肉用仔鸡8周龄的饲养日程安排

肉用仔鸡在8周龄饲养管理过程中，随着鸡的生长发育，要满足其营养需要和提供适宜的环境条件。在生产实践中，要做到全期有计划，近期有安排，忙而不乱，这样才能收到预期的经济效益。

进雏前必须用一定时间去消毒鸡舍和各种设备，铺好网栅，垫好垫料。整理和检测育雏器、保温伞，用帘子等围好圈，饮水

器灌水，调整舍温，准备接雏。

接雏宜在早上进行，这样可以利用白天来调整雏鸡的采食和饮水。若在下午接雏，当天夜间应用持续光照，进行开食和饮水。整个日程安排如下：

（一）1～2 日龄

1. 育雏器下和舍内的温度要达到标准，不让鸡群在圈内拥挤起堆。舍温保持 24℃左右，育雏器下温度为 34～35℃。

2. 保持舍内湿度在 70%左右，如过于干燥要及时喷洒水来调整。

3. 供给足够的雏鸡饮水，并每隔 1.5～2 小时给雏鸡开食 1 次，直到全部会饮水、吃食为止。

4. 接种马立克氏病疫苗；初饮时用 0.05%～0.1%高锰酸钾饮水；在饮水加入青霉素、链霉素各 4 000 国际单位/日·只，日饮 2 次；观察白痢病是否发生，对病雏要立即隔离治疗或淘汰。

5. 采用 24 小时光照，白天用日光，晚上用电灯光，平均每平方米 4～5 瓦。

（二）3～4 日龄

1. 严格观察鸡群，用痢特灵或土霉素等药物预防白痢病的发生。

2. 饲喂全价配合饲料，饲喂时先把厚塑料膜铺在地上，然后撒上饲料，每次饲喂 30 分钟，每天喂 10～12 次。

3. 饮水器洗刷换水。

4. 适当缩短照明时间（全天为 22～23 小时），照度以鸡能看到采食饮水即可。

5. 舍温 24℃，育雏器下温度减为 32～33℃。

（三）5～7 日龄

1. 加强通风换气，使舍温均匀下降，保持鸡舍有清爽感，舍内湿度控制为 65%。

2. 大群饲养可进行断喙。

3. 饲喂次数可减少到每天 8～10 次。

4. 换用较大饮水器，保持不断水。

5. 继续投药预防白痢。

6. 育雏器下的温度降至 31～32℃。

（四）8～14 日龄

1. 增加通风量，清扫粪便，添加垫料。

2. 饲槽、水槽常用消毒药消毒。

3. 进行鸡新城疫首免和传染性法氏囊病免疫，即在 10 日龄用鸡新城疫Ⅱ系或 LaSota 系疫苗滴鼻点眼；14 日龄用鸡传染性法氏囊病疫苗饮水。

4. 每周末称重，检出弱小的鸡分群饲养，并抽测耗料量。

（五）15～28 日龄

1. 调整饲槽和饮水器，使之高度合适，长短够用。

2. 灯光可换用小灯泡，使之变暗一些。

3. 饲料中添加氯苯胍、盐霉素等药物预防球虫病。

4. 撤去育雏伞，降到常温饲养。

5. 每周抽测一次体重，检查采食量和体重是否达到预期增重和耗料参考标准，以便适时改善饲粮配方和饲喂方法，调整饲喂次数。

6. 适当调整饲养密度。

（六）20～42 日龄

1. 改喂后期饲料，采取催肥措施，降低饲粮中蛋白质含量，提高能量水平。

2. 经常观察鸡群，将弱小鸡挑出分群，加强管理。

3. 进行新城疫 LaSota 系疫苗饮水免疫，接种禽霍乱菌苗。

4. 在饲料或饮水中继续添加抗球虫药物。

5. 及时翻动垫草，增加新垫料，注意防潮。

6. 根据鸡群状况，饲粮中添加助长剂及促进食欲的药物。

（七）43～56 日龄

1. 减少光照强度，使其运动降到最低限度。

2. 停用一切药物。

3. 饲粮中加喂富含黄色素饲料或饲料添加剂—着色素。

4. 联系送鸡出栏，做好出栏的准备工作。

5. 出栏前 10 小时，撤出饲槽。抓鸡入笼时，装卸要小心，防止外伤。

第四节　肉鸡的无公害饲养

一、无公害鸡肉的概念及特征

（一）无公害鸡肉的概念

无公害鸡肉是指在肉鸡生产过程中，鸡场、鸡舍内外周围环境中空气、水质等符合国家有关标准要求，整个饲养过程严格按照饲料、兽药使用准则、兽医防疫准则以及饲养管理规范，生产出得到法定部门检验和认证合格获得认证证书并允许使用无公害农产品标志的活鸡、屠宰鸡或者经初加工的分割鸡肉，冷冻鸡肉等。

（二）无公害鸡肉的特征

1. 强调鸡肉产品出自最佳生态环境　无公害鸡肉的生产从肉鸡饲养生态环境入手，通过对鸡场周围及鸡舍内的生态环境因子严格监控，判定其是否具备生产无公害鸡肉产品的基础条件。

2. 对产品实行全程质量控制　在无公害鸡肉生产实施过程中，从产前环节的饲养环境监测和饲料、兽药等投入品的检测；产中环节具体饲养规程、加工操作规程的落实，以及产后环节产品质量、卫生指标、包装、保鲜、运输、储藏、销售控制，确保生产出的鸡肉质量，并提高整个生产过程的技术含量。

3. 对生产的无公害鸡肉依法实行标志管理　无公害农产品

标志是一个质量证明商标，属知识产权范畴，受《中华人民共和国商标法》保护。

二、生产无公害鸡肉的意义

（一）我国目前生产的鸡肉等动物性食品的安全现状

所谓动物性食品安全，是指动物性食品中不应含有可能损害或威胁人体健康的因素，不应导致消费者急性或慢性毒害或感染疾病，或产生危及消费者及其后代健康的隐患。

纵观近年来我国养鸡业的发展，鸡肉产品安全问题已成为生产中的一个主要矛盾。兽药、饲料添加剂、激素等的使用，虽然为养鸡生产的鸡肉、禽蛋数量增长发挥了一定作用，但同时也给养鸡产品安全带来了隐患，鸡肉产品中因兽药残留、激素残留和其他有毒有害物质超标造成的餐桌污染时有发生。

1. 滥用或非法使用兽药及违禁药品　在生产中，滥用或非法使用兽药及违禁药品，使生产出的鸡肉产品中兽药残留超标，当人们食用了残留超标的鸡肉产品后，会在体内蓄积，产生过敏、畸形、癌症等不良症状，直接危害人体的健康及生命。

对人体影响较大的兽药及药物添加剂主要有抗生素类（青霉素类、四环素类、大环内脂类、氯霉素等），合成抗菌素类（呋喃唑酮、乙醇、恩诺沙星等）、激素类（己烯雌酚、雌二醇、丙酸睾丸酮等）、肾上腺皮质激素、β-兴奋剂（瘦肉精）、杀虫剂等。从目前看，鸡蛋、鸡肉里的残留主要来源于三方面：一是来源于饲养过程，有的养鸡户及养殖场为了达到防疫治病，减少死亡的目的，实行药物与饲料同步；二是来源于饲料，目前饲料中常用的添加药物主要有 4 种：防腐剂、抗菌剂、生长剂和镇静剂，其中任何一种添加剂残留于鸡体内，通过食物链，均会对人体产生危害；三是加工过程的残留，目前部分鸡肉产品加工经营者在加工贮藏过程中，为使鸡肉产品鲜亮好看，非法使用一些硝、漂白粉或色素、香精等，有的加工产品为延长产品货架期，添加抗生素以达到灭菌的目的。

2. 存在于鸡肉产品中的稀性有害物质及生物性有毒物质 如铅、汞、镉、砷、铬等化学物质危害人体健康。这些有毒物质，通过动物性食品的聚集作用使人体中毒。

3. 某些人畜共患病的影响 养鸡生产中的一些人畜共患病对人体也有严重的危害。

（二）生产无公害鸡肉的重要性

1. 是提高产品价格，增加农民收入的需要 无公害鸡肉产品的生产不是传统养鸡业的简单回归，而是通过对生产环境的选择，以优良品种、安全无残留的饲料、兽药的使用以及科学有效的饲养工艺为核心的高科技成果组装起来的一整套生产体系。肉鸡无公害生产可使生产者在不断增加投入的前提下获得较好的产量和质量，目前国内外市场对鸡肉无公害产品的需求十分旺盛，销售价格也很可观。因此，大力发展鸡肉无公害产品是农民增收和脱贫致富的有效途径之一。

2. 是保护人们身体健康、提高生活水平的需要 目前市场上出售的鸡肉产品以药残超标为核心的质量问题已成为人们关注的热点，因此，无公害鸡肉产品的上市可满足消费者的需求，进而增强人们的身心健康。

3. 是提高产品档次，增加产品国际竞争力的需要 我国已成为WTO的一员，开发无公害的绿色鸡肉产品，提高鸡肉产品的质量，使更多的鸡肉产品打入国际市场，发展创汇养鸡业，具有十分重要的意义。

4. 是维护生态环境条件与经济发展协调统一，促进我国家养鸡业可持续发展的需要 实践证明，开发无公害农产品可以促进我国保证农业可持续发展。我们不能沿袭以牺牲环境和损耗资源为代价发展经济的老路，必须把农业生产纳入到控制工业污染、减少化学投入为主要内容的资源和环境可持续利用的基础上。这样才能保证环境保护和经济发展的协调统一。

三、影响无公害鸡肉生产的因素

影响无公害鸡肉生产的因素主要是由于工农业生产造成的环境污染、肉鸡饲养过程中不规范使用兽药、饲料添加剂以及销售、加工过程的生物、化学污染，导致产品有毒有害物质的残留。

（一）抗生素残留

抗生素残留是指因鸡在接受抗生素治疗或食入抗生素饲料添加剂后，抗生素及其代谢物在鸡体组织及器官内蓄积或贮存。抗生素在改善鸡的某些生产性能或者防治疾病中，起到了一定的积极作用，但同时也带来了抗生素的残留问题，残留的抗生素进入人体后具有一定的毒性反应，如病菌耐药性增加以及产生过敏反应等。

（二）激素残留

激素残留是指家禽生产中应用激素饲料添加剂，以促进鸡体生长发育、增加体重和肥育，从而导致鸡肉产品中激素的残留。这些激素多为性激素、生长激素、甲状腺素和抗甲状腺素及兴奋剂等。这些药物残留后可产生致癌作用及激素样作用等，对人体产生伤害。β-兴奋剂在肉鸡饲养上有促生长作用，曾一度为许多养殖户大量使用，但同时β-兴奋剂使人表现为心动过速、肌肉震颤、心悸和神经过敏等不良症状。

（三）致癌物质残留

凡能引起动物或人体的组织、器官癌变形成的任何物质称致癌物质。目前受到人的关注的能污染食品致癌物质主要是曲霉素、苯并芘、亚硝胺、多氯联苯等。这些致癌物质表现为：一是不良饲料饲喂鸡后在组织中蓄积或引起中毒；二是产品在加工及贮存过程中受到污染；三是因使用添加剂不合理而造成污染，如在鸡肉产品加工中使用硝酸盐或亚硝酸盐做增色剂等。

（四）有毒有害物质污染

有毒有害元素主要是指汞、镉、铅、砷、铬、氟等，这类元素在机体内蓄积，超过一定的量将对人与动物产生毒害作用，引起组织器官病变或功能失调等。在鸡的饲养过程中，鸡肉、鸡蛋中的有毒有害物质来源广泛：①自然环境因素，有的地区因地质地理条件特殊，在水和土壤及大气中某些元素含量过高，导致其在植物内积累，如生长在高氟地区的植物，其内含氟量过高。②在饲料中过量添加某些元素，以达到加快生长的目的，如在饲料中添加高剂量的铜、砷制剂等。③由于工业"三废"和农药化肥的大量使用造成的污染，如"水俣病"，是由于工业排放含镉和汞污水，通过食物链进入人体引起的。④产品加工、饲料加工、贮存、包装和运输过程中的污染，在使用机械、容器、管理及加入不纯的食品添加剂或辅料，均会导致有害元素的增加。

（五）农药残留

农药残留系指用于防治病虫害的农药在食品、畜禽产品中的残留；这些食品中农药残留进入人体后，可积蓄或贮存在细胞、组织、器官内。由于目前使用农药的量及品种在不断增加，加之有些农药不易分解，如六六六、滴滴涕等，使农作物（饲料原料）、畜禽、水产等动植物体内受到不同程度的污染，通过食物链的作用，危害人体的生命与健康。在养鸡生产中农药对鸡肉、鸡蛋的污染途径主要是通过饲料中的农药残留转移到鸡体上，在生产玉米、大麦、豆粕等饲料原料中不正确使用农药，易引起农药残留。由于有机氯农药在饲料中残留高，导致鸡肉、鸡蛋中的残留也相当高。

（六）养鸡生产中的环境污染问题

1. 生物病源污染　主要包括鸡场中的细菌、病毒、寄生虫，它们有的通过水源，有的通过空气传染或寄生于鸡只和人体，有的通过土壤或附着于农产品进入体内。

2. 恶臭的污染　养鸡场恶臭主要是将大量的含硫、含氮化合物或碳氧化合物排入大气与其他来源的同类化合物一起对人和动植物直接产生危害。

3. 鸡场排出的粪便污染　鸡场粪便污染水源，引起一系列综合危害，如：水质恶化不能饮用；水体富氧化造成鱼类等动植物的死亡；湖泊的衰退与沼泽化；沿海港湾的赤潮等等。不恰当使用粪便污水，也易引起土壤污染及食物中的硝酸盐、亚硝酸盐增加。

4. 蚊蝇滋生的污染　蚊蝇携带大量的致病微生物，对人和动物以及饲养鸡群造成潜在的危害。

四、无公害鸡肉生产的基本技术要求

(一) 科学选择场址

应选择地势较高、容易排水的平坦或稍有向阳坡度的平地。土壤未被传染病或寄生虫病的病原体污染，透气透水性能良好，能保持场地干燥。水源充足、水质良好。周围环境安静，远离闹市区和重工业区，提倡分散建场，不宜搞密集小区养殖。交通方便，电力充足。

建造鸡舍可根据养殖规模、经济实力等情况灵活搭建。其基本要求是：房顶高度 2.5 米，两侧高度 2.2 米，设对流窗，房顶向阳侧设外开天窗，鸡舍两头山墙设大窗或门，并安装排气扇。此设计可结合使用自然通风与机械通风，达到有效通风并降低成本的目的。

(二) 严格选雏

引进优质高产的肉、蛋种禽品种，选择适合当地生长条件的具有高生产性能，抗病力强，并能生产出优质后代的种禽品种，净化种禽，防止疫病垂直传播。

严格选雏，确保雏鸡健壮，抗病性强，生产潜力大。

(三) 严格用药制度

采用环保型消毒剂，勿用毒性杀虫剂和毒性灭菌（毒）、防腐药物。

加强药品、添加剂的购入，分发使用的监督指导。严格执行国家《饲料和饲料添加剂管理条例》和《兽药管理条例及其实施细则》，从正规大型规范厂家购入药品和添加剂，以防止滥用。药品的分发、使用须由兽医开具处方，并监督指导使用，以改善体内环境，增加抵抗力。

兽用生物制品购入、分发、使用，必须符合国家《兽用生物制品管理办法》。

统一规划，合理建筑鸡舍，保证利于实施消毒隔离，统一生物安全措施与卫生防疫制度。

（四）强化生物安全

鸡舍内外、场区周围要搞好环境卫生。舍内垫料不宜过脏、过湿，灰尘不宜过多，用具安置要有序，经常杀灭舍内外蚊蝇。场区内要铲除杂草，不能乱放死鸡、垃圾等，保持经常性良好的卫生状况。场区门口和鸡舍门口要设有烧碱消毒池，并经常保持烧碱的有效浓度，进出场区或鸡舍要脚踩消毒水，杀灭由鞋底带来的病菌。饲养管理人员要穿工作服，鸡场限制外人参观，更不准运鸡车进入。

（五）规范饲养管理

1. 加强饲养管理　改善舍内小气候，提供舒适的生产环境，重视疾病预防以及早期检测与治疗工作，减少和杜绝禽病的发生，减少用药。

根据各周龄鸡特点提供适宜的温度、湿度。

提供舍内良好的空气质量，充分做好通风管理，改善舍内小气候，永远记住通风良好是保证养好鸡的前提。

2. 光照与限饲　根据鸡的生物钟、生长规律及其发病特点，制订科学光照程序与限饲程序，用不同养分饲喂不同生长发育阶段的鸡，以使日粮养分更接近鸡的营养需要，并可提高饲料转化率。

（六）环保绿色生产

垫料采用微生态制剂喷洒处理，再以后每周处理一次，同时每周用硫酸氢钠撒一次，以改变垫料酸碱的环境，抑制有害菌孳生，提高机体抵抗力。

合理处理和利用生产中所产生的废弃物，固体粪便经无害化处理成复合有机肥，污水须经不少于6个月的封闭体系发酵后施放。

（七）使用绿色生产饲料

1. 严把饲料原料关　要求种植生产基地生态环境优良，水质未被污染，远离工矿，大气也未被化工厂污染，收购时要严格检测药残、重金属及霉菌毒素等。

2. 饲料配方科学　营养配比要考虑各种氨基酸的消化率和磷的利用率，并注意添加合成氨基酸以降低饲料蛋白质水平，这样既符合家禽需要量，又可减少养分排泄。

3. 注意饲料加工、贮存和包装运输的管理　包装和运输过程中严禁污染，料中严禁添加激素、抗生素、兽药等添加剂，并严格控制各项生产工艺及操作规程，严格控制饲料的营养与卫生品质，确保生产出安全、环保型绿色饲料。

4. 科学使用无公害的高效添加剂　如微生态制剂、酶制剂、酸制剂、植物性添加剂、生物活性肽及高利用率的微量元素，调节肠道菌群平衡和提高消化率，促进生长，改善品质，降低废弃物排出，以减少兽药、抗生素、激素的使用，减少疾病发生。

重点难点提示

肉用仔鸡饲养管理技术，影响无公害鸡肉生产的因素、无公害鸡肉生产的基本技术要求。

第六讲
鸡常见病及防治

本讲目的

1. 让读者了解了鸡病的感染、发病规律。

2. 让读者了解、掌握肉鸡的投药方法和免疫措施。

3. 让读者掌握一些鸡病的防治措施。

疫病是养鸡之大敌，疫病的发生不仅影响鸡群的生长发育和产蛋量，而且某些传染病还会引起鸡群的大批死亡，造成重大经济损失。因此，做好鸡群疫病防治工作是养鸡生产的重要环节之一。

第一节　鸡病的感染与预防

一、传染病的感染与发病

（一）感染的类型

某种病原微生物侵入鸡体后，必然引起鸡体防卫系统的抵抗，其结果必然出现以下 3 种情况：一是病原微生物被消灭，没有形成感染；二是病原微生物在鸡体内的一定部位定居并大量繁殖，引起病理变化和症状，也就是引起发病，称为显性感染；三是病原微生物与鸡体内防卫力量处于相对平衡状态，病原微生物能够在鸡体某些部位定居，进行少量繁殖，有时也引起比较轻微的病理变化，但没有引起症状，也就是没有引起发病，称为隐性感染。有些隐性感染的鸡是健康带菌、带毒者，会较长期地排出病菌、病毒，成为易被忽视的传染源。

（二）发病过程

显性感染的过程，可分为以下四个阶段。

1. 潜伏期　病原微生物侵入鸡体后，必须繁殖到一定数量才能引起症状，这段时间称为潜伏期。潜伏期的长短，与入侵的病原微生物毒力、数量及鸡体抵抗力强弱等因素有关。例如鸡新城疫的潜伏期，一般为 3～5 天，最大范围为 2～15 天。

2. 前驱期　此时是鸡发病的征兆期，表现出精神不振，食欲减退、体温升高等一般症状，尚未表现出该病特征性症状。前驱期一般只有数小时至 1 天多。某些最急性的禽霍乱等，没有前驱期。

3. 明显期　此时鸡的病情发展到高峰阶段，表现出病的特征性症状。前驱期与明显期合称为病程。急性传染病的病程一般为数天至 2 周左右。慢性传染病则可达数月。

4. 转归期　即病情发展到结局阶段，病鸡有的死亡，有的恢复健康。康复鸡在一定时期内对该病具有免疫力，但体内仍残存并向外排放该病的病原微生物，成为健康带菌或带毒鸡。

二、预防鸡病的基本措施

实践证明，鸡群疫病的预防必须从两方面入手，一是加强饲养管理，即合理饲养，精心照料，提高鸡群的健康水平，适时免疫接种，使之不发病或少发病；二是搞好环境卫生，消灭传染源，切断传染途径，防止疫病侵袭和传播。

为了预防鸡群发病，在饲养管理上要做好以下几项工作。

（一）实行科学的饲养管理

按饲养标准设计饲粮配方，精心照料鸡群，增强鸡的体质，提高鸡群的抗病能力。

（二）实行"全进全出制"

坚持自繁自养，如必须从外场进鸡时，应隔离饲养观察一个月，经检查无病方可入群。

（三）防止外来人员传播疫病

谢绝外来人员进场参观，工作人员不要串舍，进场进舍要更衣换鞋消毒。

（四）防止各种鸟兽传播疫病

防止猫、狗等动物进入鸡舍，要做好防鼠灭鼠工作。

（五）防止昆虫传播疫病

要采取各种有效措施，做好灭蝇灭蚊工作。

（六）防止饲料、用具等传播疫病

鸡舍内各种用具要固定使用，不要相互借用；避免从有传染病的地区和鸡群发病的邻场调入或串换饲料。

（七）做好鸡舍卫生消毒工作

鸡场和鸡舍的进出口都应设置消毒池，在池内经常保持有效的消毒药物，以便人员车辆出入消毒。孵化用具也要经常消毒。

（八）定期进行预防接种

具体免疫程序见各种疫病的防治部分。

（九）进行预防性投药

鸡的抗病力差，且一旦发病就难以控制。因此，鸡群的预防性投药非常重要，以便做到有备无患。投药时，要注意用药期不要太长，准确掌握药量，并注意各种抗菌类药物交替使用，以免病源菌产生抗药性。

鸡场一旦发现传染病，必须按照"早、快、严、小、扑"的原则，及时诊断，严格封锁，隔离病鸡，迅速扑灭。病死鸡尸体要烧毁或深埋。

第二节　鸡的投药与免疫

一、鸡的投药方法

在养鸡生产中，为了促进鸡群生长、预防和治疗某些疾病，经常需要进行投药。鸡的投药方法很多，大体上可分为三类，即全群投药法、个体给药法和种蛋给药法。

（一）全群投药

1. 混水给药　混水给药就是将药物溶解于水中，让鸡自由饮用。此法常用于预防和治疗鸡病，尤其是适用于已患病、采食量明显减少而饮水状况较好的鸡群。投喂的药物应该是较易溶于水的药片、药粉和药液，如高锰酸钾、四环素、卡那霉素、北里霉素、磺胺二甲基嘧啶、亚硒酸钠等。

2. 混料给药　混料给药就是将药物均匀混入饲料中，让鸡吃料时能同时吃进药物。此法简便易行，切实可靠，适用于长期投药，是养鸡中最常用的投药方式。适用于混料的药物比较多，尤其对一些不溶于水而且适口性差的药物，采用此法投药更为恰当，如土霉素、复方新诺明、氯苯胍、微量元素、多种维生素、鱼肝油等。

3. 气雾给药　气雾给药是指让鸡只通过呼吸道吸入或作用于皮肤黏膜的一种给药方法。这里只介绍通过呼吸道吸入方式。由于鸡肺泡面积很大，并具有丰富的毛细血管，因而应用此法给药时，药物吸收快，作用出现迅速，不仅能起到局部作用，也能经肺部吸收后作用于全身。

4. 外用给药　此法多用于鸡的外表，以杀灭体外寄生虫或微生物，也常用于消毒鸡舍、周围环境和用具等。

（二）个体给药法

1. **口服法**　若是水剂，可将定量药液吸入滴管滴入喙内，让鸡自由咽下。其方法是助手将鸡抱住，稍抬头，术者用左手拇指和食指抓住鸡冠，使喙张开，用右手把滴管药液滴入，让鸡咽下；若是片剂，将药片分成数等份，开喙塞进即可；若是粉剂，可溶于水的药物按水剂服给，不溶于的药物，可用黏合剂制成丸，塞进喙内即可。

2. **静脉注射法**　此法可将药物直接送入血液循环中，因而药效发挥迅速，适用于急性严重病例和对药量要求准确及药效要求迅速的病例。另外，需要注射某些刺激性药物及高渗溶液时，也必须采用此法，如注射氯化钙、肿剂等。

静脉注射的部位是翼下静脉基部。其方法是：助手用左手抱定鸡，右手拉开翅膀，让腹面朝上。术者左手压住静脉，使血管充血，右手握好注射器将针头刺入静脉后顺好，见回血后放开左手，把药液缓缓注入即可。

3. **肌肉注射法**　肌肉注射法的优点是药物吸收速度较快，药物作用的出现也比较稳定。肌肉注射的部位有翼根内侧肌肉、胸部肌肉和腿部外侧肌肉。

（1）胸肌注射　术者左手抓住鸡两翼根部，使鸡体翻转，腹部朝上，头朝术者左前方。

右手持注射器，由鸡后方向前，并与鸡腹面保持 45°角，插入鸡胸部偏左侧或偏右侧的肌肉约 1～2 厘米（深度依鸡龄大小而定），即可注射。胸肌注射法要注意针头应斜刺肌肉内，不得垂直深刺，否则会损伤肝脏造成出血死亡。

（2）翼肌注射　如为大鸡，则将其一侧翅向外移动，即露出翼根内侧肌肉。如为幼雏，可将鸡体用左手提住，一侧翅翼夹在食指与中指中间，并用拇指将其头部轻压，右手握注射器即可将药物注入该部肌肉。

（3）腿肌注射　一般需有人保定或术者呈坐姿，左脚将鸡两翅踩住，左手食、中、拇指固定鸡的小腿（中指托，拇、食指压），右手握注射器即可进行肌肉注射。

（4）嗉囊注射　要求药量准确的药物（如抗体内寄生虫药物），或对口咽有刺激性的药物（如四氯化碳），或对有暂时性吞咽障碍的病鸡，多采用此法。其操作方法是：术者站立，左手提起鸡的两翅，使其身体下垂，头朝向术者前方。右手握注射器针头由上向下刺入鸡的颈部右侧、离左翅基部 1 厘米处的嗉囊内，即可注射。最好在嗉囊内有一些食物的情况下注射，否则较难操作。

（三）种蛋及鸡胚给药法

此种给药法常用于种蛋的消毒和预防各种疾病，也可治疗胚胎病。常用的方法有熏蒸法、浸泡法等。

二、鸡的免疫接种

鸡的免疫接种，是将疫苗（或菌苗）用特定方法接种于鸡体，使鸡在不发病的情况下产生抗体，从而在一定时期内对某种传染病具有抵抗力。

疫苗和菌苗是用毒力（即致病力）较弱或已被处理致死的病毒、细菌制成的。用病毒制成的叫疫苗，用细菌制成的叫菌苗，现统称为疫苗。含活的病毒、细菌的叫弱毒苗，含死的病毒、细菌的叫灭活苗。疫苗和菌苗按规定方法使用没有致病性，但有良好的抗原性。

（一）疫苗的保存、运输与使用

1. 疫苗的保存　各种疫（菌）苗在使用前和使用过程中，必须按说明书上规定的条件保存，绝不能马虎大意。一般活菌苗要保存在 $2 \sim 15℃$ 的阴暗环境内，但对弱毒疫苗，则要求低温保存。有些疫苗，如双价马立克氏病疫苗，要求在液氮容器中超低温（$-190℃$）条件下保存。这种疫苗对常温非常敏感，离开超低温环境几分钟就失效，因而应随用随取，不能取出来再放回。

一般情况下，疫（菌）苗保存期越长，病毒（细菌）死亡越多，因此要尽量缩短保存期限。

2. **疫苗的运输**　疫苗运输时，通常都达不到低温的要求，因而运输时间越长，疫苗中的病毒或细菌死亡越多，如果中途再转运几次，其影响就会更大。所以，在运输疫苗时，一方面应千方百计降低温度，如采用保温箱、保温筒、保温瓶等，另一方面要利用航空等高速度的运输工具，以缩短运转时间，提高疫（菌）苗的效力。

3. **疫苗的稀释**　各种疫苗使用的稀释剂、稀释倍数及稀释方法都有一定的要求，必须严格按规定处理。否则，疫苗的滴度就会下降，影响免疫效果。例如，用于饮水的疫苗稀释剂，最好是用蒸馏水或去离子水，也可用洁净的深井水，但不能用自来水，因为自来水中的消毒剂会杀死疫苗病毒。又如用于气雾的疫苗稀释剂，应该用蒸馏水或去离子水，如果稀释水中含有盐，雾滴喷出后，由于水分蒸发，盐类浓度提高，会使疫苗灭活。如果能在饮水或气雾的稀释剂中加入0.1%的脱脂奶粉，会保护疫苗的活性。在稀释疫苗时，应用注射器先吸入少量稀释液注入疫苗瓶中，充分振摇溶解后，再加入其余的稀释液。如果疫苗瓶太小，不能装入全量的稀释液，需要把疫苗吸出放在另一容器内，再用稀释液把疫苗瓶冲洗几次，使全部疫苗所含病毒（或细菌）都被冲洗下来。

4. **疫苗的使用**　疫苗在临用前由冰箱取出，稀释后应尽快使用。一般来说，活毒疫苗应在4小时内用完，马立克氏病疫苗应在半小时内用完。当天未能用完的疫苗应废弃，并妥善处理，不能隔天再用。疫苗在稀释前后都不应受热或晒太阳，更不许接触消毒剂。稀释疫苗的一切用具，必须洗涤干净，煮沸消毒。混饮苗的容器也要洗干净，使之无消毒药残留。

（二）免疫程序的制订

有些传染病需要多次进行免疫接种，在鸡的多大日龄接种第一次，什么时候再接种第二次、第三次，称为免疫程序。单独一种传染病的免疫程序，见后面关于该病的叙述；一群鸡从出壳至开产的综合免疫程序，要根据具体情况先确定对那几种病进行免疫，然后合理安排。制定免疫程序时，应主要考虑以下几个方面的因素：当地家禽疾病的流行情况及严重程度；母源抗体的水平；上次免疫接种引起的残余抗体的水平；鸡的免疫应答能力；疫苗的种类；免疫接种的方法；各种疫苗接种的配合；免疫对鸡群健康及生产能力的影响等。肉用种鸡的免疫程序可参见表6-1。

表6-1　肉用种鸡计划免疫程序

接种日龄	疫苗（菌苗）名称	接种方法
1日龄	马立克氏病冻干疫苗	皮下注射
7日龄	新城疫、传染性气管炎二联疫苗	饮水、点眼、滴鼻
2周龄	禽流感疫苗首免	肌肉注射，具体操作可参照瓶签
3周龄	传染性法氏囊病疫苗	饮水
3周龄	鸡痘疫苗	翅膀刺种
4周龄	新城疫Ⅱ系疫苗	饮水、点眼、滴鼻
6周龄	禽流感疫苗免疫	肌肉注射
7周龄	新城疫、传染性气管炎二联疫苗	饮水、点眼、滴鼻
11周龄	传染性法氏囊病疫苗	饮水
13周龄	新城疫Ⅰ系疫苗	气雾、饮水
17周龄	脑脊髓炎、鸡痘二联疫苗	翅膀刺种
20周龄	新城疫、传染性气管炎、传染性法氏囊病三联疫苗	肌注
20/50周龄	禽流感疫苗免疫	肌肉注射
30/50周龄	新城疫、传染性气管炎二联疫苗	饮水、点眼、滴鼻
23周龄	鸡白疫检疫	采血化验琼脂扩散法

（三）免疫接种的常用方法

不同的疫苗、菌苗，对接种方法有不同的要求，归纳起来，主要有滴鼻、点眼、饮水、气雾、刺种、肌肉注射及皮下注射等几种方法。

1. **滴鼻、点眼法**　主要适用于鸡城新疫Ⅱ系、Ⅲ系、Ⅳ系疫苗、鸡传染性支气管炎疫苗及鸡传染性喉气管炎弱毒型疫苗的接种。

滴鼻、点眼可用滴管、空眼药水瓶或5毫升注射器（针尖磨秃），事先用1毫升水试一下，看有多少滴。2周龄以下的雏鸡以每毫升50滴为好，每只鸡2滴，每毫升滴25只鸡，如果一瓶疫苗是用于250只鸡的，就稀释成250÷25＝10毫升。比较大的鸡以每毫升25滴为宜，上述一瓶疫苗就要稀释成20毫升。

疫苗应当用生理盐水或蒸馏水稀释，不能用自来水，以免影响免疫接种效果。

滴鼻、点眼的操作方法：术者左手轻轻握住鸡体，其食指与拇指固定住小鸡的头部，右手用滴管吸取药液，滴入鸡的鼻孔或眼内，当药液滴在鼻孔上不吸入时，可用右手食指把鸡的另一只鼻孔堵住，药液便很快被吸入。

2. **饮水法**　滴鼻、点眼免疫接种虽然剂量准确，效果确实，但对于大群鸡，尤其是日龄较大的鸡群，要逐只进行免疫接种，费时费力，且不能在短时间内完成全群免疫，因而生产中采用饮水法，即将某些疫苗混于饮水中，让鸡在较短时间内饮完，以达到免疫接种的目的。

适用于饮水法的疫苗有鸡新城疫Ⅱ系、Ⅲ系、Ⅳ系疫苗，鸡传染性支气管炎 H_{52} 及 H_{120} 疫苗，鸡传染性法氏囊病弱毒疫苗等。

3. **翼下刺种法**　主要适用于鸡痘疫苗、鸡新城疫Ⅰ系疫苗的接种。进行接种时，先将疫苗用生理盐水或蒸馏水按一定倍数稀释，然后用接种针或蘸水笔笔尖蘸取疫苗，刺种于鸡翅膀内侧无血管处。小鸡刺种1针即可，较大的鸡可刺种2针。

4. **肌肉注射法**　主要适用于接种鸡新城疫Ⅰ系疫苗、鸡马立克氏病弱毒疫苗、禽霍乱 $G_{190}E_{40}$ 弱毒疫苗等。使用时，一般按规定倍数稀释后，较小的鸡每只注射 $0.2\sim0.5$ 毫升，成鸡每只注射1毫升。注射部位可选择胸部肌肉、翼根内侧肌肉或腿部外侧肌肉。

5. 皮下注射法　主要适用于接种鸡马立克氏病弱毒疫苗、鸡新城疫Ⅰ系疫苗等。接种鸡马立克氏病弱毒疫苗，多采用雏鸡颈背部皮下注射法。注射时先用左手拇指和食指将雏鸡颈背部皮肤轻轻捏住并提起，右手持注射器将针头刺入皮肤与肌肉之间，然后注入疫苗液。

6. 气雾法　主要适用于接种鸡新城疫Ⅰ系、Ⅱ系、Ⅲ系、Ⅳ系疫苗和鸡传染性支气管炎弱毒疫苗等。此法是用压缩空气通过气雾发生器，使稀释的疫苗液形成直径为1～10微米的雾化粒子，均匀地悬浮于空气中，随呼吸而进入鸡体内。

> **重点难点提示**
>
> 鸡群投药方法、鸡群免疫接种常用方法。

第三节　鸡常见病及防治

一、鸡的传染病

(一) 鸡新城疫

鸡新城疫是由鸡新城疫病毒引起的一种急性、烈性传染病。

1. 流行特点　所有的鸡均可感染，雏鸡和育成鸡感受性高，但1周龄之内的幼雏由于母源抗体的存在很少发病。在没有免疫接种的鸡群或接种失败的鸡群一旦传入本病，常为暴发性流行，而在免疫不均或免疫力不强的鸡群多呈慢性经过。鸭、鹅虽可感染，但抵抗力较强，很少引起发病。本病可发生在任何季节，但以春秋两季多发，夏季较少。本病的主要传染源是病鸡，经消化道和呼吸道感染。

2. 临床症状　根据临床表现和病程长短可分为急性型和慢

性型。急性型病鸡表现突然减食或废食，饮欲增加。精神萎靡，不愿走动，羽毛松乱，闭目缩颈，离群呆立，反应迟钝；高度呼吸困难，伸颈张口，年龄愈小愈严重；部分病鸡出现神经症状，头颈歪斜或扭转（图6-1），排黄白色或绿色稀便，嗉囊内充满酸臭的液体。

图6-1　病鸡呼吸困难及神经症状

慢性型病例一般见于免疫接种质量不高或免疫有效期已到末尾的鸡群。主要表现为陆续有一些鸡发病，病情较轻而病程较长。病鸡主要表现为精神不振，食欲减退，产蛋量下降，有时呼气打喷嚏，气管发出啰音，排绿色稀便。

3.部检变化　病死鸡剖检可见口腔、鼻腔、喉气管有大量混浊黏液，黏膜充血、出血，偶尔有纤维性坏死点。嗉囊水肿，内部充满恶臭液体和气体。食道黏膜呈斑点状或条索状出血，腺胃黏膜水肿，腺胃乳头顶端出血，在腺胃与肌胃或腺胃与食管交界处有带状或不规则的出血斑点（图6-2），从腺胃乳头中可挤出豆渣样物质。

图6-2　病鸡腺胃乳头出血

肌胃角质膜下黏膜出血，有时见小米粒大出血点。十二指肠及整个小肠黏膜呈点状、片状或弥漫性出血，两盲肠扁桃体肿大、出血、坏死。气管内充满黏液，黏膜充血，有可见小血点。

4. 防治措施　本病迄今尚无特效治疗药物，主要依靠建立并严格执行各项预防制度和切实做好免疫接种工作，以防本病的发生。在生产中，对本病预防接种可参考如下免疫程序。即7～10日龄采用鸡新城疫Ⅱ系（或F系）疫苗滴鼻、点眼进行首免；25～30日龄采用鸡新城疫Ⅳ系苗饮水进行二免；70～75日龄采用鸡新城疫Ⅰ系疫苗肌肉注射进行三免；135～140日龄再次用鸡新城疫Ⅰ系疫苗肌肉注射接种免疫。

鸡群一旦暴发了鸡新城疫，可应用大剂量鸡新城疫Ⅰ系苗紧急接种，即用100倍稀释，每只鸡胸肌注射1毫升，3天后即可停止死亡。

（二）鸡马立克氏病

鸡马立克氏病是由B群疱疹病毒引起的鸡淋巴组织增生性传染病。

1. 流行特点　本病主要发生于鸡，有囊膜的完全病毒自病鸡羽囊排出，随皮屑、羽毛上的灰尘及脱落的羽毛散播，飘浮在空气中，主要由呼吸道侵入其他鸡体内，也能伴随饲料、饮水由消化道入侵。病鸡的粪便和口鼻分泌物也具有一定的传染力。

2. 临床症状　根据发病部位和临床症状可分为四种类型，即神经型、眼型、内脏型和皮肤型，有时也可混合发生。

（1）神经型　主要发生于3～4月龄的青年鸡，其特征是鸡的外周神经被病毒侵害，不同部分的神经受害时表现出不同的症状。当一侧或两侧坐骨神经受害时，病鸡一条腿或两条腿麻痹，步态失调，两条腿完全麻痹则瘫痪。较常见的是一条腿麻痹，当另一条正常的腿向前迈步时，麻痹的腿跟不上来，拖在后面，形成"大劈叉"姿势，并常向麻痹的一侧歪倒横卧（图6-3）。当臂神经受害时，病鸡一侧或两侧翅膀麻痹下垂。支配颈部肌肉的神经受害时，引起扭头、仰头现象。

图6-3　病鸡"大劈叉"姿势

（2）内脏型　幼龄鸡多发，死亡率高。病初无明显症状，逐渐呈进行性消瘦，冠髯萎缩，颜色变淡，无光泽，羽毛脏乱，行动迟缓。病后期精神萎靡，极度消瘦，最终衰竭死亡。

（3）眼型　单眼或双眼发病。表现为虹膜的色素消失，呈同心环状（以瞳孔为圆心的多层环状）、斑点状或弥漫的灰白色，俗称"灰眼"或"银眼"。瞳孔边缘不整齐，呈锯齿状，而且瞳孔逐渐缩小，最后仅有粟粒大，不能随外界光线强弱而调节大小。

（4）皮肤型　肿瘤大多发生于翅膀、颈部、背部、尾部上方及大腿的皮肤，表现为个别羽囊肿大，并以此羽囊为中心，在皮肤上形成结节，约有玉米至蚕豆大，较硬，少数溃破。

3. 剖检变化

（1）神经型　病变主要发生在外周神经的腹腔神经丛、坐骨神经、臂神经丛和内腔大神经。有病变的神经显著肿大，比正常粗2～3倍，外观灰白色或黄白色，神经的纹路消失。有时神经有大小不等的结节，因而神经粗细不均。病变多是一侧性的，与对侧无病变的或病变较轻的神经相比较，易做出诊断。

（2）内脏型　几乎所有的内脏器官都可发生病变，但以卵巢受侵害严重，其他器官的病变多呈大小不等的肿瘤块，灰白色，质地坚实。有时肿瘤组织浸润在脏器实质中，使脏器异常增大。心脏肿瘤突出于表面，呈芝麻至南瓜籽大，外形不规则，淡黄白色，较坚硬；腺胃壁被肿瘤组织浸润，使胃壁增厚2～3倍，腺胃外观胀大，质地较硬；母鸡卵巢发生肿瘤时，使整个卵巢胀大数倍至十几倍，有的达核桃大，呈菜花样，灰白色，质硬而脆；公鸡睾丸肿大十余倍，外观上睾丸与肿瘤混为一体，灰白色，较坚硬；肝脏由肿瘤组织浸润于实质中，使肝脏明显肿大，质脆，颜色变淡而深浅不匀；一侧或两侧肺上的肿瘤可达蛋黄大，灰白色，质硬，挤在肋骨窝或胸腔中；一侧或两侧肾脏发生肿瘤时，局部形成肿瘤病灶，肾的其他部分因肿瘤组织浸润而肿大、褪色。

(3) 眼型与皮肤型　剖检病变与临床表现相似。

4. 防治措施　本病目前尚无特效治疗药物，主要做好预防工作。在生产中，本病的预防接种应安排在雏鸡出壳24小时内，即在雏鸡出壳24小时内接种马立克氏病火鸡疱疹疫苗，若在2、3日龄进行注射，免疫效果较差，连年使用本苗免疫的鸡场，必须加大免疫剂量。

(三) 鸡传染性法氏囊炎

是由法氏囊炎病毒引起的一种急性、高度接触性传染病。

1. 流行特点　本病只有鸡感染发病，其易感性与鸡法氏囊发育阶段有关，2～15周龄易感，其中3～5周龄最易感，法氏囊已退化的成年鸡只发生隐性感染。其主要传染源是病鸡和隐性感染鸡，传播方式是高度接触传播，经呼吸道、消化道、眼结膜均可感染。本病发生后常继发球虫病和大肠杆菌病。

2. 临床症状　病鸡精神萎靡，闭眼缩头，畏冷挤堆，伏地昏睡，走动时步态不稳，浑身有些颤抖。羽毛蓬乱，颈肩部羽毛略呈逆立，食欲减退，饮水增加。排白色水样稀便，个别鸡粪便带血。少数鸡掉头啄自己的肛门，这可能是法氏囊痛痒的缘故。发病后期脱水，眼窝凹陷，脚爪与皮肤干枯，最后因衰竭而死亡。

3. 剖检变化　病毒主要侵害法氏囊。病初法氏囊肿胀，一般在发病后第4天肿至最大，约为原来的2倍左右。在肿胀的同时，法氏囊的外面有淡黄色胶样渗出物，纵行条纹变得明显，法氏囊内黏膜水肿、充血、出血、坏死。法氏囊腔蓄有奶油样或棕色果酱样渗出物。严重病例，因法氏囊大量出血，其外观呈紫黑色，质脆，法氏囊腔内充满血液凝块。发病后第 5 天法氏囊开始萎缩，第 8 天以后仅为原来的 1/3 左右。萎缩后黏膜失去光泽，较干燥，呈灰白色或土黄色，渗出物大多消失。

胸腿肌肉有条片状出血斑，肌肉颜色变淡。腺胃黏膜充血潮红，腺胃与肌胃交界处的黏膜有出血斑点，排列略呈带状，但腺胃乳头无出血点。

4. 预防措施　本病目前尚无特效治疗药物，主要做好预防工作。法氏囊炎弱毒苗对本病虽有一定的预防作用，但由于母源抗体的影响及亚型的出现，其效果不理想。最好是在种鸡产蛋前注射一次油佐剂苗，使其雏鸡在 20 日龄内能抵抗病毒的感染。雏鸡分别于 14 日龄和 32 日龄用弱毒苗饮水免疫。

5. 治疗方法

（1）全群注射康复血清或高免卵黄抗体 0.5～1 毫升，效果显著。

（2）禽菌灵粉拌料，每千克体重 0.6 克/天，连用 3～5 天。

（四）禽流感

是由 A 型禽流感病毒引起的一种急性、高度致死性传染病。

1. 流行特点　禽类中鸡与火鸡有高度的易感性，鸭和鹅不易感染。其主要传染源是病鸡和病尸，病毒存在于尸体血液、内脏组织、分泌物与排泄物中。主要传染途径是消化道，也可从呼吸道或皮肤损伤和黏膜感染，吸血昆虫也可传播本病毒。

2. 临床症状　急性病例病程极短，常突然死亡，没有任何临床症状。一般病程 1～2 天，可见病鸡精神萎靡，体温升高，不食，衰弱，羽毛松乱，不爱走动，头及翼下垂，闭目呆立，产蛋停止。冠、髯和眼周围呈黑红色，头部、颈部及声门出现水肿。结膜发炎、充血、肿胀、分泌物增多，鼻腔有灰色或红色渗出物，口腔黏膜有出血点，脚鳞出现紫色出血斑。有时见有腹泻，粪便呈灰、绿或红色。后期出现神经症状，头、腿麻痹，抽搐，甚至出现眼盲，最后极度衰竭，呈昏迷状态而死亡。

3. 剖检变化 头部呈青紫色，眼结膜肿胀并有出血点。口腔及鼻腔积存黏液，并常混有血液。头部、眼周围、耳和髯有水肿，皮下可见黄色胶冻样液体。颈部、胸部皮下均有水肿，血管充血。胸部肌肉、脂肪及胸骨内面有小出血点。口腔及腺胃黏膜、肌胃和肌质膜下层、十二指肠出血，并伴有轻度炎症。腺胃与肌胃衔接处呈带状或球状出血，腺胃乳头肿胀。鼻腔、气管、支气管黏膜以及肺脏可见出血。腹膜、肋膜、心包膜、心外膜、气囊及卵黄囊均见有出血充血。卵巢萎缩，输卵管出血。肝脏肿大、淤血，有的甚至破裂。

4. 防治措施 本病目前尚无特效治疗药物，主要做好预防工作。在本病多发地区可进行疫苗预防接种。

(五) 鸡痘

是由鸡痘病毒引起的一种急性、热性传染病。

1. 流行特点 各种年龄的鸡都有易感性。一年四季均可发生，但一般秋季和冬初发生皮肤型鸡痘较多，在冬季则以白喉型鸡痘常见。环境条件恶劣，饲料中缺乏维生素等均可促使本病发生。

2. 临床症状 根据患病部位不同主要分为 3 种类型，即皮肤型、黏膜型和混合型。

(1) 皮肤型 是最常见的病型，多发生于幼鸡，病初在冠、髯、口角、眼睑、腿等处，出现红色隆起的圆斑，逐渐变为痘疹（图6-4），初呈灰色，后为黄灰色。经1～2 天后形成痂皮，然后周围出现

图 6-4 病鸡冠、肉髯、
喙角有痘疹

瘢痕，有的不易愈合。眼睑发生痘疹时，由于皮肤增厚，使眼睛完全闭全。病情较轻不引起全身症状，较严重时，则出现精神不振，体温升高，食欲减退，成鸡产蛋减少等。

（2）黏膜型 多发生于青年鸡和成年鸡。症状主要在口腔、咽喉和气管等黏膜表面。病初出现鼻炎症状，从鼻孔流出黏性鼻液，2～3天后先在黏膜上生成白色的小结节，稍突起于黏膜表面，以后小结节增大形成一层黄白色干酪样的伪膜，这层伪膜很像人的"白喉"，故又称白喉型鸡痘。如用镊子撕去伪膜，下面则露出溃疡灶。病鸡全身症状明显，精神萎靡，采食与呼吸发生障碍，脱落的伪膜落入气管可导致窒息死亡。

（3）混合型 有些病鸡在头部皮肤出现痘疹，同时在口腔出现白喉病变。

3. 剖检变化 与临床症状相似。除皮肤和口腔黏膜的典型病变外，口腔黏膜病变可延伸至气管、食道和肠。肠黏膜可出现小点状出血，肝、脾、肾常肿大，心肌有时呈实质变性。

4. 预防措施 本病可用鸡痘疫苗接种预防。10日龄以上的雏鸡都可以刺种，免疫期幼雏2个月，较大的鸡5个月，刺种后3～4天，刺种部位应微现红肿，结痂，经2～3周脱落。

5. 治疗方法 对病鸡可采取对症疗法。皮肤型的可用消毒好的镊子把患部痂膜剥离，在伤口上涂一些碘酒或胆紫；黏膜型的可将口腔和咽部的假膜斑块用小刀小心剥离下来，涂抹碘甘油（碘化钾10克，碘片5克，甘油20毫升，混合搅拌，再加蒸馏水至100毫升）。剥下来的痂膜烂斑要收集起来烧掉。眼部内的肿块，用小刀将表皮切开，挤出脓液或豆渣样物质，使用2%硼酸或5%蛋白银溶液消毒。

除局部治疗外，每千克饲料加土霉素2克，连用5～7天，防止继发感染。

（六）鸡传染性支气管炎

是由传染性支气管炎病毒引起的一种急性、高度接触性呼吸道疾病。

1. 流行特点　本病在自然条件下只有鸡感染，各种年龄、品种的鸡均可发病，以雏鸡最为严重，死亡率也高，成年鸡发病后产蛋率急剧下降，而且难以恢复。发病季节主要在秋末和早春。

本病主要传染源是病鸡和康复后的带毒鸡，主要通过呼吸道传染，鸡群拥挤、过冷、通风不良等均可诱发本病。

2. 临床症状　病鸡无明显的前兆，常常表现为突然发病，出现呼吸道症状，并迅速波及全群。幼龄鸡表现伸颈，张口喘息，咳嗽，有特殊的呼吸声响，尤以夜间听得更为清楚。随着病程的发展，全身症状加重，精神萎靡，食欲废绝，羽毛松乱，翅膀下垂，昏睡，怕冷，常挤在一起。两周龄以内的病雏鸡，还常见鼻窦肿胀，流出黏液性鼻液，流泪，眼圈周围湿润，鸡体逐渐消瘦。

两月龄以上的成鸡发病时，主要表现为呼吸困难，咳嗽，气管有杂音，成鸡产蛋量下降，蛋壳褪色，同时产软壳蛋、畸形蛋和粗壳蛋（图6-5），外层蛋白稀薄如水，扩散面很大。

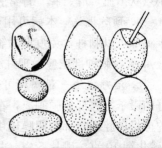

3. 剖检变化　鼻孔、窦道及气管有卡他性炎症，气管下部和气管中部可见干酪状物质或呈混浊状，肺充血、水肿。雏鸡输卵管萎

图6-5　病鸡产的软壳蛋、砂壳蛋、薄壳蛋和畸形蛋

缩变短，出现肥厚、粗短、局部坏死等；成鸡正在发育的卵泡充血、出血，有的萎缩变形。肾脏肿大、苍白，肾小管因尿酸盐沉积而变粗，心脏、肝脏表面也沉积尿酸盐，似一层白霜，泄殖腔内常有大量石膏样尿酸盐。

4. 预防措施　接种鸡传染性支气管炎弱毒苗可参考以下免

疫程序：7～10日龄用 H_{120} 与新城疫Ⅱ系苗混合滴鼻点眼，或用 H_{120} 与新城疫Ⅳ系苗混合饮水；35日龄用 H_{52} 饮水，这次免疫也可与新城疫Ⅱ系或Ⅳ系苗混用；135日龄前后用 H_{52} 饮水。如此时注射新城疫Ⅰ系苗，可在同一天进行。

5.治疗方法　本病无特效治疗方法，发病后应用一些广谱抗生素可防止细菌合并症或继发感染。

（1）用等量的青霉素、链霉素混合，每只雏鸡每次滴2 000～5 000国际单位于口腔中，连用3～4天。

（2）用氨茶碱片内服，体重0.25～0.5千克者，每次用0.05克；0.75～1千克者用0.1克；1.25～1.5千克者用0.15克，每天1次，连用2～3天，有较好疗效。

（3）用病毒灵1.5克、板蓝根冲剂30克，拌入1千克饲料内，任雏鸡自由采食。

（七）鸡传染性喉气管炎

鸡传染性喉气管炎，是由疱疹病毒引起的一种急性呼吸道传染病。

1.流行特点　本病各种年龄的鸡均可感染，但通常只有成年鸡和大龄青年鸡才表现出典型症状。主要通过呼吸道传染，鸡舍过分拥挤、通风不良、饲养管理不当、寄生虫感染、饲料中维生素A缺乏及接种疫苗等，均可诱发本病，并使死亡率增高。

2.临床症状　病初有鼻液流出，半透明状，流眼泪。伴有结膜炎。其后表现出特征性呼吸道症状，呼吸时发出湿性啰音、咳嗽，有喘鸣音；病鸡蹲伏地面，每次吸气时头和颈伸向前上方，张口，作尽力吸气姿势（图6-6）；呼吸极度困难。鼻孔中有分泌物；口

图6-6　病鸡吸气时姿势

腔深部见有淡黄色干酪样物质附着。后期鸡冠变为紫色，常因气管内积有黏液而窒息死亡。

3. 剖检变化　病变主要在喉部和气管，气管黏膜充血，喉头肿胀出血；病程较长的病鸡气管有多量黄白色凝固状物质蓄积或堵塞。

4. 防治措施　本病目前尚无特效疗法，只能加强预防和对症治疗。在本病流行的早期如能做出正确诊断，立即对尚未感染的鸡群接种疫苗，可以减少死亡。但接种疫苗可以造成带毒鸡，因而在未发生过本病的地区，不宜进行疫苗接种。疫苗有两种，一种采用有毒的病株制成的，用小棉球将疫苗直接涂在泄殖腔黏膜即可（防止沾污呼吸道组织）。另一种是用致弱的病毒株制成，现已广泛应用，通过接种毛囊、滴鼻或点眼等途径都能产生良好免疫力。

（八）鸡传染性脑脊髓炎

是由鸡脑脊炎病毒引起的一种中枢神经损害性传染病。

1. 流行特点　本病主要发生于鸡，各种年龄的鸡均可感染，但一般雏鸡在 1～2 日龄易感，7～14 日龄为最易感期。此外，火鸡、鹌鹑和野鸡也能经自然感染而发病。

本病一年四季均可发生，但主要集中在冬春两季。

本病既可水平传播，又能垂直传播。水平传播包括病鸡与健康鸡同居接触传染、出雏器内病雏与健雏接触传染以及媒介物（如污染的饲料、饮水等）在鸡群之间造成传染。由于该病毒可在鸡肠道内繁殖，因而病鸡的粪便对本病的传播更为重要。垂直传播是成年鸡感染病毒之后、产生抗体之前的短时期内，产生含病毒的蛋，孵出带病雏鸡。但是，康复鸡所产的蛋含有较高的母源抗体，可对雏鸡起到保护作用。

2. 临床症状　鸡群流行性脑脊髓炎潜伏期为 6～7 天，典型症状多出现于雏鸡。患病初期，雏鸡眼睛呆滞，走路不稳。由于肌肉运动不协调而活动受阻，受到惊扰时就摇摇摆摆地移动，有时可见头颈部呈神经性震颤。抓握病鸡时，也可感觉其全身震颤。随着病程发展，病鸡肌肉不协调的状况日益加重，腿部麻痹，以致不能行动，完全瘫痪。多数病鸡有食欲和饮欲，常借助翅力移动到食槽和饮水器边采食和饮水，但许多病重的鸡不能移动，因饥饿、缺水、衰弱和互相践踏而死亡，死亡率一般为10%～20%，最高可达50%。4周龄以上的鸡感染后很少表现症状，成年产蛋鸡可见产蛋量急剧下降，蛋重减轻，一般经15天后产蛋量尚可恢复。如仅有少数鸡感染时，可能不易察觉，然而在感染后2～3周内，种蛋的孵化率会降低，若受感染的鸡胚在孵化过程中不死，由于胎儿缺乏活力，多数不能啄破蛋壳，即使出壳，也常发育不良，精神萎靡，两腿软弱无力，出现头颈震颤等症状。但在母鸡具有免疫力后，其产蛋量和孵化率可能恢复正常。

3. 剖检变化　一般肉眼可见的剖检变化很不明显。一般自然发病的雏鸡，仅能见到脑部的轻度充血，少数病雏的肌胃肌层中散在有灰白区（这需在光线好并仔细检查才可发现），成年鸡发病则无上述变化。

4. 防治措施　本病目前尚无有效的治疗方法，应加强预防。

（1）在本病疫区，种鸡应于100～120日龄接种鸡传染性脑脊髓炎疫苗，最好用油佐剂灭活苗，也可用弱毒苗，以免病毒在鸡体内增强了毒力再排出，反而散布病毒。

（2）种鸡如果在饲养管理正常而且无任何症状的情况下产蛋突然减少，应请兽医部门作实验室诊断。若诊断为本病，在产蛋量恢复正常之前，或自产蛋量下降之日算起至少半个月以内，种蛋不要用于孵化，可作商品蛋处理。

（3）雏鸡已确认发生本病时，凡出现症状的雏鸡都应立即挑出淘汰，到远处深埋，以减轻同居感染，保护其他雏鸡。如果发病率较高，可考虑全群淘汰，消毒鸡舍，重新进雏。重新进雏时可购买原来那个种鸡场晚几批孵出的雏鸡，这些雏鸡已有母源抗体，对本病有抵抗力。

（九）鸡白血病

是由禽白血病病毒引起的一种慢性传染性肿瘤病。因为鸡白血病病毒与鸡肉瘤病毒具有一些共同的重要特征，所以习惯上把它们放在一起，称之为白血病/肉瘤群。鸡白血病有多种类型，如淋巴细胞性白血病、成红细胞性白血病、成髓细胞性白血病、骨髓细胞瘤、内皮瘤等。其主要特征为病鸡血细胞和血母细胞失去控制而大量增殖，使全身很多器官发生良性或恶性肿瘤，最终导致死亡或失去生产能力。本病流行面很广，其中以淋巴细胞性白血病的发病率最高，其他类型比较少见。

1. 流行特点　在自然感染条件下，本病仅发生于鸡，不同品种、品系鸡的易感性有一定差异。一般母鸡比公鸡易感，鸡的发病年龄多集中于 6～18 月龄以下，特别是 4 月龄以下很少发生，1 岁半以上也很少发生。

发病季节多为秋、冬、春季，这可能与鸡的日龄有关。饲料管理不良、球虫病及维生素缺乏症等，能促使本病发生。

本病的传染源是病鸡和带毒鸡，后者在本病传播中起重要作用。母鸡整个生殖系统都有病毒繁殖，并以输卵管的蛋白分泌部病毒浓度最高。所以，本病主要传播方式是垂直传播，接触传播不太重要。由于带毒鸡所产的种蛋携带病毒，其孵出的雏鸡也带毒，成为重要的传染源。

本病虽污染广泛，但发病率很低，一般呈个别散发，偶尔大量发病。

2. 临床症状与剖检变化

（1）淋巴细胞性白血病　通常又称大肝病，是常见的一种，潜伏期可达 14～30 周之久。自然病例常于 14 周龄后出现，性成熟期发病率最高。本病无特征性症状，仅可见鸡冠苍白、皱缩、偶有发绀，体质衰弱，进行性消瘦，下痢，腹部常增大，有时可摸到肿大的肝脏。肿瘤主要发生于脾脏、肝脏和法氏囊，也见于肾、肺、心、骨髓等。肿瘤可分为结节型、粟粒型、弥漫型和混合型4种。结节型从针尖到鸡卵大，单在或大量分布。肿瘤一般呈球形，也可为扁平型。粟粒型的结节直径在2毫米以下，常大量均匀分布于肝实质中。弥漫型肿瘤使器官均匀增大、增重好几倍，色泽灰白，质地变脆。法氏囊一般肿大，并可见多发性肿瘤。

（2）成红细胞性白血病　本病有增生型和贫血型两种。增生型较常见，特征是血液中红细胞明显增多；贫血型的特征是显著贫血，血液中未成熟细胞少。两型病鸡早期均全身衰弱，嗜睡，鸡冠苍白或发绀，消瘦，下痢，毛囊多出血。病程从几天到几个月。病鸡全身贫血变化明显，肌肉，皮下组织及内脏器官常有小点出血。增生型的特征为肝、脾广泛肿大，肾肿较轻。病变器官呈樱桃红色。贫血型内脏常萎缩，特别是肝和脾。

（3）成髓细胞性白血病　临床症状与成红细胞性白血病相似，但病程后者长。其特征变化为血液中的成髓细胞大量增加，每毫升血液中可高达200个。

剖检时，病鸡骨髓坚实，红灰色到灰色。实质器官肿大，严重病例肝、脾、肾常有灰色弥散性浸润，使脏器呈颗粒状外观或有斑状花纹。

（4）骨髓细胞瘤病　病鸡的骨骼上常见由骨髓细胞增生形成的肿瘤，因而病鸡的头部出现异常的突起，胸部与跗骨部有时也见有这种突起。病程一般较长。

（5）脆性骨质硬化型白血病（骨化石病）　病鸡双腿发生不正常的肿大和畸形，走路不协调或跛行，发育不良，皮肤苍白，贫血。

最常见的侵害是肢体的长骨。骨干或干骺端可见均匀或不规则增厚。晚期病鸡，胫骨具有"长靴样"特征。

剖检时，首先是胫骨、跗骨和跖骨骨干出现病变，其次是其他长骨、骨盆、肩胛骨和肋骨，趾骨常无变化，病变常呈两侧对称。病初在正常骨头上可见浅黄色病灶，骨膜增厚，骨呈海绵样，极易切断。逐渐向周围扩散，并进入骨骺端，骨头呈梭形。病变可由轻度外生骨疣，到巨大的不对称增大，乃至将骨髓腔完全堵塞不等，到后期则骨质石化，剥开时就露出坚硬多孔而不规则的骨石。

本病常与淋巴性白血合并发生，所以内脏器官同时可以发现肿瘤病灶。如病鸡无并发症，内脏器官往往发生萎缩。

(6) 血管瘤　用野毒对幼鸡接种，在3周到4个月可出现血管瘤。多数分离物或病毒株可引起本病，各种年龄的鸡都曾发现过。血管瘤常见单个发生于皮肤中，也常有多发的，瘤壁破溃可导致大量出血，瘤旁羽毛被血污染。病鸡苍白，常死于出血。

剖检时，因属血管系统的瘤，故常波及血管壁各层。皮肤中或内脏器官表面的血管瘤很像血疱，内脏的瘤中常可找到血凝块。海绵状血管瘤的特征是，由内皮细胞组成薄壁的血液腔显著扩张。毛细血管瘤是灰粉红色到灰红色的实心团。血管内皮可增生进入密集的团中，只留很小缝隙作为血液的通路，或者发展为有毛细管腔的格子状，或者成为由胶状囊支持的散在血管腔。值得注意的是血管瘤常与成红细胞性白血病和成骨髓细胞性白血病同时出现。

(7) 肾真性瘤　多数病例发生于2～6个月龄的鸡。当肿瘤不大，无其他并发症时，不易见到症状。肿瘤长大时，病鸡消瘦，虚弱。一旦压迫坐骨神经，则发生瘫痪。

剖检时，瘤的外观，由埋藏于肾实质内的粉红灰色的结节，到取代大部分肾组织的淡灰色分叶的团块不等。瘤子由一根纤维性有血管的细柄与肾相连着。大瘤子常有囊肿，有时甚至占领两肾。有些瘤主要由增大的上皮内陷的小管与畸形肾小球构成的不规则团块，乃至类立方形只有很少管状结构的大形细胞组成，称之为腺瘤。也有发生囊肿的小管占优势的，称之为囊腺瘤。有的还可见角质化的分层鳞状上皮结构（珠子）、软骨或硬骨，这类生长物称之为肾真性瘤。

（8）结缔组织肿瘤　本病所指以病毒为病原迹象，具有传染性的结缔组织肿瘤。它包括纤维肉瘤和纤维瘤、黏液肉瘤和黏液瘤、组织细胞瘤、骨瘤和骨生成的肉瘤和软骨瘤。这些肿瘤有的是良性的，也有的是恶性的。良性瘤长得慢，不侵犯周围组织；恶性瘤长得快，发生浸润，能转移。

结缔组织肿瘤发展迅速，任何年龄的鸡均可发生。肿瘤可无限制地生长，常因继发细菌感染、毒血症、出血或机能障碍导致死亡。良性者可不致死，恶性者病程急剧的可在数日内死亡。

剖检时，可见纤维瘤、黏液瘤和肉瘤，这些最可能发生于皮肤或肌肉中；软骨或硬骨或混合组成的瘤，可发生于这两种组织中。恶性瘤的转移灶，最常发于肺、肝、脾和肠浆膜中。

3. 防治措施　鸡白血病目前尚无有效的疫苗和治疗药物，只有加强预防措施，以杜绝本病的发生。

（1）定期进行种鸡检疫，淘汰阳性鸡，培育无白血病种鸡群。

（2）加强孵化室和鸡场的消毒卫生工作，从而切断包括经种蛋垂直传递传播途径。

（十）鸡轮状病毒感染

轮状病毒是哺乳动物和禽类非细菌性腹泻的主要病原之一。鸡感染后主要症状为水样下痢，乃至脱水。

1. 流行特点　轮状病毒不仅能感染鸡、鸭等家禽，而且能感染火鸡、鸽、珍珠鸡、雉鸡、鹦鹉和鹌鹑等珍禽，分离自火鸡和雉鸡的轮状病毒可感染鸡。6周龄左右的雏鸡最易感，有时成年鸡也能感染，并发生腹泻。发生于鸡、火鸡、雉鸡的鸭的绝大多数自然感染都是侵害6周龄以下的禽类，肉用仔鸡群和火鸡群常常发生不同电泳群轮状病毒的同时感染或相继感染。病鸡排出的粪便中含有大量的轮状病毒，能长期污染环境，由于病毒对外界的抵抗力很强，所以在鸡群中可发生水平传播。此外，1日龄未采食的雏鸡体内也检测到了该病毒，从而证明它可能在卵内或卵壳表面存在，并发生垂直传播。禽类轮状病毒感染率很高，在作电境检查时可发现大多数发鸡群中存在病毒，死亡率一般在4%～7%左右，但是由此造成的腹泻能严重影响雏鸡的生长发育，并可引起并发或继发感染。

2. 临床症状　禽类轮状病毒感染的潜伏期很短，2～3天左右就出现症状并大量排毒。病鸡水样腹泻、脱水、泄殖腔炎、啄肛，并可导致贫血，精神萎靡，食欲不振，生长发育缓慢，体重减轻等，有时打堆而相互挤压死亡，死亡率一般为4%～7%，耐过者生长缓慢。

3. 剖检变化　剖检可见肠道苍白，盲肠膨大，盲肠内有大量的液体和气泡，呈赭石色。严重者脱水，肛门有炎症，贫血（由啄肛而致），腺胃内有垫草，爪部因粪便污染引起炎症和结痂。

4. 防治措施　鸡轮状病毒感染目前尚无特异的防治方法，病鸡可对症治疗，如给予补液盐饮水以防机体脱水，可促进疾病的恢复。

（十一）鸡减蛋综合征

是由腺病毒引起的使鸡群产蛋率下降的一种传染病。

1. 流行特点　本病的易感动物主要是鸡，任何年龄、任何品种的鸡均可感染，尤其是产褐壳蛋的鸡最易感，产白壳蛋的鸡易感性较低。幼鸡感染后不表现任何临床症状，也查不出血清抗体，只有到开产以后，血清才转为阳性，尤其在产蛋高峰期30周龄前后，发病率最高。其主要传染源是病鸡和带毒母鸡，既可垂直感染，也可水平感染。病毒主要在带毒鸡生殖系统增殖，感染鸡的种蛋内容物中含有病毒，蛋壳还可以被泄殖腔的含病毒粪便所污染，因而可经孵化传染给雏鸡。本病水平传播较慢，并且不连续，通过一幢鸡舍大约需几周。

2. 临床症状　发病鸡群的临床症状并不明显，发病前期可发现少数鸡拉稀，个别呈绿便，部分鸡精神不佳，闭目似睡，受惊后变得精神。有的鸡冠表现苍白，有的轻度发紫，采食、饮水略有减少，体温正常。发病后鸡群产蛋率突然下降，每天可下降 2%～4%，连续 2～3 周，下降幅度最高可达 30%～50%，以后逐渐恢复，但很难恢复到正常水平或达到产蛋高峰。在开产前感染时，产蛋率达不到高峰。蛋壳褪色（褐色变为白色），产异状蛋、软壳蛋、无壳蛋的数量明显增加。

3. 剖检变化　本病基本上不死鸡，病死鸡剖检后病变不明显。剖检产无壳蛋或异状蛋的鸡，可见其输卵管及子宫黏膜肥厚，腔内有白色渗出物或干酪样物，有时也可见到卵泡软化，其他脏器无明显变化。

4. 防治措施　本病目前尚无有效的治疗方法，只能加强预防。在本病流行地区可用疫苗进行预防，蛋鸡可在开产前 2～3 周肌肉注射灭活的油乳剂疫苗 0.5～1.0 毫升。

（十二）禽霍乱

是由多杀巴氏杆菌引起的一种接触传染性烈性传染病。

1. 流行特点　各种家禽及野禽均可感染本病，鸡、鸭最易感，鹅的感受性较差。感染途径主要通过消化道和呼吸道。健康鸡的呼吸道有时也带菌但不发病，当饲养不当、天气突变，特别是在高温、通风不良、过度拥挤、长途运输等情况下，鸡的抵抗力减弱就会引起内源感染。

2. 临床症状　根据病程长短一般可分为最急性型、急性型和慢性型。最急性型病例常见于疫病流行初期，多发于体壮高产鸡，几乎看不到明显症状，突然不安，痉挛抽搐，倒地挣扎，双翅扑地，迅速死亡。有的鸡在前一天晚上还表现正常，而在次日早晨却发现已死在舍内，甚至有的鸡在产蛋时猝死。生产中常见的是急性型，是随着疫情的发展而出现的。病鸡精神萎靡，羽毛松乱，两翅下垂，闭目缩颈呈昏睡状。口鼻常常流出许多黏性分泌物（图 6-7），冠、髯呈蓝紫色。呼吸困难，急促张口，常发出"咯咯"声。常发生剧烈腹泻，稀便，呈绿色或灰白色。食欲减退或废绝，饮欲增加。病程1～3天，最后发生衰竭、昏迷而死亡。慢性型多由急性病例转化，一般在流行后期出现。病鸡一侧或两侧肉髯肿大（图6-8），关节肿大、化脓，跛行。有些病例出现呼吸道症状，鼻窦肿大，流黏液，喉部蓄积分泌物且有臭味，呼吸困难。病程可延至数周或数月，有的持续腹泻而死亡，有的虽然康复，但生长受阻，甚至长期不能产蛋，成为传播病原的带菌者。

图6-7 病鸡口腔中排出黏液性分泌物　　图6-8 病鸡肉髯肿胀

3. 剖检变化　最急性型无明显病变，仅见心冠状沟部有针尖大小的出血点，肝脏表面有小点状坏死灶。急性型病例浆膜出血；心冠状沟部密布出血点，似喷洒状。心包变厚，心包液增加、混浊；肺充血、出血；肝肿大，变脆，呈棕色或棕黄色，并有特征性针尖大或粟粒大的灰黄色或白色坏死灶；肌胃和十二指肠黏膜严重出血，整个肠道呈卡他性或出血性肠炎，肠内容物混有血液。慢性型病例消瘦，贫血，表现呼吸道症状时可见鼻腔和鼻窦内有多量黏液。有时可见肺脏有较大的黄白色干酪样坏死灶。有的病例，在关节囊和关节周围有渗出物和干酪样坏死。有的可见鸡冠、肉髯或耳叶水肿，进一步可发生坏死。

4. 预防措施

（1）加强鸡群的饲养管理　减少应激因素的影响，搞好清洁卫生和消毒，提高鸡的抗病能力。

（2）严防引进病鸡和康复后的带菌鸡　引进的新鸡应隔离饲养，若需合群，需隔离饲养 1 周，同时服用土霉素 3～5 天。合群后，全群鸡再服用土霉素 2～3 天。

（3）疫苗接种　在疫区可定期预防注射禽霍乱菌苗。常用的禽霍乱菌苗有弱毒活菌苗和灭活菌苗，如 731 禽霍乱弱毒菌苗、833 禽霍乱弱毒菌苗、$G_{190}E_{40}$ 禽霍乱弱毒菌苗、禽霍乱乳剂灭活菌苗等。

（4）药物预防　若邻近发生禽霍乱，本鸡群受到威胁，可使用灭霍灵（每千克饲料加 3～4 克）或喹乙醇（每千克饲料加 0.3 克）等，每隔 1 周用药 1～2 天，直至疫情平息为止。

5. 治疗方法

（1）在饲料中加入 0.5%～1% 的磺胺二甲基嘧啶粉剂，连用 3～4 天，停药 2 天，再服用 3～4 天；也可以在每 1 000 毫升饮水中，加 1 克药，溶解后连续饮用 3～4 天。

（2）在饲料中加入 0.1% 的土霉素，连服用 7 天。

（3）喹乙醇，按每千克体重 30 毫克拌料，每天 1 次，连用 3～5 天。产蛋鸡和休药期不足 21 天的肉用仔鸡不宜选用。

（4）对病情严重的鸡可肌肉注射青霉素，每千克体重 4 万～8 万单位，早晚各一次。

（5）环丙沙星、氧氟沙星或沙拉沙星，肌肉注射按每千克体重 5～10 毫克，每天 2 次；饮水按每千克体重 50～100 毫克，连用 3～4 天。

（十三）鸡白痢

是由鸡白痢沙门氏菌引起的一种常见传染病，其主要特征为患病雏鸡排白色糊状稀便。

1. 流行特点　本病主要发生于鸡，雏鸡的易感性明显高于

203

成年鸡，急性白痢要发生于雏鸡3周龄以前，可造成大批死亡，病程有时可延续到3周龄以后，当饲养管理条件差，雏鸡拥挤，环境卫生不好，温度过低，通风不良，饲料品质差，以及有其他疫病感染时，都可成为诱发本病或增加死亡率的因素。

本病的主要传染源是病鸡和带菌鸡，感染途径主要是消化道，既可水平感染又可垂直感染。病鸡排出的粪便中含有大量的病菌，污染了饲料、垫料和饮水及用具之后，雏鸡接触到这些污染物之后即被感染。通过交配、断喙和性别鉴定等方面也能传播本病。

2. 临床症状　带菌种蛋孵出的雏鸡出壳后不久就可见虚弱昏睡，进而陆续死亡，一般在3～7日龄发病量逐渐增加，10日龄左右达死亡高峰，出壳后感染的雏鸡多在几天后出现症状，2～3周龄病雏和死雏达到高峰。病雏精神萎靡，离群呆立，闭目打盹，缩颈低头，两翅下垂，身躯变短，后躯下坠，怕冷，靠近热源或挤堆，时而尖叫（图6-9）；多数病雏呼吸困难而急促，其后腹部快速地一收一缩即是呼吸困难的表现。一部分病雏腹泻，排出白色糨糊状粪便，肛门周围的绒毛常被粪便污染并和粪便粘在一起，干结后封住肛门，病雏由于排粪困难和肛门周围炎症引起疼痛，所以排粪时常发出"叽—叽—"的痛苦尖叫声。3周龄以后发病的一般很少死亡。但近年来青年鸡成批发病、死亡亦不少见，耐过鸡生长发育不良并长期带菌，成年后产的蛋也带菌，若留作种蛋可造成垂直传染。

图6-9　病雏精神萎靡，闭目打盹，缩颈

成年鸡感染后没有明显的临床症状，只表现产蛋减少，孵化率降低，死胚数增加。

有时，成年鸡过去从未感染过白痢病菌而骤然严重感染，或者本来隐性感染而饲养条件严重变劣，也能引起急性败血性白痢病。病鸡精神沉郁，食欲减退或废绝，低头缩颈，半闭目呈睡眠状，羽毛松乱无光泽，迅速消瘦，鸡冠萎缩苍白，有时排暗青色、暗棕色稀便，产蛋明显减少或停止，少数病鸡死亡。

3. 剖检变化　早期死亡的幼雏，病变不明显，肝肿大充血，时有条纹状出血，胆囊扩张，充满多量胆汁，如为败血症死亡时，则其内脏器官有充血。数日龄幼雏可能有出血性肺炎变化。病程稍长的，可见病雏消瘦，嗉囊空虚，肝肿大脆弱，呈土黄色，布有砖红色条纹状出血线，肺和心肌表面有灰白色粟粒至黄豆大稍隆起的坏死结节，这种坏死结节有时也见于肝、脾、肌胃、小肠及盲肠的表面。胆囊扩张，充满胆汁，有时胆汁外渗，染绿周围肝脏。脾肿大充血。肾充血发紫或贫血变淡，肾小管因充满尿酸盐而扩张，使肾脏呈花斑状。盲肠内有白色干酪样物，直肠末端有白色尿酸盐。有些病雏常出现腹膜变化，卵黄吸收不良，卵黄囊皱缩，内容物呈淡黄色、油脂状或干酪样。

成年鸡的主要病变在生殖器官。母鸡卵巢中一部分正在发育的卵泡变形、变色、变质，有的皱缩松软成囊状，内容物呈油脂样或豆渣样，有的变成紫黑色葡萄干样。公鸡一侧或两侧睾丸萎缩，显著变小，输精管涨粗，其内腔充满黏稠渗出物乃至闭塞。

4. 预防措施

（1）种鸡群要定期进行白痢检疫，发现病鸡及时淘汰。

（2）种蛋、雏鸡要选自无白痢鸡群，种蛋孵化前要经消毒处理，孵化器也要经常进行消毒。

（3）育雏舍经常要保持干燥洁净、密度适宜，避免舍温过低，并力求保持稳定。

（4）药物预防。①在雏鸡饲料中加入 0.02% 的土霉素粉，连喂 7 天，以后改用其他药物。②用链霉素饮水，每千克饮水中加 100 万单位，连用 5～7 天。③在雏鸡 1～5 日龄，每千克饮水中加庆大霉素 8 万单位，以后改用其他药物。④如果本菌已对上述药物产生抗药性，可采用恩诺沙星从出壳开始到 3 日龄按 75 毫克/升，4～6 日龄按 50 毫克/升饮用。

5. *治疗方法*

（1）用磺胺甲基嘧啶或磺胺二甲基嘧啶拌料，用量为 0.2%～0.4%，连用 3 天，再减半量用 1 周。

（2）用卡那霉素混水，每千克饮水中加卡那霉素 150～200 毫克，连用 3～5 天。

（3）用强力霉素混料，每千克饲料中加强力霉素 100～200 毫克，连用 3～5 天。

（4）用新霉素混料，每千克饲料中加新霉素 260～350 毫克，连用 3～5 天。

（5）用氟哌酸拌料，每千克饲料中加氟哌酸 100～200 毫克，连用 3～5 天。

（6）用 5%恩诺沙星或 5%环丙沙星饮水，每毫升 5%恩诺沙星或 5%环丙沙星溶液加水 1 千克（每千克饮水中含药约 50 毫克），让其自饮，连饮 3～5 天。

（十四）鸡慢性呼吸道病

是由鸡败血支原体（霉形体）引起一种慢性呼吸道传染病。

1. *流行特点*　本病主要发生于鸡和火鸡，各种年龄的鸡均有易感性，但以 1～2 月龄的幼鸡易感性最高。病鸡和带菌鸡是主要传染源。病鸡咳嗽、喷嚏时，病原体随病鸡分泌物排出，通过飞沫经呼吸道感染健康鸡。另外，也可经种蛋、饲料、饮水及交配传染。

侵入机体的病原体，可长期存在于上呼吸道而不引起发病，当某种诱因使鸡的体质变弱时，即大量繁殖引起发病。其诱发因素主要有病毒和细菌感染、寄生虫病、长途运输、鸡群拥挤、卫生与通风不良、雏生素缺乏、突然变换饲料及接种疫苗等。

2. 临床症状 发病时主要呈慢性经过，其病程常在1个月以上，甚至达3~4个月，鸡群往往整个饲养期都不能完全消除。病情表现为"三轻三重"，即用药治疗时轻些（症状可消失），停药较久时重些（症状又较明显）；天气好时轻些，天气突变或连阴时重些；饲料管理良好时轻些，反之重些。

幼龄病鸡表现食欲减退，精神不振，羽毛松乱，体重减轻，鼻孔流出浆液性、黏液性直至脓性鼻液。排出鼻液时常表现摇头、打喷嚏等。炎症波及周围组织时，伴发窦炎、结膜炎及气囊炎。炎症波及下呼吸道时，则表现咳嗽和气喘，呼吸时气管有啰音，有的病例口腔黏膜及舌背有白喉样伪膜，喉部积有渗出的纤维素，因此病鸡常张口伸颈吸气，呼吸时则低头，缩颈。后期渗出物蓄积在鼻腔和眶下窦，引起眼睑、眶下窦肿胀（图6-10）。病程较长的鸡，常因结膜炎导致浆液性直至脓性渗出，将眼睑粘住，最后变为干酪样物质，压迫眼球并使之失明。产蛋鸡感染时一般呼吸症状不明显，但产蛋量和孵化率下降。

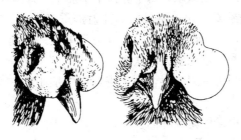

图6-10
两个眶下窦中蓄积大量渗出物（左） 右眼眶下窦中的渗出物被清除之后（右）

3. 剖检变化 病变主要在呼吸器官。鼻腔中有多量淡黄色混浊、黏稠的恶臭味渗出物。喉头黏膜轻度水肿、充血和出血，并覆盖有多量灰白色黏液性或脓性渗出物。气管内有多量灰白色或红褐色黏液。病程稍长的病例气囊混浊、肥厚，表面呈念珠状，内部有黄白色干酪样物质。有的病例可见一定程度的肺炎病变。严重病例在心包膜、输卵管及肝脏出现炎症。

4. 预防措施

(1) 种蛋入孵前在红霉素溶液（每千克清水中加红霉素0.4～1 克，须用红霉素针剂配制）中浸泡15～20分钟，对杀灭蛋内病原体有一定作用。

(2) 雏鸡出壳时，每只用 2 000 国际单位链霉素滴鼻或结合预防白痢，在1～5 日龄用庆大霉素饮水，每千克饮水加8 万国际单位。

(3) 对生产鸡群，甚至被污染的鸡群可普遍接种鸡败血支原体油乳剂灭活苗。7～15 日龄的雏鸡每只颈背部皮下注射 0.2 毫升；成年鸡颈背皮下注射 0.5 毫升。注射菌苗后 15 日龄开始产生免疫力，免疫期约 5 个月。

5. 治疗方法　用于治疗本病的药物很多，其中链霉素、北里霉素、泰乐霉素及高力米先等具有较好的效果，可列为首选药物。

(1) 用链霉素饮水，每千克饮水中加 100 万国际单位，连用5～7 天；重病鸡挑出，每日肌肉注射链霉素 2 次，成鸡每次 20万国际单位，2 月龄幼鸡每次 8 万国际单位，连续 2～3 天，然后放回大群参加链霉素大群饮水。

(2) 用强力霉素混料，每千克饲料中加 100～200 毫克，连用 5 天。

(3) 用恩诺沙星或环丙沙星混水，每千克饮水中加 0.05 克原粉，连用 2～3 天。

（十五）鸡大肠杆菌病

鸡大肠杆菌病是由不同血清型的大肠埃希氏杆菌所引起的一系列疾病的总称。它包括大肠杆菌性败血症、死胎、初生雏腹膜炎及脐带炎、全眼球炎、气囊炎、关节炎及滑膜炎、坠卵性腹膜炎及输卵管炎、出血性肠炎、大肠杆菌性肉芽肿等等。

1. 流行特点　大肠杆菌在自然界广泛存在，也是畜禽肠道内的正常栖居菌，许多菌株无致病性，而且对机体有益，能合成维生素 B 和维生素 K，供寄主利用，并对许多病原菌有抑制作用。大肠杆菌中一部分血清型的菌株具有致病性，或者鸡体健康、抵抗力强时不致病，而当鸡体健康状况下降，特别是在应激情况下就表现出其致病性，使感染的鸡群发病。

本病既可经种蛋传染，又可通过接触传染。大肠杆菌从消化道、呼吸道、肛门及皮肤创伤等门户都能入侵，饲料、饮水、垫草、空气等是主要传播媒介。

本病可以单独发生，也常常是一种继发感染，与鸡白痢、伤寒、副伤寒、慢性呼吸道病、传染性支气管炎、新城疫、霍乱等合并发生。

2. 临床症状及剖检变化

（1）大肠杆菌性败血症　本病多发于雏鸡和 6～10 周龄的幼鸡，寒冷季节多发，打喷嚏，呼吸障碍等症状和慢性呼吸道病相似，但无面部肿胀和流鼻液等症状，有时多和慢性呼吸道病混合感染。幼雏大肠杆菌病夏季多发，主要表现精神萎靡，食欲减退，最后因衰竭而死亡。有的出现白色乃至黄色的下痢便，腹部膨胀，与白痢和副伤寒不易区分。纤维素性心包炎为本病的特征性病变，心包膜肥厚、混浊，纤维素和干酪样渗出物混合在一起附着在心包膜表面，有时和心肌粘连。常伴有肝包膜炎，肝肿大，包膜肥厚、混浊、纤维素沉着，有时可见到有大小不等的坏死斑。脾脏充血、肿胀，可见到小坏死点。

（2）死胎、初生雏腹膜炎及脐带炎　孵蛋受大肠杆菌污染后，多数胚胎在孵化后期或出壳前死亡，勉强出壳的雏鸡活力也差。有些感染幼雏卵黄吸收不良，易发生脐带炎，排白色泥土状下痢便，腹部膨胀，多在出壳后 2～3 天死亡，5～6 日龄后死亡减少或停止。在大肠杆菌严重污染环境下孵化的雏鸡，大肠杆菌可通过脐带侵入，或经呼吸道、口腔而感染，感染后数日发生败血症。鸡群在 2 周龄时死亡减少或停止，存活的雏鸡发育迟缓。

死亡胚胎或出壳后死亡的幼雏，一般卵黄膜变薄，呈黄色泥土状，或有干酪样颗粒状物混合。

（3）全眼球炎　本病一般发生于大肠杆菌性败血症的后期，少数鸡的眼球由于大肠杆菌侵入而引起炎症，多数是单眼发炎，也有双眼发炎的。表现为眼皮肿胀，不能睁眼，眼内蓄积脓性渗出物。角膜浑浊，前房（角膜后面）也有脓液，严重时失明。病鸡精神萎靡，蹲伏少动，觅食也有困难，最后因衰竭而死亡。剖检时可见心、肝、脾等器官有大肠杆菌性败血症样病变。

（4）气囊炎　本病通常是一种继发性感染。当鸡群感染慢性呼吸道病、传染性支气管炎、新城疫时，对大肠杆菌的易感性增高，如吸入含有大肠杆菌的灰尘就很容易继发本病。一般 5～12 周龄的幼鸡发病较多。剖检可见气囊增厚，附着多量豆渣样渗出物，病程较长的可见心包炎、肝周炎等。

（5）关节炎及滑膜炎　多发于雏鸡和育成鸡，散发，在跗关节周围呈竹节状肿胀，跛行。关节液混浊，腔内有时出现脓汁或干酪样物，有的发生腱鞘炎，步行困难。内脏变化不明显，有的鸡由于行动困难不能采食而消瘦死亡。

（6）坠卵性腹膜炎及输卵管炎　产蛋鸡腹气囊受大肠杆菌侵袭后，多发生腹膜炎，进一步发展为输卵管炎。输卵管变薄，管腔内多充满干酪样物，严重时输卵管堵塞，排出的卵落入腹腔。另外，大肠杆菌也可由泄殖腔侵入，到达输卵管上部引起输卵管炎。

（7）出血性肠炎　主要病变为肠黏膜出血、溃疡，严重时在浆膜面即可见到密集的小出血点。病鸡除肠出血外，在肌肉皮下结缔组织、心肌及肝脏多有出血，甲状腺及腹腺肿大出血，小肠黏膜呈密集充血、出血。

（8）大肠杆菌性肉芽肿　在小肠、盲肠、肠系膜及肝脏、心肌等部位出现结节状白色乃至黄白色肉芽肿，死亡率可达 50% 以上。

3. 预防措施

（1）搞好孵化卫生和环境卫生，对种蛋及孵化设施进行彻底消毒，防止种蛋的传递及初生雏的水平感染。

（2）加强雏鸡的饲养管理，适当减小饲养密度，注意控制鸡舍温度、湿度、通风等环境条件，尽量减少应激反应。在断喙、接种、转群等造成鸡体抗病力下降的情况下，可在饲料中添加抗生素，并增加维生素与微量元素的含量，以提高营养水平，增强鸡体的抗病力。

（3）在雏鸡出壳后 3～5 日龄及 4～6 日龄分别给予 2 个疗程的抗菌类药物可收到预防本病的效果。

4. 治疗方法　用于治疗本病的药物很多，其中恩诺沙星、先锋霉素、庆大霉素可列为首选药物。由于致病性埃希大肠杆菌是一种极易产生抗药性的细菌，因而选择药物时必须先做药敏试验并需在患病的早期进行治疗。因埃希大肠杆菌对四环素、强力霉素、青霉素、链霉素、卡那霉素、复方新诺明等药物敏感性较低而耐药性较强，临床上不宜选用。在治疗过程中，最好交替用药，以免产生抗药性，影响治疗效果。

（1）用恩诺沙星或环丙沙星混水、混料或肌肉注射。每毫升 5％恩诺沙星或 5％环丙沙星溶液加水 1 千克（每千克饮水中含药约 50 毫克），让其自饮，连续 3～5 天；用 2％的环丙沙星预混剂 250 克均匀拌入 100 千克饲料中（即含原药 5 克），饲喂 1～3 天；肌肉注射，每千克体重注射 0.1～0.2 毫升恩诺沙星或环丙沙星注射液，效果显著。

（2）用庆大霉素混水，每千克饮水中加庆大霉素 10 万单位，连用 3～5 天；重症鸡可用庆大霉素肌肉注射，幼鸡每次 5 000 单位/只，成鸡每次 1 万～2 万单位/次，每天 3～4 次。

（十六）鸡葡萄球菌病

是由金黄色葡萄球菌引起的一种人畜共患传染病。

1. 流行特点　金黄色葡萄球菌在自然界分布很广，在土壤、空气、尘埃、饮水、饲料、地面、粪便及物体表面均有本菌存在。鸡葡萄球菌病的发病率与鸡舍内环境存在病菌量成正比。其发生与以下几个因素有关：①环境、饲料及饮水中病原菌含量较多，超过鸡体的抵抗力。②皮肤出现损伤，如啄伤、刮伤、笼网创伤及带翅号、刺种疫苗等造成的创伤等，给病原菌侵入提供了门户。③鸡舍通风不良、卫生条件差、高温高湿，饲养方式及饲料的突然改变等应激因素，使鸡的抵抗力降低。④由鸡痘等其他疫病的诱发和继发。

本病的发生无明显的季节性，但北方以7～10月份多发，急性败血型多见于40～60日龄的幼鸡，青年鸡和成年鸡也有发生，呈急性或慢性经过。关节炎型多见于比较大的青年鸡和成年鸡，鸡群中仅个别鸡或少数鸡发病。脐炎型发生于1周龄以内的幼雏。其他类型比较少见。

2. 临床症状与剖检变化　由于感染的情况不同，本病可表现多种症状，主要可分为急性败血型、关节炎型、脐炎型、眼型、肺型等。

（1）急性败血型　病鸡精神不振或沉郁，羽毛松乱，两翅下垂，闭目缩颈，低头昏睡。食欲减退或废绝，体温升高。部分鸡下痢，排出灰白色或黄绿色稀便。病鸡胸、腹部甚至大腿内侧皮下浮肿，积聚数量不等的血液及渗出液，外观呈紫色或紫褐色，有波动感，局部羽毛脱落；有时自然破裂，流出茶色或浅紫红色液体，污染周围羽毛。有些病鸡的翅膀背侧或腹面、翅尖、尾、头、背及腿等部位皮肤上有大小不等的出血、炎症及坏死，局部干燥结痂，呈暗紫色，无毛。

剖检可见胸、腹部皮下呈出血性胶样浸润。胸肌水肿，有出血斑或条纹状出血。肝肿大，淡紫红色，有花纹样变化。脾肿大，紫红色，有白色坏死点。腹腔脂肪、肌胃浆膜、心冠脂肪及心外膜有点状出血。心包发炎，心包内积有少量黄红色半透明的心包液。

急性败血型是鸡葡萄球菌病的常见病型，病鸡多在2～5天死亡，快者1～2天呈急性死亡。在急性病鸡群中也可见到呈关节炎症状的病鸡。

（2）关节炎型　病鸡除一般症状外，还表现蹲伏、跛行、瘫痪或侧卧。足、翅关节发炎肿胀，尤以跗、趾关节肿大者较为多见，局部呈紫红色或紫褐色，破溃后结污黑色痂，有的有趾瘤，脚底肿胀（图6-11）。

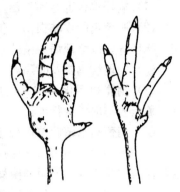

图6-11　病鸡脚底脓肿
左图为正常的鸡脚

剖检可见关节炎和滑膜炎。某些关节肿大，滑膜增厚，充血或出血，关节囊内有或多或少的浆液，或有黄色脓性纤维渗出物，病程较长的慢性病例，变成干酪样坏死，甚至关节周围结缔组织增生及畸形。

（3）脐炎型　它是孵出不久的幼雏发生葡萄球菌病的一种病型，对雏鸡造成一种危害。由于某些原因，鸡胚及新出壳的雏鸡脐带闭合不严，葡萄球菌感染后，即可引起脐炎。病雏除一般症状外，可见脐部肿大，局部呈黄红、紫黑色，质稍硬，间有分泌物。饲养员常称之为"大肝脐"。脐炎病雏可在出壳后2～5天死亡。

剖检可见脐内有暗红色或黄红色液体，时间稍久则为脓样干涸坏死物，肝脏表面有出血点。卵黄吸收不良，呈黄红色或黑灰色，液体状或内混絮状物。

（4）眼型　此型葡萄球菌病多在败血型发生后期出现，也可单独出现。病鸡主要表现为上下眼睑肿胀，闭眼，有脓性分泌物粘闭，用手掰开时，则见眼结膜红肿，眼角有多量分泌物，并见有肉芽肿。病程较长的鸡眼球下陷，以后出现失明。

（5）**肺型** 病鸡主要表现为全身症状及呼吸障碍。剖检可见肺部淤血、水肿，有的甚至可以见到黑紫色坏疽样病变。

3. **预防措施**

（1）搞好鸡舍卫生和消毒，减少病原菌的存在。

（2）避免鸡的皮肤损伤，包括硬物刺伤、胸部与地面的磨擦伤、啄伤等，以堵截病原菌的感染门户。

（3）发现病鸡要及时隔离，以免散布病原菌。

（4）饲养和孵化工作人员皮肤有化脓性疾病的不要接触种蛋，种蛋入孵前要进行消毒。

（5）用葡萄球菌菌苗进行注射接种，可收到一定预防效果。

4. **治疗方法** 对葡萄球菌有效的药物有青霉素、广谱抗菌素和横胺类药物等，但耐药菌株比较多，尤其是耐青霉素的菌株比较多，治疗前最好先作药敏试验。如无此条件，首选药物有新生霉素、卡那霉素和庆大霉素等。

（1）用青霉素 G，雏鸡饮水 2 000～5 000 单位/（只·次）；成年鸡肌肉注射 2 万～5 万单位/（只·次），每天 2～3 次，连用 3～5 天。

（2）用卡那霉素按 0.015%～0.02% 深度混水，连用 5 天。

（3）用 5% 恩诺沙星混水，每毫升加 1 千克水，连服 3～5 天。

（4）用 2% 环丙沙星预混剂拌料，在 100 千克饲料中加环丙沙星预混剂 250 克，连喂 2～3 天。

二、鸡的寄生虫病

（一）鸡球虫病

1. **病原** 球虫属原生动物，虫体小，肉眼看不见，只能借助显微镜观察。一般认为，寄生于鸡肠道内的球虫 9 种，其中以柔嫩艾美耳球虫和毒害艾美耳球虫致病性最强。

2. **流行特点** 球虫有严格的宿主特异性，鸡、火鸡、鸭、鹅等家禽都能发生球虫病，但各由不同的球虫引起，不相互传染。11日龄以内的雏鸡由于有母源免疫力的保护，很少发生球虫病。4～6周龄最易发急性球虫病，以后随着日龄增长，鸡对球虫的易感性有所降低，同时也从明显或不明显的感染中积累了免疫（感染免疫），发病率便逐渐下降，症状也较轻。成年鸡如果从未感染过球虫病，缺乏免疫力，也很容易发病。

发病季节主要在温暖多雨的春夏季，秋季较少，冬季很少。肉用仔鸡由于舍内有温暖和比较潮湿的小气候，发病的季节性不如蛋鸡明显。本病的感染途径主要是消化道，只要鸡吃到可致病的孢子卵囊，即可感染球虫病。凡是被病鸡和带虫鸡粪便污染的地面、垫草、房舍、饲料、饮水和一切用具，人的手脚以及携带球虫卵囊的野鸟、甲虫、苍蝇、蚊子等均可成为鸡球虫病的传播者。

另外，鸡群过分拥挤，卫生条件差，阴热潮湿，饲料搭配不当，缺乏维生素A、维生素K等，均可促使球虫病的发生。

3. 临床症状与剖检变化　由于多种球虫寄生部位和毒力不同，对鸡肠道损害程度有一定差异，因而临床上出现不同的球虫病型。

（1）急性盲肠球虫病　由柔嫩艾美耳球虫引起，雏鸡易感，是雏鸡和低龄青年鸡最常见的球虫病。鸡感染后第三天，盲肠粪便变为淡黄色水样，量减少（正常盲肠粪便为土黄色糊状，俗称溏鸡粪，多在早晨排出），第四天起盲肠排空无粪。第四天末至第六天盲肠大量出血，病鸡排出带有鲜血的粪便，明显贫血，精神呆滞，缩头闭眼打盹，很少采食，出现死亡高峰。第七天盲肠出血和便血减少，第八天基本停止，此后精神、食欲逐渐好转。剖检可见的病变主要在盲肠。第五至第六天盲肠内充满血液，盲肠显著肿胀，浆膜面变成棕红色。第六至第七天盲肠内除血液外还有血凝块及豆渣样坏死物质，同时盲肠硬化、变脆。第八至十天盲肠缩短，有时比直肠还短，内容物很少，整个盲肠呈樱红色。严重感染的病死鸡，直肠有灰白色环状坏死。

（2）急性小肠球虫病　本病多见于青年鸡及初产成年鸡，由毒害艾美耳球虫引起。病鸡也是在感染后第四天出现症状：粪便带血色稍暗，并伴有多量黏液，第九至十天出血减少，并渐止，由于受损害的是小肠，对消化吸收机能影响很大，并易继发细菌和病毒性感染。一部分病鸡在出血后 1～2 天死亡，其余的体质衰弱，不能迅速恢复，出血停止后也有零星死亡，产蛋鸡在感染后 5～6 周才能恢复到正常产蛋水平，有继发感染的，在出现血便后 3～4 天（吃进卵囊后 7～8 天）死亡增多，死亡率高低主要取决于继发感染的轻重及防治措施。剖检可见的变化，主要是小肠缩短、变粗、臌气（吃进卵囊后第六天开始，第十天达高峰），同时整个小肠黏膜呈粉红色，有很多粟粒大的出血点和灰白色坏死灶，肠腔内滞留血液和豆渣样坏死物质。盲肠内也往往充满血液，但不是盲肠出血所致，而是小肠血液流进去的结果。将盲肠用水冲净可见其本质无大变化。其他脏器常因贫血而褪色，肝脏有时呈轻度萎缩。

急性小肠球虫病发病其死亡率比急性盲肠球虫病低一些，但病鸡康复缓慢，并常遗留一些失去生产价值的弱鸡，造成很大损失。

（3）混合感染　柔嫩艾美耳球虫与毒害艾美耳球虫同时严重感染，病鸡死亡率可达 100%，但这种情况比较少。常见的混合感染是包括柔嫩艾美耳球虫在内的几种球虫轻度感染，病鸡有数天时间粪便带血（呈瘦肉样），造成一定的死亡，然后渐趋康复，3～4 周内生长比较缓慢。

4. 防治措施

（1）严格采取卫生、消毒措施　对鸡球虫病要重视卫生预防，雏鸡最好在网上饲养，使其很少与粪便接触，地面平养的要天天打扫鸡粪，使大部分卵囊在成熟之前被扫除，并保持运动场地干燥，以抑制球虫卵的发育。球虫卵的抵抗力很强，常用的消毒剂杀灭卵囊的效果极弱。因此，鸡粪堆放要远离鸡舍，采用聚乙烯薄膜覆盖鸡粪，这样可利用堆肥发酵产生的热和氨气，杀死鸡粪中的卵囊。

（2）实施药物预防措施　在生产中，可根据实际情况，采取以下 3 种方案。

①从 10 日龄之前开始，到 8～10 周龄，连续给予预防性药物，可选用盐霉素、莫能霉素、球虫净、克球粉等，防止这段低日龄时期发病死亡，然后停药，让鸡再经过两个月的中轻度自然感染，获得免疫力，进入产蛋期。这是目前一种比较好的，也是被广泛采用的方案。在实施中需要注意三个问题：第一是用药剂量不要过大，不要总想将球虫病"防绝"，有一些轻微的感染，出现轻微的便血现象，对生长发育没有多大影响，却可以获得免疫力，有利于停药后的安全。第二是停药不能太晚，一般不宜超过 10 周龄，必须使鸡在开产前有两个月的时间通过自然感染获得免疫力，避免开产后再受球虫病侵扰。第三是由于选用的药物及剂量不同，用药期间可能安全不产生免疫力，也可能产生一定的免疫力，但总的来说，骤然停药后有暴发球虫病可能性。为此应逐渐停药，可减半剂量用 2 周作过渡，同时要准备好效力较高的药物如鸡宝 20、盐霉素等，以便必要时立即治疗。中度感染也可以用复方敌菌净、土霉素等治疗，还可以用这些药物作短期预防，轻微便血则不必治疗。总之，即要维护鸡群不受大的损失，又要获得免疫力。

②不长期使用专门预防球虫病的药物。雏鸡在 3～4 周龄之内，选用痢特灵、土霉素等药物预防白痢病，同时也预防了球虫病。此后不用药而注意观察鸡群，出现轻微球虫病症状不必用药，症状稍重时用上述药物治一下，必要时用这些药物作短期预防。由于这些药物不影响免疫力的产生，经过一段时期，鸡群从自然感染中积累了足够免疫力，球虫病即消失。这一方法如能掌握得好，也是可取的，但准备一些高效治疗药物，以防万一暴发

球虫病可进行抢治。

③对鸡终生给予预防药物。一般来说主要用于肉用仔鸡，因为蛋鸡或肉用种鸡采用这种方法药费过高，将增加生产成本。

（3）药物治疗

①球痢灵（硝苯酰胺）：对多种球虫有效。该药主要优点为不影响对球虫产生免疫力，并能迅速排出体外，无需停药期。预防用量，按 0.0125％浓度混料；治疗用量，按 0.025％浓度混料，连用 3～5 天。

②氯苯胍：对多种鸡球虫有效，对已产生抗药性的虫株也有效。该药毒性较小，雏鸡用 6 倍以上治疗量连续饲喂 8 周，生长正常。该药对鸡球虫免疫力形成无影响。该药缺点为连续饲喂可使鸡肉、鸡蛋产生异味，故应在鸡屠宰前 5～7 天停药。剂量为33 毫克/千克混料给药，急性球虫病暴发时可用 66 毫克/千克，1～2 周后改用 33 毫克/千克。

③鸡宝 20（德国产）：含氯丙嘧吡啶与盐酸呋吗唑酮，突出优点是易溶于水，在消化道吸收速度快，对很少采食的病鸡尤为有利，本品适用于治疗急性盲肠、小肠球虫病，疗效迅速。其用法为：每 50 千克饮水加进本品 30 克，连用 5～7 天，然后改为每 100 千克饮水加进本品 30 克，连用 1～2 周。

④盐霉素（优素精，为每千克赋形物质中含 100 克盐霉素钠的商品名）：对各种球虫均有效，长期连续使用对预防球虫病有良好效果，并可促进鸡的生长发育。但在发病时用于治疗，则效果有限。其用法为：从 10 日龄之前开始，每吨饲料加进本品60～100 克（优素精为 600～1 000 克），连续用至 8～10 周龄，然后减半用量，再用 2 周。本品的缺点是使鸡不能产生对球虫的免疫力，因而要逐渐停药，停药后要通过中轻度感染去获得免疫力。

（二）鸡羽虱

1. **病原及其生活史**　鸡羽虱是鸡体表常见的体外寄生虫。

其体长为 1~2 毫米，呈深灰色。体型扁平，分头、胸、腹三部分，头部的宽度大于胸部，咀嚼式口器。胸部有 3 对足，无翅。寄生于鸡体表的羽虱有多种，有的为宽短形，有的为细长形。常见的鸡羽虱主要有头虱、羽干虱和大体虱三种。头虱主要寄生在鸡的颈、头部，对幼鸡的侵害最为严重；羽干虱主要寄生羽毛的羽干上；鸡大体虱主要寄生在鸡的肛门下面，有时在翅膀下部和背、胸部也有发现。鸡羽虱的发育过程包括卵、若虫和成虫三个阶段，全部在鸡体上进行。雌虱产的卵常集合成块，黏着在羽毛的基部，经 5~8 天孵化出若虫，外形与成虫相似，在 2~3 周内经 3~5 次蜕皮变为成虫。羽虱通过直接接触或间接接触传播，一年四季均可发生，但冬季较为严重。若鸡舍敌矮小、潮湿，饲养密度大，鸡群得不到砂浴，可促使羽虱的传播。

2. **临床症状**　羽虱繁殖迅速，以羽毛和皮屑为食，使鸡奇痒不安，因啄痒而伤及皮肉，使羽毛脱落，日渐消瘦，产蛋量减少，以头虱和大体虱对鸡危害最大，使雏鸡生长发育受阻，甚至由于体质衰弱而死亡。

3. **防治措施**

(1) 用 12.5×10^{-6} 溴氰菊酯或 $10 \times 10^{-6} \sim 20 \times 10^{-6}$ 杀灭菊酯直接向鸡体喷洒或药浴，同时对鸡舍、笼具进行喷洒消毒。

(2) 在运动场内建一方形浅池，在每 50 千克细砂内加入硫黄粉 5 千克，充分混匀，铺成 10~20 厘米厚度，让鸡自行砂浴。

三、鸡的普通病

(一) 维生素 A 缺乏症

1. **病因**　雏鸡和初产蛋鸡常发生维生素 A 缺乏症，多由饲料中缺乏维生素 A 引起的，饲养条件不好，运动不足，缺乏矿物质以及胃肠疾病均是本病的诱发因素。

2. **症状与病变**　患鸡表现为精神不振，食欲减退或废绝，生长发育停滞，体重减轻，羽毛松乱，运动失调，往往以尾支地，爪趾蜷缩，冠髯苍白，母鸡产蛋率下降，公鸡精液品质退化。特征性症状是眼中流出水样乃至奶样分泌物（图6-12），上下眼睑往往被分泌物粘在一起（图6-13），严重时眼内积有干酪样分泌物，角膜发生软化和穿孔，最后造成失明。剖检可见消化道黏膜肿胀，鼻腔、咽和嗉囊有小白色的脓疮，肾和输尿管内有一种白色尿酸盐沉物，输尿管有时极度扩大，重者血液、肝、脾均有尿酸盐沉着。

图6-12 病鸡眼内流出牛乳样分泌物　　图6-13 病鸡眼部肿胀，内充满干酪样物质

3.防治措施

（1）平时要注意保存好饲料及维生素添加剂，防止发热、发霉和氧化，以保证维生素A不被破坏。

（2）注意日粮配合，饲粮中应补充富含维生素A和胡萝卜素的饲料及维生素A添加剂。

（3）治疗病鸡可在饲料中补充维生素A，如鱼肝油及胡萝卜等。群体治疗时，可用鱼肝油按1‰～2‰浓度混料，连喂5天（按每千克体重补充维生素A1万国际单位），可治愈。对症状较重的成年母鸡，每只病鸡口服鱼肝油1/4食匙，每天3次。

（二）维生素B₁缺乏症

1.病因　主要由于饲料中缺乏维生素B_1所致；饲料和饮水

中加入某些抗球虫药物如安普洛里等，干扰鸡体内维生素 B_1 的代谢。此外，新鲜鱼虾及软体动物内脏中含有较多的硫胺素酶，能破坏维生素 B_1，如果生喂这些饲料，易造成维生素 B_1 缺乏症。

2. **症状与病变** 一般成鸡发病缓慢，而雏鸡发病则较突然。患鸡表现为生长发育不良，食欲减退，体重减轻，羽毛松乱并缺乏光泽，腿无力，步伐不稳，严重贫血下痢，成鸡的冠呈蓝紫色。维生素 B_1 的特征性病状是患鸡外周神经发生麻痹或发生多发性神经

图6-14 病雏的"观星"姿势

炎。病初，趾间屈肌先呈现麻痹，之后渐渐延至腿、翅、颈的伸肌并发生痉挛，头向背后极度弯曲望天，呈所谓的"观星"姿态（图6-14）。剖检可见胃肠有炎症，十二指肠溃疡，心脏右侧常扩张，心房较心室明显，生殖器官萎缩，雏鸡皮肤有水肿现象。

3. **防治措施**

（1）注意饲粮中谷物等富含维生素 B_1 饲料的搭配，适量添加维生素 B_1 添加剂。

（2）妥善贮存饲料，防止由于霉变、加热和遇碱性物质而致使维生素 B_1 遭受破坏。

（3）对病鸡可用硫胺素治疗，每千克饲料10～20毫克，连用1～2周；重病鸡可肌肉注射硫胺素，雏鸡每次1毫克，成年鸡5毫克，每日1～2次，连续数日。同时饲料中适当提高糠麸的比例和维生素 B_1 添加剂的含量。除少数严重病鸡外，大多经治疗可以康复。

（三）维生素 B_2 缺乏症

1. **病因** 维生素 B_2 在成鸡的胃肠道内可由微生物合成，而

幼雏合成量极少，需要在饲粮中供给大量的维生素 B_2，若供给量不足，3 周龄内的雏鸡常发病。

2. **症状与病变**　患鸡表现为雏鸡趾爪向内蜷缩，两肢发生瘫痪（图 6 - 15），常展开双翅以保持平衡，关节着地，行走困难，消瘦，生长缓慢，贫血，严重时下痢，病程稍长，行动不便，吃不到食，最后消瘦而死；成年鸡则产蛋率下降，种蛋孵化率明显降低。剖检可见

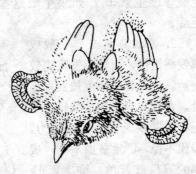

图 6 - 15　病雏的趾爪向内弯曲

肝肿大，脂肪量增多，胃肠道黏膜萎缩，肠壁变薄，肠道内有大量泡沫状内容物。有的胸腺出血。重症者坐骨神经和臂神经肥大，尤以坐骨神经为甚，直径比正常者大 4～5 倍。

3. **防治措施**

（1）雏鸡开食最好采用配合饲料，若采用小米、玉米面等单一饲料开食，只能饲喂 1～2 天，3 日龄后开始喂配合饲料。

（2）在饲粮中应注意添加青绿饲料、麸皮、干酵母等含维生素 B_2 丰富的成分，也可直接添加维生素 B_2 添加剂。配合饲料应避免含有太多的碱性物质和强光照射。

（3）对病鸡可用核黄素治疗，每千克饲料加 20～30 毫克，连喂 1～2 周。成年鸡经治疗 1 周后，产蛋率回升，种蛋孵化率恢复正常。但"蜷爪"症状很难治愈，因为坐骨神经的损伤已不可能恢复。

（四）维生素 D、钙、磷缺乏症

1. **病因**　饲料中维生素 D 和钙、磷添加量不足；饲料中骨粉掺假；钙、磷比例失调等均可引发鸡维生素 D、钙、磷缺乏症。

2. 症状与病变　病雏表现为生长缓慢，羽毛蓬松，腿部无力，喙和爪软而弯曲，走路不稳，以飞节着地（图6-16），骨骼变软或粗大，易患"软骨症"或"骨短粗症"，也易产生啄癖。成鸡表现为产薄壳蛋、软壳蛋，产蛋率下降，精液品质恶化，孵化率降低。

图6-16　病雏羽毛生长不良，
两腿无力，步态不稳

3. 防治措施

（1）在允许的条件下，保证鸡只有充分接触阳光的机会，以利于体内维生素D的转化。

（2）要注意饲粮配合（尤其是室内养鸡），确保饲粮中维生素D、钙、磷的含量。

（3）对于发病鸡群，要查明是磷缺乏还是钙或维生素D缺乏。在查明原因后，可及时补充缺乏成分；在难查明原因的时候，可补充1%～2%的骨粉，配合使用鱼肝油或维生素D，病鸡多在4～5天后康复。

（五）维生素E、硒缺乏症

1. 病因　地方性缺硒或饲料玉米来源于缺硒地区；维生素E很不稳定，在酸败脂肪、碱性物质中及光照下极易破坏；多维素添加剂存放时间过长。

2. 症状与病变

（1）脑软化症　常发生于15～30日龄的雏鸡。病鸡表现为运动失调，头向后或向下弯曲，间歇发作。剖检可见小脑软化，脑膜水肿，有时可见混浊的坏死区。

（2）渗出性素质　常发生于2～4周龄的幼鸡。典型症状是翅下和腹部青紫，皮下有绿色胶冻样液体。剖检可见肌肉有条纹状出血。

（3）肌肉营养不良 当维生素 E 缺乏而同时伴有含硫氨基酸缺乏时，胸肌束的肌纤维呈淡色的条纹。

（4）成年鸡缺乏维生素 E、硒时 无明显临床症状，但母鸡产蛋率下降，公鸡睾丸变小，性欲不强，精液中精子数减少，种蛋受精率和孵化率降低。

3. 防治措施 在配合饲粮时注意硒和维生素 E 的需要量。一旦出现缺乏症，可采取如下措施。

（1）脑软化症 用 0.5％花生混料，连用 1 周；每只鸡口服维生素 E 5 毫克。

（2）渗出性素质和白肌病 用亚硒酸钠按每千克水 1 毫升饮用，连饮 1～2 天，效果显著。

（3）成年鸡缺乏维生素 E、硒时 可在每千克饲粮中添加维生素 E150～200 毫克、亚硒酸钠 0.5～1.0 毫克或大麦芽 30～50克，连用 2～4 周，并酌喂青绿饲料。

（六）鸡痛风

痛风是以病鸡内脏器官、关节、软骨和其他间质组织有白色尿酸盐沉积为特征的疾病。可分为关节型和内脏型两种。

1. 病因 饲料中蛋白质含量过高，例如达 30％以上，或者在正常的配合饲料之外，又喂给较多的肉渣、鱼渣等，持续一段时间常引起痛风；鸡在 18 周龄以内，饲粮中钙的含量有 0.9％即可，如果喂产蛋鸡的饲料，含钙量达 3％～3.5％，一般经50～60 天即发生痛风；饲粮中维生素 A 和维生素 D 不足，会促使痛风发生；育雏温度偏低，鸡舍潮湿，饮水不足，笼养鸡运动不足，也会引起痛风；磺胺类药用量过大或用药期过长，造成肾脏机能障碍，引起痛风；鸡碳酸氢钠中毒和球虫病、白痢病、白血病等，会损害肾脏，引起痛风。

2. 症状与病变 本病大多为内脏型，少数为关节型，有时两型混合发生。

（1）内脏型痛风 病初无明显症状，逐渐表现精神不振，食欲减退，消瘦，贫血，鸡冠萎缩苍白，粪便稀薄，含大量白色尿酸盐，呈淀粉糊样。肛门松弛，粪便经常不由自主地流出，污染肛门下部的羽毛。有时皮肤瘙痒，自啄羽毛。剖检可见肾肿大，颜色变淡，肾小管因蓄积尿酸盐而变粗，使肾表面形成花纹。输尿管明显变粗，严重的有筷子甚至香烟粗，粗细不匀，坚硬，管腔内充满石灰样沉淀物。心、肝、脾、肠系膜及腹膜等，都覆盖一层白色尿酸盐，似薄膜状，刮取少许置显微镜下观察，可见到大量针状的尿酸盐结晶。

内脏型痛风如不及时找出病因加以消除，会陆续发病死亡，而且病死的鸡逐渐增多。

（2）关节型痛风　尿酸盐在腿和翅膀的关节腔内沉积，使关节肿胀疼痛，活动困难。剖检可见关节内充满白色黏稠液体，有时关节组织发生溃疡、坏死。通常鸡群发生内脏型痛风时，少数病鸡兼有关节病变。

3. 防治措施　对于发病鸡，使用药物治疗效果不佳，只能找出并消除病因，防止疾病进一步蔓延。为预防鸡痛风病，应适当保持饲粮中的蛋白质，特别是动物性蛋白质饲料含量，补充足够的维生素，特别是维生素 A 和胆碱的含量。在改善肾脏机能方面要多注意对其影响的因素，如创造适宜的环境条件，防止过量使用磺胺类药物等。

（七）脱肛

1. 病因　蛋鸡的脱肛多发生于初产期或盛产期。其诱发原因主要有：育成期运动不足，鸡体过肥；母鸡过早或过晚开产；饲粮蛋白质供给过剩；饲粮中维生素 A 和维生素 E 缺乏；光照不当或维生素 D 供给不足以及一些病理因素，如泄殖腔炎症、白痢、球虫病及腹腔肿瘤等。

2. 临床症状　脱肛初期，肛门周围的绒毛呈湿润状，有时肛门内流出白色或黄白色黏液，以后约有 3～4 厘米的红色物脱出，鸡常作蹲伏产蛋姿势。时间稍久，脱出部分由红变绀，若不及时处理，可引起炎症，水肿、溃疡，并容易招致其他鸡啄食而引起死亡。

3. 防治措施　加强鸡群的饲养管理，合理搭配饲料，适当控制光照时间和强度，适时进行断喙，保持环境稳定，以消除一切致病因素。

发现病鸡后应立即隔离，重症鸡大都预后不良，没有治疗价值，应予淘汰。症状较轻的鸡，可用1‰的高锰酸钾溶液将脱出部分洗净，然后涂上紫药水，撒敷消炎粉或土霉素粉，用手将其按揉复位。比较严重经上述方法整复无效的，可采用肛门胶皮筋烟包式缝合法缝合治疗，即病鸡减食或绝食两天，控制产蛋，然后在肛门周围用0.1‰普鲁卡因注射液5～10毫升，分三、四点封闭注射，再用一根20～30厘米的胶皮筋做缝合线（粗细以能穿过三棱缝合针的针孔为宜），在肛门左右两侧皮肤上各缝合两针，将缝合线拉紧打结，3天后拆线即痊愈。

(八) 啄癖

啄癖是鸡群中的一种异常行为，常见的有啄肛癖、啄趾癖、啄羽癖、食蛋癖和异食癖等，危害严重的是啄肛癖。

1. 啄肛癖　成、幼鸡均可发生，而育雏期的幼鸡多发。表现为一群鸡追啄某一只鸡的肛门，造成其肛门受伤出血，严重者直肠或全部肠子脱出被食光。

2. 啄趾癖　多发生于雏鸡，它们之间相互啄食脚趾而引起出血和跛行，严重者脚趾被啄断。

3. 啄羽癖　也叫食羽癖，多发生于产蛋盛期和换羽期，表现为鸡相互啄食羽毛，情况严重时，有的鸡背上羽毛全部被啄光，甚至有的鸡被啄伤致死。

4. 食蛋癖　多发生于平养鸡的产蛋盛期，常由软壳蛋被踩破或偶尔巢内或地面打破一个蛋开始。表现为鸡群中某一只鸡刚产下蛋，就相互争啄鸡蛋。

5. 异食癖　表现为群鸡争食某些不能吃的东西，如砖石、稻草、石灰、羽毛、破布、废纸、粪便等。

对啄癖的防治措施如下。

（1）合理配合饲粮　饲料要多样化，搭配要合理。最好根据鸡的年龄和生理特点，给予全价饲粮，保证蛋白质和必需氨基酸（尤其是蛋氨酸和色氨酸）、矿物质、微量元素及维生素（尤其是维生素 A 和烟酸）的供给，在母鸡产蛋高峰期，要注意钙、磷饲料的补充，使饲粮中钙的含量达到 3.25％～3.75％，钙磷比例为 6.5：1。

（2）改善饲养管理条件　鸡舍内要保持温度、湿度适宜，通风良好，光线不能太强。做好清洁卫生工作，保持地面干燥。环境要稳定，尽量减少噪音干扰，防止鸡群受惊。饲养密度不能过大，不同品种、不同日龄、不同强弱的鸡要分群饲养。更换饲料要逐步进行，最好有 1 周的过渡时间。喂食要定时定量，并充分供给饮水，平养鸡舍内要有足够的产蛋箱，放置要合理，定时捡蛋。

（3）适当运动　在鸡舍或运动场内设置砂浴池，或悬挂青饲料，借以增加鸡群的活动时间，减少相互啄食的机会。

（4）食盐疗法　在饲料中增加 1.5％～2.0％的食盐，连续喂 3～5 天，啄癖可逐渐减轻乃至消失。但不能长时期饲喂，以防食盐中毒。

（5）生石膏疗法　食羽癖多由于饲粮中硫酸钙不足所致，可在饲粮中加入生石膏粉，每只鸡每天 1～3 克，疗效很好。

（6）遮暗法　患有严重啄癖的鸡群，其鸡舍内光线要遮暗，使鸡能看到食物和饮水即可，必要时可采用红光灯照明。

（7）断喙　对雏鸡或成年鸡进行断喙，可有效地防止啄癖的发生。

（8）病鸡处理　被啄伤的鸡要立即挑出，并对伤处用 2％龙胆紫溶液涂擦后隔离饲养。对患有啄癖的鸡要单独饲养，严重者应予淘汰，以免扩大危害。由寄生虫、外伤、脱肛引起的相互啄食，应将病鸡隔离治疗。

（九）中暑

1. **病因**　鸡缺乏汗腺，主要靠张口急促地呼吸、张开和下垂两翅进行散热，以调节体温。在炎热高温季节，如果湿度又大，加上饮水不足，鸡舍通风不良，饲养密度过大等极易发生本病。

2. **临床症状**　病鸡精神沉郁，两翅张开，食欲减退，张口喘气，呼吸急促，口渴，出现眩晕，不能站立，最后虚脱而死。病死鸡冠呈紫色，有的肛门凸出，口中带血。剖检可见心、肝、肺淤血，脑或颅腔内出血。

3. **防治措施**

（1）调整饲粮配方，加强饲养管理　由于高温期鸡的采食量减少15%～30%，而且饲料吸收率下降，所以必须对饲粮配方进行调整。提高饲粮中的蛋白质水平和钙、磷含量，饲粮中的必需氨基酸特别是含硫氨基酸不应低于0.58%。由于高温，鸡通过喘息散热呼出多量的二氧化碳，致使血液中碱的储量减少，血液中pH下降，所以饲料中应加入0.1%～0.5%的碳酸氢钠，以维持血液中的二氧化碳浓度及适宜的pH。高温季节粪中含水量多，应及时清除粪便以保证舍内湿度不高于60%。平时应保持鸡舍地面干燥。喂料时间应选择一天中气温较低的早晨和晚间进行，以避免采食过程中产热而使鸡的散热负担加重。另外，要提供充足的饮水。

（2）降低鸡舍的温度　在炎热的夏季，可以用凉水喷淋鸡舍的房顶。其具体做法是，在鸡舍房顶设置若干喷水头，气温高时开启喷水头可使舍内温度降低3℃左右。加强通风也是防暑降温的有效措施，因为空气流动可使鸡体表面的温度降低。如有条件，可在进风口设置水帘，能显著降低舍内温度。

（3）搞好环境绿化　在鸡舍的周围种植草坪和低矮灌木，有利于减少环境对鸡舍的反射热，能吸收太阳辐射能，降低环境温度，而且还可以净化鸡舍周围的空气。但是，鸡舍附近不能有较高的建筑，以免影响鸡舍的自然通风。

中暑的鸡只轻者取出置于荫凉通风处，并提供充足饮水和经过调整的饲粮使其恢复正常，不能恢复者应予淘汰。

（十）食盐中毒

在食盐中主要含氯和钠，它们是鸡体所必需的两种矿物质元素，有增进食欲、增强消化机能、保持体液的正常酸碱度等重要功用。鸡的饲粮要求含盐量为 0.25%～0.5%，以 0.37% 最为适宜。鸡缺乏食盐时食欲不振，采食减少，饲料的消化利用率降低，常发生啄癖，雏鸡和青年鸡生长发育不良，成年鸡产蛋减少。但鸡摄入过量的食盐会很快出现毒性反应，尤其是雏鸡很敏感。

1. **病因**　饲粮搭配不当，含盐量过多；饲料中加进含盐量过多的鱼粉或其他富含食盐的副产品，使食盐的含量相对增多，超过了鸡所需要的摄入量；虽然摄入的食盐量并不多，但因饮水受限制而引起中毒。如用自动饮水器，一时不习惯，或冬季水槽冻结等原因，以致鸡几天饮水不足。

2. **症状与病变**　当雏鸡饲粮含盐量达 0.7%、成年鸡达 1% 时，则引起明显口渴和粪便含水量增多；如果雏鸡饲粮含盐量达 1%、成年鸡达 3%，则能引起大批中毒死亡；按鸡的体重每千克口服食盐 4 克，可很快致死。

鸡中毒症状的轻重程度，随摄入食盐量多少和持续时间长短有很大差别。比较轻微的中毒，表现饮水增多，粪便稀薄或混有稀水，鸡舍内地面潮湿。严重中毒时，病鸡精神萎靡，食欲废绝，渴欲强烈，无休止地饮水。口鼻流黏液，嗉囊胀大，腹泻，泻出稀水，步态不稳或瘫痪，后期呈昏迷状态，呼吸困难，有时出现神经症状，头颈弯曲，胸腹朝天，仰卧挣扎，最后衰竭死亡。

剖检病死鸡或重病鸡，可见皮下组织水肿，腹腔和心包积水，肺水肿，消化道充血出血，脑膜血管充血扩张，肾脏和输尿管有尿酸盐沉积。

3. **防治措施**

（1）**严格控制食盐用量**　鸡味觉不发达，对食盐无鉴别能力，尤其喂鸡时应格外留心。准确掌握含盐量，喂鱼粉等含盐量高的饲料时要准确计量。平时应供给充足的新鲜饮水。

（2）对病鸡要立即停喂含盐过多的饲料　轻度与中度中毒的，供给充足的新鲜饮水，症状可逐渐好转。严重中毒的要适当控制饮水，饮水太多会促进食盐吸收扩散，使症状加剧，死亡增多，可每隔1小时让其饮水10~20分钟，饮水器不足时分批轮饮。

（十一）菜籽饼中毒

菜籽饼内富含蛋白质，可作为鸡的蛋白质饲料，在鸡的饲料中搭配一定量的菜籽饼，既可以降低饲料成本，也有利于营养成分的平衡。但是，菜籽饼中含有多种毒素，如硫氯酸酯、异硫氯酸脂，恶唑烷硫酮等，这些毒素对鸡体有毒害作用。如果鸡摄入大量未处理过的菜籽饼，就可以引起中毒。

1. 病因　菜籽饼的毒素含量与油菜品种有很大关系，与榨油工艺也有一定关系。普通菜籽饼在产蛋鸡饲料中占8％以上，即可引起毒性反应。当菜籽饼发热变质或饲料中缺碘时，会加重毒性反应。不同类型的鸡对菜籽饼的耐受能力有一定差异，来航鸡各品系和各类雏鸡的耐受能力较差。

2. 症状与病变　鸡的菜籽饼中毒是一个慢性过程，当饲料中含菜籽饼过多时，鸡的最初反应是厌食，采食缓慢，耗料量减少，粪便出现干硬、稀薄、带血等不同的异常变化，逐渐生长受阻，产蛋减少，蛋重减轻，软壳蛋增多，褐壳蛋带有一种鱼腥味。

剖检病死鸡可见甲状腺（甲状腺位于胸腔入口气管两侧，呈椭圆形、暗红色）、胃肠黏膜充血或呈出血性炎症，肝脏沉积较多的脂肪并出血，肾肿大。

3. 防治措施

（1）对菜籽饼要采取限量、去毒的方法，合理利用。

（2）对病鸡只要停喂含有菜籽饼的饲料，可逐渐康复，无特效治疗药物。

（十二）黄曲霉毒素中毒

　　黄曲霉毒素是黄曲霉菌的代谢产物，广泛存在于各种发霉变质的饲料中，对畜禽具有毒害作用。如果鸡摄入大量黄曲霉毒素，可造成中毒。

　　1. 病因　鸡的各种饲料，特别是花生饼、玉米、豆饼、棉仁饼、小麦、大麦等，由于受潮、受热而发霉变质，含有多种霉菌与毒素，一般来说，其中主要的是黄曲霉菌及其毒素，鸡吃了这些发霉变质的饲料即引起中毒。

　　2. 症状与病变　本病多发于雏鸡，6周龄以内的雏鸡，只要饲料中含有微量黄曲霉毒素就能引起急性中毒。病雏精神萎靡，羽毛松乱，食欲减退，饮欲增加，排血色稀粪。鸡体消瘦，衰弱，贫血，鸡冠苍白。有的出现神经症状，步态不稳，两肢瘫痪，最后心力衰竭而死亡。由于发霉变质的饲料中除黄曲霉菌外，往往还含有烟曲霉菌，所以3～4周龄以下的雏鸡常伴有霉菌性肺炎。

　　青年鸡和成年鸡的饲料中含有黄曲霉毒素等，一般是引起慢性中毒。病鸡缺乏活力，食欲不振，生长发育不良，开产推迟，产蛋少，蛋形小，个别鸡肝脏发生癌变，呈极度消瘦的恶病质，最后死亡。

　　剖检病变主要在肝脏。急性中毒的雏鸡肝脏肿大，颜色变淡呈黄白色，有出血斑点，胆囊扩张。肾脏苍白，稍肿大。胸部皮下和肌肉有时出血。成年鸡慢性中毒时，肝脏变黄，逐渐硬化，常分布有白色点状或结节状病灶。

　　3. 防治措施　黄曲霉毒素中毒目前尚无特效药物治疗，禁止使用发霉变质的饲料喂鸡是预防本病的根本措施。发现中毒后，要立即停喂发霉饲料，加强护理，使其逐渐康复。对急性中毒的雏鸡喂给5％的葡萄糖水，有微弱的保肝解毒作用。

重点难点提示

　　鸡的传染病。

第七讲
鸡场建设与设备

本讲目的

1. 让读者了解生产中鸡场建设情况。
2. 让读者了解生产肉鸡饲养所需要的设备。

第一节　鸡场建设

一、鸡场的场址选择

鸡场场址应选在地势较高、干燥平坦、排水良好和向阳背风的地方。场址的选择要考虑有利于防疫，防止受到疫病和污染的威胁，要建在远离村镇及其他畜禽饲养场、屠宰加工场地的开阔地带，最好不要在旧鸡场场址上扩建。对于广大农村养殖户来说，鸡场最好建在远离村庄的废地、荒地上，尽量不占用可耕地。不要建在村庄或院子里，以免给鸡场防疫和管理带来困难。当前，不少养殖业发达的地区，对农民搞养殖业从政策、资金、技术等方面给予大力支持。由政府聘请专家对鸡场进行统一规划、设计，使鸡场建设更加科学、合理，避免了盲目建设和资金浪费，并有利于控制疫病，防止环境污染。值得养殖集中地区推广。

（一）水源

水源一定要充足，水质要清洁并符合饮用水要求。鸡场可自打深井，使用前应对水质进行检验。大中型鸡场应对饮水中的细菌和有害物质进行检测。河水、塘水等地面水易受到污染，水质变化大，不宜作为鸡场用水。

（二）电力

电力在鸡场生产中非常重要，照明、饲料加工、通风、雏鸡舍供热都需要电。电力配备必须能满足生产需要，电力供应必须有保障。大型鸡场应有专门的供电线路或自备的发电设备，以防止因停电给生产带来损失。中、小型鸡场也应首先考虑到电力供应问题。

（三）交通

鸡场的交通条件要好，商品鸡场要求距主干道 500 米以上，距次级公路 200 米以上，路面要平整，雨后不泥泞。山区等交通不便利的地方，建场应考虑防止因大雨或大雪造成道路阻断，供应中断等问题。

二、鸡场内的布局

养鸡场的场区一般分为两大部分，一为生产区，二为管理区。在考虑其建设布局时，既要考虑其卫生防疫条件，又要照顾相互之间的关系。首先要考虑防疫，场内的建筑物安排要有利于防疫，其次有利于创造鸡群生长发育的良好环境，要便于组织生产，节约投资，有利于减轻劳动强度和提高劳动效率。最终要能够充分利用场地的各个部分，使之成为一个有适宜小气候环境的鸡场。

（一）生产区布局

在生产区内设有育雏、育成鸡舍、产蛋鸡舍、肉鸡舍、孵化室、人工授精室、饲料库、兽医室等。

生产区须有围墙隔开，并设出入口以供人员进出及运送粪便之用。各类鸡舍中雏鸡舍应在上风向，生产鸡群在下风向。各类鸡舍编成不同组合，各组合间距应在 150 米以上，人工授精室在种鸡舍附近，而兽医室、隔离室必须在生产区下风向，孵化室在管理区一侧，靠近大门，以便出售鸡雏时，外部人员不与生产鸡群接触。

生产区入口要设有消毒室和消毒池。消毒室和消毒池是生产区防疫体系的第一步，坚持消毒可减少由场外带进疫病的机会。地面消毒池的深度为 30 厘米，长度以车辆前后轮均能没入并转动一周为宜。此外，车辆进场还需进行喷雾消毒。进场人员要通过消毒更衣室，换上经过消毒的干净工作服、帽、靴。消毒室内可设置消毒池、紫外线灯等。

场内道路是场内建筑物之间及与场外交流的通道，因此关系着全场生产的正常进行、卫生及疫病传播等，它担负着饲料的运送、产品及粪便的运出以及饲养管理人员的活动等任务。需要合理设置。场内道路根据其运输性质可划分为料道和粪道。料道主要用于运送饲料及鲜蛋并供饲养管理人员行走，必须清洁，不应受到污染，一般在场中心部位通往鸡舍一端；粪道主要用于运送鸡粪、淘汰鸡等，可从鸡舍另一端通至场外。料道与粪道尽量不交叉使用，以免传播污染物。

（二）管理区布局

在管理区内设有办公室、宿舍、食堂、车库、锅炉房、配电室等。

管理部门因承担着对内进行生产管理、对外联系工作的任务，应靠近公路并设置大门，另一侧与生产区联系。

三、鸡舍设计

（一）鸡舍的类型

鸡舍因分类方法不同而有多种类型，如按饲养方式可分为平养鸡舍和笼养鸡舍；按鸡的种类可分为种鸡舍、蛋鸡舍和肉鸡舍；按鸡的生产阶段可分为育雏舍、育成鸡舍、成鸡舍；按鸡舍与外界的关系（或鸡舍的形式）可分为开放式鸡舍和密闭式鸡舍。除此之外，还有适应农户小规模养鸡的简易鸡舍。

（二）鸡舍建筑配比

在生产区内，育雏舍、育成鸡舍和成鸡舍三者的建筑面积比较一般为1：2：3。如某鸡场设计育雏舍2幢，育成鸡舍4幢，成鸡舍12幢，三者配置合理，使鸡群周转能够顺利进行。

（三）鸡舍的朝向

鸡舍的朝向是指鸡舍长轴上窗户与门朝着的方向。朝向的确定主要与日照和通风有关，适宜的鸡舍朝向应根据当地的地理位置来确定。我国绝大部分地区处于北纬20°～50°，太阳高度角冬季低，夏季高；夏季多为东南风，冬季多为西北风，因而南向鸡舍较为适宜，当然根据当地的主导风向采取偏东南向或偏西南向均可以。这种朝向的鸡舍，对舍内通风换气、排除污浊气体和保持冬暖夏凉等均比较有利。各地应避免建筑东、西朝向的鸡舍，特别是炎热地区，更应避免建筑西照太阳的鸡舍。

（四）鸡舍的跨度

鸡舍的跨度大小决定于鸡舍屋顶的形式、鸡舍的类型和饲养方式等条件。单坡式与拱式鸡舍跨度不能太大，双坡式和平顶式鸡舍可大些；开放式鸡舍跨度不宜过大，密闭式鸡舍跨度可大些；笼养鸡舍要根据安装鸡笼的组数和排列方式，并留出适当的通道后，再决定鸡舍的跨度，如一般的蛋鸡笼三层全阶梯浅笼整架的宽度为2.1米左右，若二组排列，跨度以6米为宜，三组则采用9米，四组必须采用12米跨度；平养鸡舍则要看供水、供料系统的多寡，并以最有效地利用地面为原则决定其跨度。目前，常见的鸡舍跨度为：开放式鸡舍6～9米；密闭式鸡舍12～15米。

（五）鸡舍的长度

鸡舍的长短主要决定于饲养方式、鸡舍的跨度和机械化管理程度等条件。平养鸡舍比较短，笼养鸡舍比较长；跨度6～9米的鸡舍，长度一般为30～60米；跨度12～15米的鸡舍，长度一

般为 70～80 米。机械化程度较高的鸡舍可长一些，但一般不宜
超过 100 米，否则，机械设备的制作与安装难度大，材料不易
解决。

（六）鸡舍高度

鸡舍的高度应根据饲养方式、清粪方法、跨度与气候条件而
确定。若跨度不大、平养方式或在不太热的地区，鸡舍不必太
高，一般鸡舍屋檐高度 2.2～2.5 米；跨度大、夏季气候较热的
地区，又是多层笼养，鸡舍的高度为 3 米左右，或者最上层的鸡
笼距屋顶 1～1.5 米为宜；若为高床密闭式鸡舍（图 7-1），由于
下部设有粪坑，高度一般为 4.5～5 米。

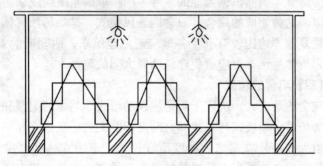

图 7-1　高床密闭式鸡舍

（七）屋顶结构

屋顶的形状有多种，如单斜式、单斜加坡式、双斜不对称
式、双斜式、平顶式、气楼式、天窗式、连续式等（图 7-2），
在目前国内养鸡场常见的主要是双斜式和平顶式鸡舍。一般跨度
比较小的鸡舍多为双坡式，跨度比较大的鸡舍（如 12 米跨度），
多为平顶式。屋顶由屋架和屋面两部分组成，屋架用来承受屋面
的重量，可用钢材、木材、预制水泥板或钢筋混凝土制作。屋面
是屋顶的围护部分，直接防御风雨，并隔离太阳辐射。为了防止
屋面积雨漏水，建筑时要保留一定的坡度。双坡式屋顶的坡度是
鸡舍跨度的 25%～30%。屋顶材料要求保温、隔热性能好，我

国常用瓦、石棉瓦或苇草等做成。双坡式屋顶的下面最好加设顶棚，使屋顶与顶棚之间形成空气屋，以增加鸡舍的隔热防寒性能。

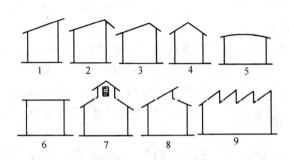

图 7-2　鸡舍屋顶的式样

1. 单斜式　2. 单斜加坡式　3. 双斜不对称式
4. 双斜式　5. 拱式　6. 平顶式　7. 气楼式
8. 天窗式　9. 连续式

（八）鸡舍的间距

鸡舍的间距指两幢鸡舍间的距离，适宜的间距需满足鸡的光照及通风需求，有利于防疫并保证国家规定的防火要求。间距过大使鸡舍占地过多，加大基建投资。一般来说，密闭式鸡舍间距为10～15米；开放式鸡舍间距应根据冬季日照高度角的大小和运动场及通道的宽度来决定，一般为鸡舍高度的5倍左右。

（九）各类鸡舍的特点

1. 半开放式鸡舍　半开放鸡舍建筑形式很多，屋顶结构主要有单斜式、双斜式、拱式、天窗式、气楼式等等。

窗户的大小与地角窗设置数目，可根据气候条件设计。最好每栋鸡舍都建有消毒池、饲料贮备间及饲养管理人员工作休息室，地面要有一定坡度，避免积水。鸡舍窗户应安装护网，防止野鸟、野兽进入鸡舍。

这类鸡舍的特点是有窗户，全部或大部分靠自然通风、采光，舍温随季节变化而升降，冬季晚上用稻草帘遮上敞开面，以保持鸡舍温度，白天把帘卷起来采光采暖。其优点是鸡舍造价低，设备投资少，照明耗电少，鸡只体质强壮。缺点是占地多，饲养密度低，防疫较困难，外界环境因素对鸡群影响大，蛋鸡产蛋率波动大。

2. **开放式鸡舍**　这类鸡舍只有简易顶棚，四壁无墙或有矮墙，冬季用尼龙薄膜围高保暖；或两侧有墙，南面无墙，北墙上开窗。其优点是鸡舍造价低，炎热季节通风好，通风照明费用省。缺点是占地多，鸡群生产性能受外界环境影响大，疾病传播机会多。

3. **密闭式鸡舍**　密闭式鸡舍一般是用隔热性能好的材料构造房顶与四壁，不设窗户，只有带拐弯的进气孔和排气孔，舍内小气候通过各种调节设备控制。这种鸡舍的优点是减少了外界环境对鸡群的影响，有利于采取先进的饲养管理技术和防疫措施，饲养密度大，鸡群生产性能稳定。其缺点是投资大、成本高，对机械、电力的依赖性大，日粮要求全价。

重点难点提示

鸡场内的合理布局、各类鸡舍的特点。

第二节　鸡场内的主要设备

一、育雏设备

（一）煤炉

多用于地面育雏或笼育雏时的室内加温设施，保温性能较好的育雏舍每 $15\sim20$ 米^2 放一只煤炉。煤炉内部结构因用煤不同而有一定差异，煤饼炉保温见图 7-3。

（二）保姆伞及围栏

保姆伞有折叠式和不可折叠两种，不可折叠式又分方形、长方形及圆形等形状。伞内热源有红外线灯、电热丝、煤气燃料等，采用自动调节温度装置。

折叠式保姆伞（图7-4），适用于网上育雏和地面育雏。伞内用陶瓷远红外线加热，寿命长。伞面用涂塑尼龙丝纺成，保温耐用。伞上装有电子自动控温装置，省电，育雏率高。

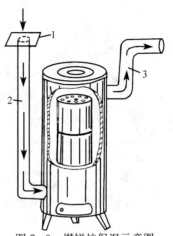

图7-3　煤饼炉保温示意图
1.玻璃盖　2.进气孔　3.出气孔

图7-4　折叠式电热育雏伞

不可折叠式方形保姆伞，长宽各为1～1.1米，高70厘米，向上倾斜45°角（图7-5），一般可用于250～300只雏鸡的保温。

一般在保姆伞外围还要用围栏，以防止雏鸡远离热源而受冷，热源离围栏75～90厘米（图7-6）。雏鸡3日龄后逐渐向外扩大，10日龄后撤离。

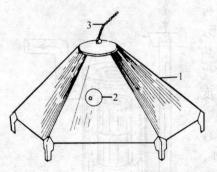

图 7-5 方形电热育雏伞
1. 保温伞 2. 调节器 3. 电源线

图 7-6 保温伞外的围栏示意图

（三）红外线灯

红外线灯有亮光和没有亮光两种。目前，生产中用的大部分是亮光的，每只红外线灯为250～500瓦，灯泡悬挂离地面40～60厘米处。离地的高度应根据育雏需要的温度进行调节。通常3～4只为1组，轮流使用，饲料槽（桶）和饮水器不宜放在灯下，每只灯可保温雏鸡100～150只。

（四）断喙机

断喙机型号较多，其用法不尽相同。9QZ型断喙机（图7-7）是采用红热烧切，既断喙又止血，断喙效果好。该断喙机主要由调温器、变压器及上刀片、下刀口组成，它用变压器将220伏的交流电变

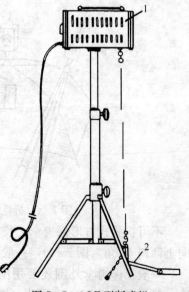

图 7-7 9QZ 型断喙机
1. 断喙机 2. 脚踏板

成低压大电流（即 0.6 伏、180～200 安培），使刀片工作温度在 820℃以上，刀片红热时间不大于 30 秒，消耗功率 70～140 瓦，其输出电流的值可调，以适应不同鸡龄断喙的需要。

二、笼养设备

（一）鸡笼的组成形式

鸡笼组成主要有以下几种形式，即叠层式、全阶梯式、半阶梯式、阶梯叠层综合式（两重一错式）和单层平置式等，又有整架、半架之分。无论采用哪种形式都应考虑以下几个方面：即有效利用鸡舍面积，提高饲养密度；减少投资与材料消耗；有利于操作，便于鸡群管理；各层笼内的鸡都能得到良好的光照和通风。

1. 全阶梯式　如图7-8，上、下层笼体相互错开，基本上没有重叠或稍有重叠，重叠的尺寸至多不超过护蛋板的宽度。全阶梯式鸡笼的配套设备是：喂料多用链式喂料机或轨道车式定量喂料机，小型饲养多采用船形料槽，人工给料；饮水可采用杯式、乳头式或水槽式饮水器。

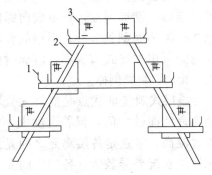

图7-8　全阶梯式鸡笼
1. 饲槽　2. 笼架　3. 笼体

如果是高床鸡舍，鸡粪用铲车在鸡群淘汰时铲除；若是一般鸡舍，鸡笼下面应设粪槽，用刮板式清粪器清粪。

全阶梯式鸡笼的优点是鸡粪可以直接落进粪槽，省去各层间承粪板；通风良好，光照幅面大。缺点是笼组占地面较宽，饲养密度较低。

2. 半阶梯式　如图7-9，上下层笼部分重叠，重叠部分有

承粪板。其配套设备与全阶梯式
相同，承粪板上的鸡粪使用两翼
伸出的刮板清除，刮板与粪槽内
的刮板式清粪器相连。

半阶梯式笼组占地宽度比阶
梯式窄，舍内饲养密度高于全阶
梯式，但通风和光照不如全阶
梯式。

3. 叠层式　如图7-10，上
下层鸡笼完全重叠，一般为3～
4层。喂料可采用链式喂食机；饮水可
采用长槽式饮水器；层间可用刮板式
清粪器或带式清粪器，将鸡粪刮至每
列鸡笼的一端或两端，再由横向螺旋
刮粪机将鸡粪刮到舍外；小型的叠层
式鸡笼可用抽屉式清粪器，清粪时由
人工拉出，将粪倒掉。

叠层式鸡笼的优点是能够充分利
用鸡舍地面的空间，饲养密度大，冬
季舍温高。缺点是各层鸡笼之间光照
和通风状况差异较大，各层之间要有

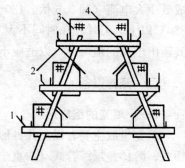

图7-9　半阶梯式鸡笼

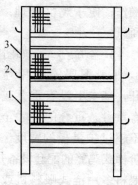

图7-10　重叠式鸡笼
1. 笼体　2. 饲槽　3. 笼架

承粪板及配套的清粪设备，最上层与最下层的鸡管理不方便。

4. 阶梯叠层综合式　如图7-11，最上层鸡笼与下层鸡笼形
成阶梯式，而下两层鸡笼完全重叠，下层鸡笼在顶网上面设置承
粪板，承粪板上的鸡粪需用手工或机械刮粪板清除，也可用鸡粪
输送带代替承粪板，将鸡粪输送到鸡舍一端。配套的喂料、饮水
设备与阶梯式鸡笼相同。

以上各种组合形式的鸡笼均可做成半架式（图7-12），也
可做成2层、4层或多层。如果机械化程度不高，层数过多，

操作不方便，也不便于观察鸡群，我国目前生产的鸡笼多为2～3层。

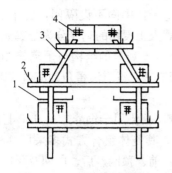

图7-11　阶梯叠层综合式
1.承粪板　2.饲槽　3.笼架　4.笼体

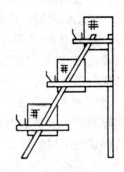

图7-12　半架式鸡笼

（二）鸡笼的种类及特点

鸡笼因分类方法不同而有多种类型，如按其组装形式可分为阶梯式、半阶梯式、叠层式、阶梯叠层综合式和单层平置式；按鸡笼距粪沟的距离可分为普通式和高床式；按其用途可分为商品

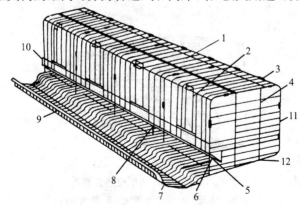

图7-13　产蛋种鸡笼
1.前顶网　2.笼门　3.笼卡　4.隔网　5.后底网　6.护蛋板
7.蛋槽　8.滚蛋间隙　9.缓冲板　10.挂钩　11.后网　12.底网

蛋鸡笼、育成鸡笼、育雏鸡笼、种鸡笼和肉用仔鸡笼。

1. **产蛋种鸡笼** 适用于种鸡自然交配的群体笼，多采用单层平置式，前网高度 720～730 毫米，中间不设隔网，笼中公、母鸡按一定比例混养；适用于种鸡人工授精的鸡笼分为公鸡笼和母鸡笼，多采用 2～3 层半阶梯式，母鸡笼的结构与蛋鸡笼相同（图 7-13）。公鸡笼中没有护蛋板底网，没有滚蛋角和滚蛋间隙，其余结构与产蛋母鸡笼相同。

2. **育成鸡笼** 也称青年鸡笼，主要用于饲养 60～140 日龄的青年母鸡，一般采取群体饲养。其笼体组合方式多采用 3～4 层半阶梯式或单层平置式。笼体由前、顶网、后、底网及隔网组成，每个大笼隔成 2～3 小笼或者不分隔，笼体高度为 30～35 厘米，笼深 45～50 厘米，大笼长度一般不超过 2 米。

3. **育雏鸡笼** 适用于养育 1～60 日龄的雏鸡，生产中多采用叠层式鸡笼（图 7-14）。一般笼架为 4 层 8 格，长 180 厘米，深 45 厘米，高 165 厘米。每个单笼长 87 厘米、高 24 厘米、深 45 厘米。每个单笼可养雏鸡 10～15 只。

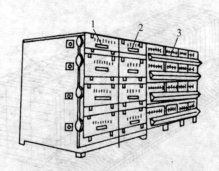

图 7-14 9DYL-4 型电热育雏器
1. 加热育雏笼 2. 保温育雏笼 3. 雏鸡活动笼

4. **肉用仔鸡笼** 多采用层叠式，可用毛竹、木材、金属和塑料加工制成。目前以无毒塑料为主要原料制作的鸡笼，具有使用方便、节约垫料、易消毒、耐腐蚀等优点，特别是消除了胸囊肿病，价格比同类铁丝降低 30 左右，寿命延长 2～3 倍（图 7-15）。

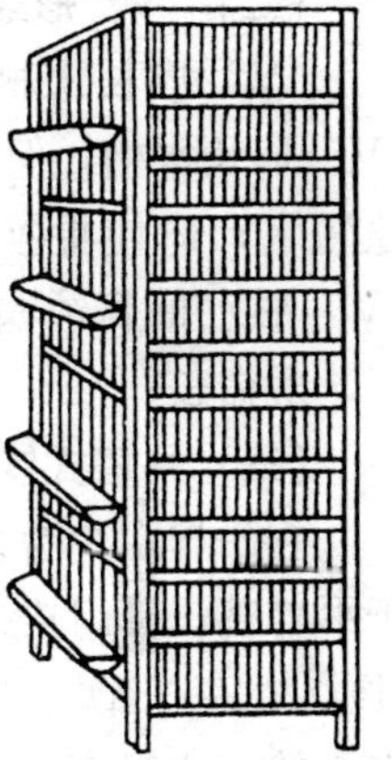

三、饮水设备

养鸡场的饮水设备是必不可少的，要求设备能够保证随时提供清洁的饮水，而且工作可靠、不堵塞、不漏水、不传染疾病、容易投放药物。常用的饮水设备有真空式饮水器、吊塔式饮水器、乳头式饮水器、杯式饮水器和长水槽等。

（一）塔形真空饮水器

多由尖顶圆桶和直径比圆桶略大些的底盘构成。圆桶顶部和侧壁不漏气，基部

图 7-15　塑料肉用仔鸡笼示意图

离底盘高 2.5 厘米处开有 1～2 个小圆孔（直径 0.5～1.0 厘米）。使用时，先使桶顶朝下，水装至圆孔处，然后扣上底盘翻转过来。这样，开始空气能由桶盘接触缝隙和圆孔进入桶内，桶内水能流到底盘；当盘内水位高出圆孔时，空气进不去，桶内顶部形成真空，水停止流出，因而使底盘水位始终略高于圆孔上缘，直至桶内水用完为止。这种饮水器构造简单，使用方便，清洗消毒容易。它可用镀锌铁皮、塑料等材料制成，也可用大口玻璃瓶等制作（图 7-16），取材方便，容易推广。

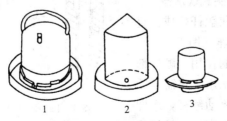

图 7-16　真空饮水器

1. 塑料饮水器　2. 镀锌铁皮饮水器　3. 玻璃瓶饮水器

（二）"V"形或"U"形长水槽

"V"形长水槽多由镀锌皮制成。笼养鸡过去大多数使用"V"形长水槽，但由于是金属制成，一般使用3年左右水槽腐蚀漏水，迫使更换水槽。用塑料制成的"U"形水槽解决了"V"形水槽腐蚀漏水的现象。"U"形水槽使用方便，易于清刷，寿命长。

（三）吊塔式饮水器

它吊挂在鸡舍内，不妨碍鸡的活动，多用于平养鸡，其组成分饮水盘和控制机构两部分（图7-17）。饮水盘是塔形的塑料盘，中心是空心的，边缘有环形槽供鸡饮水。控制出水的阀门体上端用软管和主水管相连，另一端用绳索吊挂在天花板上。饮水盘吊挂在阀门体的控制杆上，控制出水阀门的启闭。当饮水盘无水时，重量减轻，弹簧克服饮水盘的重量，便使控制杆向上运动，将出水阀门打开，水从阀门体下端沿饮水盘表面流入环形槽。当水面达到

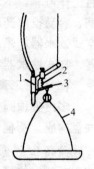

图7-17 吊塔式
饮水器

一定高度后，饮水盘重量增加，加大弹簧拉力，使控制杆向运动，将出水阀门关闭，水就停止流出。

（四）乳头式饮水器

由阀芯和触杆构成，直接同水管相连（图7-18）。由于毛细管的作用，触杆部经常悬着一滴水，鸡需要饮水时，只要啄动触杆，水即流出。鸡饮水完毕，触杆将水路封住，水即停止外流。

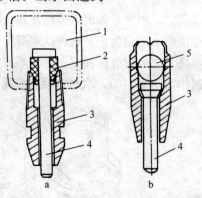

图7-18 乳头式饮水器
a. 单封闭式 b. 双封闭式
1. 供水管 2. 阀 3. 阀体 4. 触杆 5. 球阀

这种饮水器安装在鸡头上方处，让鸡抬头喝水。安装时要随鸡的大小变化高度，可安装在笼内，也可安装在笼外。

（五）杯式饮水器

形状像一个小杯，与水管相连（图7-19）。杯内有一触板，平时触板上总是存留一些水，在鸡啄动触板时，通过联动杆即将阀门打开，水流入杯内。鸡饮水后，借助于水的浮力使触板恢复原位，水就不再流出。

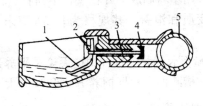

图7-19　杯式饮水器

四、喂料设备

养鸡场的喂料设备包括贮料塔、输料机、喂食机和饲槽等。

（一）贮料塔

贮料塔一般用1.5毫米厚的镀锌薄钢板冲压组合而成，上部为圆柱形，下部为圆锥形，以利于卸料。贮料塔放在鸡舍的一端或侧面，里面贮装该鸡舍两天的饲料量，给鸡群喂食时，由输料机将饲料送往鸡舍内的喂食机，再由喂食机将饲料送到饲槽，供鸡自由采食。

（二）输料机

生产中常见的有螺旋搅龙式输料机和螺旋弹簧式输料机等。螺旋搅龙式输料机的叶片是整体的，生产效率高，但只能作直线输送，输送距离也不能太长。因此，将饲料从贮料塔送往各喂食机时，需分成两段，使用两个螺旋搅龙式输料机；螺旋弹簧式输料机可以在弯管内送料，因此不必分成两段，可以直接将饲料从贮料塔底送到喂食机。

（三）饲槽

饲槽是养鸡生产中的一种重要设备，因鸡的大小、饲养方式不同对不同的饲槽的要求也不同，但无论哪种类型的饲槽，均要求平整光滑，采食方便，不浪费饲料，便于清刷消毒。制作材料可选用木板、镀锌铁皮及硬质塑料等。

1. **开食盘** 用于1周龄前的雏鸡，大都是由塑料和镀锌铁皮制成。用塑料制成的开食盘，中间有点状乳头，使用卫生，饲料不易变质和浪费。其规格为长54厘米，宽35厘米，高4.5厘米。

2. **船形长饲槽** 这种饲槽无论是平养还是笼养均普遍采用。其形状和槽断面，根据饲养方式和鸡的大小而不尽相同（图7-20）。一般笼养产蛋鸡的料槽多为"凵"形，底宽8.5～8.8厘米，

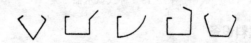

图7-20　各种船形饲槽断面

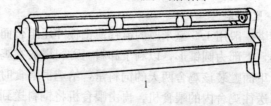

1

2

图7-21　塑料制平养饲槽
1. 平养中型饲槽　2. 平养小型饲槽

深6～7厘米（用于不同鸡龄和供料系统，深度不同），长度依鸡笼而定。在平面散养条件下，饲槽长度一般为1～1.5米，为防止鸡只踏入槽内弄脏饲料，可在槽上安装一根能转动的槽梁（图7-21）。

3. **干粉料桶**　其构造是由一个悬挂着的无底圆桶和一个直径比圆桶略大些短链相连，并可调节桶与底盘之间的距离。料桶底盘的正中有一个圆锥体，其尖端正对吊桶中心（图7-22），这是为了防止桶内的饲料积存于盘内，为此这个圆锥体与盘底的夹角一定要大。另外，为了防止料桶摆动，桶底可适当加重些。

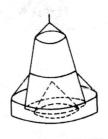

图7-22　干粉料桶示意图

4. **盘筒式饲槽**　有多种形式，适用于平养，其工作原理基本相同。我国生产的9WT-60型螺旋弹簧喂食机所配用的盘筒式饲槽由料筒、栅架、外圈、饲槽组成（图7-23）。粉状饲料由螺旋弹簧送来后，通过锥形筒与锥盘的间隙流入饲盘。饲盘外径为80厘米，用手转动外圈可将饲盘的高度从60毫米调到96毫米。每个饲盘的容量可在1～4千克的范围内调节，可供25～35只产蛋鸡自由采食。

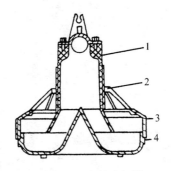

图7-23　盘筒式饲槽

5. **链式喂食机**　目前，国内大量生产用于笼养鸡的链式喂食机有9WL-42型和9WL-50型。其组成包括长饲槽、料箱、链片、转角轮和驱动器等。工作时，驱动器通过链轮带动链片，使它在长饲槽内循环回转。当链片通过料箱底部时即将饲料带出，均匀地运送到长饲槽，并将剩余饲料带回料箱。

在2～3层笼养中，每层笼上安装一条自动输料机上料。为防止饲料浪费，在料箱内加回料轮，回料轮由链片直接带动。

重点难点提示

饮水设备、喂料设备。

附　录

附录一　鸡常用饲料成分及营养价值表

饲料名称	玉米 （1级）	高粱 （1级）	小麦 （2级）	大麦 （裸）	大麦 （皮）	稻谷 （2级）	糙米 （未去米糠）
干物质　　　（％）	86.0	86.0	87.0	87.0	87.0	86.0	87.0
（兆卡*/千克）	3.24	2.94	3.04	2.68	2.70	2.63	3.36
代谢能（兆焦/千克）	13.56	12.30	12.72	11.21	11.30	11.00	14.06
粗蛋白　　　（％）	8.7	9.0	13.9	13.0	11.0	7.8	8.8
粗脂肪　　　（％）	3.6	3.4	1.7	2.1	1.7	1.6	2.0
粗纤维　　　（％）	1.6	1.4	1.9	2.0	4.8	8.2	0.7
无氮浸出物（％）	70.7	70.4	67.6	67.7	67.1	63.8	74.2
粗灰分　　　（％）	1.4	1.8	1.9	2.2	2.4	4.6	1.3
钙　　　　　（％）	0.02	0.13	0.17	0.04	0.09	0.03	0.03
总磷　　　　（％）	0.27	0.36	0.41	0.39	0.33	0.36	0.35
非植酸磷　　（％）	0.12	0.17	0.13	0.21	0.17	0.20	0.15
精氨酸　　　（％）	0.39	0.33	0.58	0.64	0.65	0.57	0.65
组氨酸　　　（％）	0.21	0.18	0.27	0.16	0.24	0.15	0.17
异亮氨酸　　（％）	0.25	0.35	0.44	0.43	0.52	0.32	0.30
亮氨酸　　　（％）	0.93	1.08	0.80	0.87	0.91	0.58	0.61
赖氨酸　　　（％）	0.24	0.18	0.30	0.44	0.42	0.29	0.32

（续）

饲料名称		玉米 （1级）	高粱 （1级）	小麦 （2级）	大麦 （裸）	大麦 （皮）	稻谷 （2级）	糙米 （未去米糠）
蛋氨酸	（%）	0.18	0.17	0.25	0.14	0.18	0.19	0.20
胱氨酸	（%）	0.20	0.12	0.24	0.25	0.18	0.16	0.14
苯丙氨酸	（%）	0.41	0.45	0.58	0.68	0.59	0.40	0.35
酪氨酸	（%）	0.33	0.32	0.37	0.40	0.35	0.37	0.31
苏氨酸	（%）	0.30	0.26	0.33	0.43	0.41	0.25	0.28
色氨酸	（%）	0.07	0.08	0.15	0.16	0.12	0.10	0.12
缬氨酸	（%）	0.38	0.44	0.56	0.63	0.64	0.47	0.57

饲料名称		碎米	粟 （谷子）	木薯干	甘薯干	次粉 （1级）	小麦麸 （1级）	米糠 （2级）
干物质	（%）	88.0	86.5	87.0	87.0	88.0	87.0	87.0
（兆卡/千克）		3.40	2.84	2.96	2.34	3.05	1.63	2.68
代谢能（兆焦/千克）		14.23	11.88	12.38	9.79	12.76	6.82	11.21
粗蛋白	（%）	10.4	9.7	2.5	4.0	15.4	15.7	12.8
粗脂肪	（%）	2.2	2.3	0.7	0.8	2.2	3.9	16.5
粗纤维	（%）	1.1	6.8	2.5	2.8	1.5	8.9	5.7
无氮浸出物	（%）	72.7	65.0	79.4	76.4	67.1	53.6	44.5
粗灰分	（%）	1.6	2.7	1.9	3.0	1.5	4.9	7.5
钙	（%）	0.06	0.12	0.27	0.19	0.08	0.11	0.07
总磷	（%）	0.35	0.30	0.09	0.02	0.48	0.92	1.43
非植酸磷	（%）	0.15	0.11	—	—	0.14	0.24	0.10
精氨酸	（%）	0.78	0.30	0.40	0.16	0.86	0.97	1.06
组氨酸	（%）	0.27	0.20	0.05	0.08	0.41	0.39	0.39
异亮氨酸	（%）	0.39	0.36	0.11	0.17	0.55	0.46	0.63
亮氨酸	（%）	0.74	1.15	0.15	0.26	1.06	0.81	1.00
赖氨酸	（%）	0.42	0.15	0.13	0.16	0.59	0.58	0.74
蛋氨酸	（%）	0.22	0.25	0.05	0.06	0.23	0.13	0.25

（续）

饲料名称		碎米	粟（谷子）	木薯干	甘薯干	次粉（1级）	小麦麸（1级）	米糠（2级）
胱氨酸	（％）	0.17	0.20	0.04	0.08	0.37	0.26	0.19
苯丙氨酸	（％）	0.49	0.49	0.10	0.19	0.66	0.58	0.63
酪氨酸	（％）	0.39	0.26	0.04	0.13	0.46	0.28	0.50
苏氨酸	（％）	0.38	0.35	0.10	0.18	0.50	0.43	0.48
色氨酸	（％）	0.12	0.17	0.03	0.05	0.21	0.20	0.14
缬氨酸	（％）	0.57	0.42	0.13	0.27	0.72	0.60	0.81

饲料名称		米糠饼（1级）	大豆（2级）	大豆饼（2级）	大豆粕（2级）	棉籽饼（2级）	棉籽粕（2级）	菜籽饼（2级）
干物质	（％）	88.0	87.0	89.0	89.0	88.0	90.0	88.0
（兆卡/千克）		2.43	3.24	2.52	2.35	2.16	2.03	1.95
代谢能（兆焦/千克）		10.17	13.56	10.54	9.83	9.04	8.49	8.16
粗蛋白	（％）	14.7	35.5	41.8	44.0	36.3	43.5	35.7
粗脂肪	（％）	9.0	17.3	5.8	1.9	7.4	0.5	7.4
粗纤维	（％）	7.4	4.3	4.8	5.2	12.5	10.5	11.4
无氮浸出物	（％）	48.2	25.7	30.7	31.8	26.1	28.9	26.3
粗灰分	（％）	8.7	4.2	5.9	6.1	5.7	6.6	7.2
钙	（％）	0.14	0.27	0.31	0.33	0.21	0.28	0.59
总磷	（％）	1.69	0.48	0.50	0.62	0.83	1.04	0.96
非植酸磷	（％）	0.22	0.30	0.25	0.18	0.28	0.36	0.33
精氨酸	（％）	1.19	2.57	2.53	3.19	3.94	4.65	1.82
组氨酸	（％）	0.43	0.59	1.10	1.09	0.90	1.19	0.83
异亮氨酸	（％）	0.72	1.28	1.57	1.80	1.16	1.29	1.24
亮氨酸	（％）	1.06	2.72	2.75	3.26	2.07	2.47	2.26
赖氨酸	（％）	0.66	2.20	2.43	2.66	1.40	1.97	1.33
蛋氨酸	（％）	0.26	0.56	0.60	0.62	0.41	0.58	0.60
胱氨酸	（％）	0.30	0.70	0.62	0.68	0.70	0.68	0.82

(续)

饲料名称		米糠饼（1级）	大豆（2级）	大豆饼（2级）	大豆粕（2级）	棉籽饼（2级）	棉籽粕（2级）	菜籽饼（2级）
苯丙氨酸	（%）	0.76	1.42	1.79	2.23	1.88	2.28	1.35
酪氨酸	（%）	0.51	0.64	1.53	1.57	0.95	1.05	0.92
苏氨酸	（%）	0.53	1.41	1.44	1.92	1.14	1.25	1.40
色氨酸	（%）	0.15	0.45	0.64	0.64	0.39	0.51	0.42
缬氨酸	（%）	0.99	1.50	1.70	1.99	1.51	1.91	1.62

饲料名称		菜籽粕（2级）	花生仁饼（2级）	花生仁粕（2级）	向日葵仁饼（2级，壳仁比为16∶84）	向日葵仁饼（2级，壳仁比为24∶76）	亚麻仁饼（2级）	亚麻仁粕（2级）
干物质	（%）	88.0	88.0	88.0	88.0	88.0	88.0	88.0
（兆卡/千克）		1.77	2.78	2.60	2.32	2.03	2.34	1.90
代谢能（兆焦/千克）		7.41	11.63	10.88	9.71	8.49	9.79	7.95
粗蛋白	（%）	38.6	44.7	47.8	36.5	33.6	32.2	34.8
粗脂肪	（%）	1.4	7.2	1.4	1.0	1.0	7.8	1.8
粗纤维	（%）	11.8	5.9	6.2	10.5	14.8	7.8	8.2
无氮浸出物	（%）	28.9	25.1	27.2	34.4	38.8	34.0	36.6
粗灰分	（%）	7.3	5.1	5.4	5.6	5.3	6.2	6.6
钙	（%）	0.65	0.25	0.27	0.27	0.26	0.39	0.42
总磷	（%）	1.02	0.53	0.56	1.13	1.03	0.88	0.95
有效磷	（%）	0.35	0.31	0.33	0.17	0.16	0.38	0.42
精氨酸	（%）	1.83	4.60	4.88	3.17	2.89	2.35	3.59
组氨酸	（%）	0.86	0.83	0.88	0.81	0.74	0.51	0.64
异亮氨酸	（%）	1.29	1.18	1.25	1.51	1.39	1.15	1.33
亮氨酸	（%）	2.34	2.36	2.50	2.25	2.07	1.62	1.85
赖氨酸	（%）	1.30	1.32	1.40	1.22	1.13	0.73	1.16
蛋氨酸	（%）	0.63	0.39	0.41	0.72	0.69	0.46	0.55

（续）

饲料名称		菜籽粕（2级）	花生仁饼（2级）	花生仁粕（2级）	向日葵仁饼（2级，壳仁比为16：84）	向日葵仁饼（2级，壳仁比为24：76）	亚麻仁饼（2级）	亚麻仁粕（2级）
胱氨酸	（%）	0.87	0.38	0.40	0.62	0.50	0.48	0.55
苯丙氨酸	（%）	1.45	1.81	1.92	1.56	1.43	1.32	1.51
酪氨酸	（%）	0.97	1.31	1.39	0.99	0.91	0.50	0.93
苏氨酸	（%）	1.49	1.05	1.11	1.25	1.14	1.00	1.10
色氨酸	（%）	0.43	0.42	0.45	0.47	0.37	0.48	0.70
缬氨酸	（%）	1.74	1.28	1.36	1.72	1.58	1.44	1.51

饲料名称		芝麻饼	玉米蛋白粉	玉米胚芽饼	鱼粉	血粉	羽毛粉	肉骨粉
干物质	（%）	92.2	90.1	90.0	90.0	88.0	88.0	93.0
（兆卡/千克）		2.14	3.88	2.24	2.82	2.46	2.73	2.38
代谢能	（兆焦/千克）	8.95	16.23	9.37	11.80	10.29	11.42	9.96
粗蛋白	（%）	39.2	63.5	16.7	60.2	82.8	77.9	50.0
粗脂肪	（%）	10.3	5.4	9.6	4.9	0.4	2.2	8.5
粗纤维	（%）	7.2	1.0	6.3	0	0	0.7	2.8
无氮浸出物	（%）	24.9	19.2	50.8	11.6	1.6	1.4	—
粗灰分	（%）	10.4	1.0	6.6	12.8	3.2	5.8	31.7
钙	（%）	2.24	0.07	0.04	4.04	0.29	0.20	9.20
总磷	（%）	1.19	0.44	1.45	2.90	0.31	0.68	4.70
有效磷	（%）	0	0.17	—	2.90	0.31	0.68	4.70
精氨酸	（%）	2.38	1.90	1.16	3.57	2.99	5.30	3.35
组氨酸	（%）	0.81	1.18	0.45	1.71	4.40	0.58	0.96
异亮氨酸	（%）	1.42	2.85	0.53	2.68	0.75	4.21	1.70
亮氨酸	（%）	2.52	11.59	1.25	4.80	8.38	6.78	3.20
赖氨酸	（%）	0.82	0.97	0.70	4.72	6.67	1.65	2.60

（续）

饲料名称		芝麻饼	玉米蛋白粉	玉米胚芽饼	鱼粉	血粉	羽毛粉	肉骨粉
蛋氨酸	（%）	0.82	1.42	0.31	1.64	0.74	0.59	0.67
胱氨酸	（%）	0.75	0.96	0.47	0.52	0.98	2.93	0.33
苯丙氨酸	（%）	1.68	4.10	0.64	2.35	5.23	3.57	1.70
酪氨酸	（%）	1.02	3.19	0.54	1.96	2.55	1.79	—
苏氨酸	（%）	1.29	2.08	0.64	2.57	2.86	3.51	1.63
色氨酸	（%）	0.49	0.36	0.16	0.70	1.11	0.40	0.26
缬氨酸	（%）	1.84	2.98	0.91	3.17	6.08	6.05	2.25

饲料名称		苜蓿草粉（1级）	啤酒糟	啤酒酵母	蔗糖	猪油	菜籽油	大豆油
干物质	（%）	87.0	88.0	91.7	99.0	99.0	99.0	100
（兆卡/千克）		0.97	2.37	2.52	3.90	9.11	9.21	8.37
代谢能（兆焦/千克）		4.06	9.92	10.54	16.32	38.11	38.53	35.02
粗蛋白	（%）	19.1	24.3	52.4	0	0	0	0
粗脂肪	（%）	2.3	5.3	0.4	0	≥98	≥98	≥99
粗纤维	（%）	22.7	13.4	0.6	0	0	0	0
无氮浸出物	（%）	35.3	40.8	33.6	—	—	—	—
粗灰分	（%）	7.6	4.2	4.7	0			
钙	（%）	1.40	0.32	0.16	0.04	0	0	0
总磷	（%）	0.51	0.42	1.02	0.01	0	0	0
有效磷	（%）	0.51	0.42	—	0.01	0	0	0
精氨酸	（%）	0.78	0.98	2.67	—	—	—	—
组氨酸	（%）	0.39	0.51	1.11	—	—	—	—
异亮氨酸	（%）	0.68	1.18	2.85	—	—	—	—
亮氨酸	（%）	1.20	1.08	4.76	—	—	—	—
赖氨酸	（%）	0.82	0.72	3.38	—	—	—	—
蛋氨酸	（%）	0.21	0.52	0.83	—	—	—	—

（续）

饲料名称		苜蓿草粉（1级）	啤酒糟	啤酒酵母	蔗糖	猪油	菜籽油	大豆油
胱氨酸	（%）	0.22	0.35	0.50	—	—	—	—
苯丙氨酸	（%）	0.82	2.35	4.07	—	—	—	—
酪氨酸	（%）	0.58	1.17	0.12	—	—	—	—
苏氨酸	（%）	0.74	0.81	2.33	—	—	—	—
色氨酸	（%）	0.43	—	2.08	—	—	—	—
缬氨酸	（%）	0.91	1.06	3.40	—	—	—	—

　*　卡为非许用单位，1兆卡＝4.184兆焦。

附录二 典型饲粮配方例

1. 0~4 周龄肉用仔鸡地方饲料资源的饲粮配方

	配方编号	1	2	3	4	5	6
饲料名称及配合比例（%）	玉　米	60.71	63.1	31.0	64.8	40.0	60.85
	大　麦					25.0	
	碎　米			30.0			
	麸　皮						40
	豆　饼	14.0	10.0	25.0	16.8	21.5	
	豆　粕						17.0
	棉籽饼	15.0	10.0				
	菜籽饼		8.0		5.0		7.0
	鱼　粉	9.0	7.0	10.0	10.0	10.0	10.0
	血　粉						
	骨　粉	0.5	1.0	1.5	0.6		
	贝壳粉			0.5		1.0	
	石　粉				1.0		0.8
	油　脂			1.8		1.0	
	磷酸氢钙	0.58	0.5			0.5	
	蛋氨酸	0.11	0.14		0.1		0.15
	赖氨酸	0.1	0.16				
	其他添加剂				1.4	0.75	
	食　盐		0.1	0.2	0.3	0.25	0.2
营养成分	代谢能(兆焦/千克)	12.41	12.28	12.83	12.58	12.25	12.16
	粗蛋白　　（%）	24.0	21.5	21.3	20.8	22.1	20.9
	粗纤维　　（%）	4.3	4.21	2.4	2.8	3.1	3.9
	钙　　　　（%）	0.89	0.91	1.21	1.09	0.96	0.93
	磷　　　　（%）	0.63	0.06	0.71	0.66	0.67	0.68
	赖氨酸　　（%）	1.29	1.49	0.96	1.10	1.01	1.13
	蛋氨酸　　（%）	0.47	0.5	0.42	0.46	0.34	0.52
	胱氨酸　　（%）	0.30	0.35	0.09	0.30	0.32	0.34

2. 5~8周龄肉用仔鸡地方饲料资源的饲粮配方

配方编号	1	2	3	4	5	6
玉　米	68.0	47.05	51.58	68.0	37.0	70.42
高　粱		15.0	15.0			
大　麦					15.0	
米　糠		2.0	2.0		12.0	
四号粉					8.0	
豆　饼	20.0			19.0	8.0	14.0
豆　粕		18.5	17.5			
菜籽饼	3.0					6.0
鱼　粉	7.0	7.0	6.0	10.0	10.0	8.0
肉骨粉		3.0	3.0			
蛋白粉					7.1	
动物油		6.0	3.8			
骨　粉						0.4
贝壳粉				1.0		
石　粉						0.9
磷酸氢钙	1.6	0.7	0.3	1.0		
碳酸钙		0.4	0.5		1.0	
蛋氨酸		0.1	0.07			0.08
其他添加剂				0.6	1.5	
食　盐	0.3	0.25	0.25	0.4	0.4	0.2
代谢能(兆焦/千克)	12.75	13.59	13.18	12.62	12.71	12.41
粗蛋白　(%)	19.80	20.40	19.70	19.50	19.60	18.20
粗纤维　(%)	2.80	2.50	2.40	2.40	3.80	2.90
钙　(%)	0.90	1.11	0.99	1.19	0.91	0.95
磷　(%)	0.73	0.80	0.70	0.58	0.71	0.64
赖氨酸　(%)	1.04	1.01	0.95	0.99	1.09	0.95
蛋氨酸　(%)	0.32	0.40	0.35	0.30	0.37	0.34
胱氨酸　(%)	0.30	0.30	0.31	0.14	0.29	0.29

3. 国内肉用种鸡的日粮配方

配方编号		1	2	3	4	5	6
饲料名称及配合比例（%）	玉　　米	27.0	71.0	52.0	28.2	40.0	59.7
	大　　麦	15.0			10.0		
	碎　　米	10.0			15.0		
	四 号 粉	2.0					
	小　　麦					23.7	
	麸　　皮	5.0	2.0	15.0		7.5	20.0
	三七统糠	12.5					
	稻　　糠			15.0			
	米　　糠				18.0		
	豆　　饼	5.0	13.0	8.0		17.0	13.5
	菜 籽 饼	5.0					
	棉籽饼（粕）	4.0				8.0	
	鱼　　粉	12.0	10.0	8.0	18.0	10.0	4.0
	骨　　粉		2.0			1.0	1.5
	贝 壳 粉	2.2				0.5	1.0
	添 加 剂		2.0	2.0	2.6		
	食　　盐	0.3			0.2	0.3	0.3
营养成分	代谢能（兆焦/千克）	11.75	12.75	12.12	11.12	11.79	11.50
	粗蛋白　　（%）	18.2	18.2	18.6	20.1	20.0	16.1
	粗纤维　　（%）	5.6	2.3	7.6	3.9	3.0	3.8
	钙　　　　（%）	2.10	1.19	1.81	0.79	1.03	1.10
	磷　　　　（%）	0.62	0.85	0.59	0.91	0.48	0.47
	赖氨酸　　（%）	1.03	0.95	0.81	1.03	1.10	0.78
	蛋氨酸　　（%）	0.69	0.32	0.28	0.67	0.45	0.26
	胱氨酸　　（%）	0.28	0.28	0.27		0.25	0.22

注：配方1：是舟山地区肉用种鸡的饲粮配方。

　　配方2：是0～8周龄肉用种鸡的饲粮配方。

　　配方3：是9～20周龄肉用种鸡的饲粮配方。

　　配方4：是0～4周龄肉用种鸡的饲粮配方。

　　配方5：是0～6周龄肉用种鸡的饲粮配方。

　　配方6：是7～20周龄肉用种鸡的饲粮配方。

4. 国外肉用种母鸡的饲粮配方

配方编号			1	2	3	4	5	6
饲料名称及配合比例（%）	玉　米		36.5	12.0		30.0	35.7	15.5
	小　麦		20.0	26.0	30.0	30.0	25.0	25.5
	大　麦		12.0	37.9	52.0	9.5	11.0	38.5
	葵花仁饼		16.5	6.0	2.0	8.0	7.0	3.0
	水解酵母		3.0	4.3	2.5	5.0	4.0	3.0
	草　粉		3.0	5.0	7.0	5.0	5.0	4.0
	鱼　粉		4.0	4.0	1.3	5.5	5.0	3.5
	肉骨粉		4.0	3.1	1.5			
	脱氟磷酸钙			0.7	1.7	0.5	1.0	1.2
	贝壳、白垩		1.0	0.8	1.5	6.2	6.0	5.8
	食　盐			0.2	0.5	0.3	0.3	0.5
营养成分	代谢能(兆焦/千克)		12.25	11.29	10.74	11.33	11.37	10.87
	粗蛋白	（%）	20.2	17.4	13.9	17.3	16.3	14.3
	粗纤维	（%）	6.9	6.4	5.4	4.7	4.6	4.8
	钙	（%）	1.09	1.17	1.32	2.81	2.81	2.65
	磷	（%）	0.82	0.88	0.77	0.81	0.83	0.76
	赖氨酸	（%）	0.89	0.85	0.62	0.84	0.78	0.67
	蛋氨酸	（%）						
	胱氨酸	（%）	0.70	0.59	0.45	0.61	0.57	0.49

注：配方1～3：是前苏联肉用种鸡幼母雏的饲粮配方。分别为5～30、31～90、91～150日龄的饲粮配方。

配方4～6：是前苏联肉用种母鸡的饲粮配方。分别适用于7～10、11～14和15月龄以上的种母鸡。

5. 国外肉用种母鸡的饲粮配方

	配方编号	1	2
饲料名称及配合比例（%）	玉　米	64.22	63.12
	米　糠		4.4
	米　糠　粕		10.0
	大　豆　饼	28.5	15.2
	鱼　粉	2.9	2.0
	石　灰　石	0.6	1.6
	脱氟磷酸氢钙	1.4	1.1
	预混添加剂	2.0	2.0
	DL-蛋氨酸	0.12	0.10
	食　盐	0.26	0.48
营养成分	代谢能（兆焦/千克）	12.21	11.95
	粗蛋白　　　　（%）	20.0	15.5
	钙　　　　　　（%）	0.89	1.10
	磷　　　　　　（%）	0.72	0.70
	赖氨酸　　　　（%）	1.08	0.73
	蛋氨酸　　　　（%）	0.46	0.37
	胱氨酸　　　　（%）	0.29	0.21

注：配方1~2：是泰国CP集团的肉用种鸡的饲粮配方。配方1适用于种雏，配方2适用于种用生长鸡。

附录三　鸡常见传染病的鉴别

1. 鸡常见呼吸道传染病的鉴别

病名	病原	流行特点	临诊症状	病变特征	实验室检查
新城疫	副黏病毒	各种年龄的鸡均可感染,发病率和死亡率均高	呼吸困难、沉郁、产蛋量下降,粪便为黄绿色稀便,部分病鸡有神经症状	气管环出血、十二指肠出血、腺胃乳头出血、泄殖腔黏膜条状出血,肠道有枣核样溃疡,盲肠扁桃体肿大、出血	血凝和血凝抑制试验
传染性支气管炎	冠状病毒	各种年龄的鸡都可感染,但40日龄内的雏鸡严重,传播快,死亡率高	伸颈张口、呼吸困难、有罗音、流鼻液、产蛋下降、畸形蛋增多,排白色稀粪	鼻、气管、支气管有炎症、肺水肿;肾型传支以肾肿大、呈花瓣形、有尿酸盐沉积为特征。成年母鸡卵泡充血、出血,卵变形,有卵黄掉入腹腔	病毒分离培养、中和试验
传染性鼻炎	副鸡嗜血杆菌	4周龄以上的鸡多发、呈急性经过,无继发感染时死亡率不高,冬秋两季易流行,应激状态下易暴发	打喷嚏、流鼻液、眼睑和肉髯水肿、颜面浮肿,结膜炎症	鼻腔、鼻窦黏膜发炎、表面有黏液,严重时可见鼻窦、眶下窦、眼结膜内有干酪样物质	凝集试验、分离培养嗜血杆菌

（续）

病名	病原	流行特点	临诊症状	病变特征	实验室检查
传染性喉气管炎	疱疹病毒	主要侵害成鸡，发病突然，传播快，感染率高，死亡率较低	除呼吸困难的一般症状外，有尽力吸气的特殊姿势，鼻内有分泌物，病鸡咳出带血的黏液，产蛋量下降	喉黏膜发炎，肿胀，出血，有大量黏液或黄白色假膜覆盖，气管内有血性分泌物	琼脂扩散试验、中和试验，核内有包涵体，可分离出病毒
慢性呼吸道病	败血霉形体	主要是1～2月龄的雏鸡发病，呈慢性感染，死亡率低。可通过种蛋传播	流出浆液性或黏液性鼻液，呼吸困难，呼吸有水泡音。病程长时，结膜肿胀、眼部凸出，严重者失明	鼻、气管、气囊有黏性分泌物，气囊增厚、混浊，有灰白色干酪样渗出物，有时可见肝包膜炎或心包炎	分离培养霉形体、活鸡作全血凝集试验
曲霉菌病	烟曲霉等	各种日龄的鸡都易感，通过霉变饲料或垫料感染	呼吸困难、沉郁、鼻、眼发炎，发育不良，产蛋量下降	肺、气囊有针帽大霉斑结节，气管有时也由小片镜检	取霉斑结节压片镜检
黏膜型鸡痘	鸡痘病毒	各年龄均可感染，但雏鸡发病率和死亡率高	口腔、咽喉、气管或食道有痘斑，呼吸困难，吞咽困难	初期喉和气管黏膜可见湿润隆起，以后见有干酪样假膜，假膜不易剥离	琼脂扩散试验、分离病毒

264

（续）

病名	病原	流行特点	临诊症状	病变特征	实验室检查
禽流感	正黏病毒A型流感病毒	各种年龄的鸡均可感染，发病率和死亡率均高	病鸡呈轻度至严重的呼吸道症状，咳嗽、打喷嚏、有呼吸罗音、流泪、结膜炎、严重者眼睑及头部肿胀、精神沉郁、采食量下降、蛋壳颜色逐渐变浅、最后停止产蛋。拉绿色或水样粪便，倒提时从口中流出大量水样液体	皮肤、肝、肉髯、肾、脾和肺可见出血点和坏死灶。产蛋母鸡腹腔内有破裂的蛋黄、卵巢上有蛋白和蛋黄滞留形成的黏性分泌物附着、输卵管和卵巢逐渐退化和萎缩	分离病毒和血清血检查

2. 鸡常见消化道传染病的鉴别

病名	病原	流行特点	临诊症状	病变特征	实验室检查
新城疫			参见呼吸道传染病的鉴别诊断		
鸡白痢	鸡白痢沙门氏菌	多见于3周龄以内的雏鸡，管理不良病死率高	白色稀粪、常污染肛口，呼吸困难、病鸡表现不安	肝肿大、土黄色、胆囊、脾肿大、卵黄吸收不良、肺、心肌、肌胃、脾和肠道有坏死结节	雏鸡分离病原、成鸡和种鸡作全血平板凝集试验

（续）

病名	病原	流行特点	临诊症状	病变特征	实验室检查
球虫病	艾美耳属球虫	多见于4~6周龄的鸡，春末夏初，平养鸡多发	血便或红棕色的稀便，很快消瘦，衰竭死亡	盲肠内有血块及坏死渗出物，小肠有出血、坏死灶	粪便涂片检查球虫卵
传染性法氏囊病	双股RNA病毒	3~9周龄鸡易发，4~6月份易流行，传播快，发病率高	白色水样稀便，沉郁，缩颈、闭目伏地昏睡，脱水死亡	胸腿肌肉出血，腺胃与肌胃交界处有出血带、法氏囊肿大、出血、花斑肾	琼脂扩散试验及分离病毒
传染性盲肠肝炎	单胞虫	2~12周龄鸡易感，春末至初秋流行，平养鸡多发	排出绿色或带血的稀便，行动呆滞、贫血、消瘦死亡	盲肠粗大、增厚呈香肠状，肝表面有圆形溃疡灶	取盲肠内容物镜检单胞虫
大肠杆菌病	埃希氏大肠杆菌	4月龄以内的鸡易发，冬春寒冷季节易发生，管理不良死亡率高	粪便呈白色白色缩头闭眼，逐渐死亡	常见到心包炎、肝周炎、气囊炎、肠炎和腹膜炎	分离病原并作致病力和血清型鉴定
鸡伤寒	鸡伤寒沙门氏杆菌	主要发生于青年鸡和成年鸡	黄绿色稀便，沾污后躯，冠暗红、体温升高、病程较长、康复后长期带菌	呈古铜色、有坏死点，胆囊肿大、肠道出血	分离病原
鸡副伤寒	沙门氏杆菌	1~2月龄鸡多发，可造成大批死亡，成年为慢性或隐性感染	排水样稀粪，头下垂、食欲废绝、口渴强烈，成鸡慢性副伤寒无明显症状，有时轻度腹泻、消瘦、产蛋下降	出血性肠炎、盲肠有干酪样物、肝、脾有坏死灶	分离病原

（续）

病名	病原	流行特点	临诊症状	病变特征	实验室检查
禽霍乱	多杀性巴氏杆菌	多见于开产鸡，气候环境对本病影响大	流行初期突然发病死亡，急性呈现全身症状，排灰白色或草绿色稀便，呼吸急促，慢性关节炎呈跛行	肝有针尖大灰白色坏死点，心冠脂肪，十二指肠严重出血，皮下有出血点，产蛋鸡在子宫内常见到完整的蛋	肝、脾涂片镜检病菌，并分离病原
黄曲霉素中毒	黄曲霉菌	常发生在多雨季节，鸡吃了霉变的饲料，6周龄以下的鸡易感	贫血、消瘦、排血色稀便，雏鸡伴有霉菌性肺炎	肝肿大，呈黄白色，有出血斑点，胆囊肿大，肾苍白、肠炎、部分胸肌和腿肌出血	检查饲料中的黄曲霉菌
食盐中毒	食盐过多或混合不均匀	任何鸡龄都会出现，数小时中毒、突然死亡	症状决定于中毒的程度，饮水增加，粪便稀薄、泻出稀水，昏迷、衰竭死亡	皮下水肿，腹腔、心包积水，肺水肿，消化道出血、充血，肾有尿酸盐沉积	检查饲料中食盐的含量
包涵体肝炎		大多发生于3～7周龄鸡，5周龄为高峰，肉鸡高于蛋鸡，可经垂直传播	病鸡表现为萎靡、腹泻死亡，持续3～5天后死亡减少至停息。病死率7%～10%	肝肿，色淡质脆，表面有出血点，肾肿大、有尿酸盐沉积，腿肌有时出血，肠炎	病鸡肝脏作涂片，观察组织学病变和肝核内有无包涵体存在

3. 鸡常见的神经症状疾病的鉴别

病名	病原	流行特点	临诊症状	病变特征	实验室检查
新城疫			参见呼吸道传染病的鉴别诊断		
食盐中毒			参见消化道传染病的鉴别诊断		
脑脊髓炎	肠道病毒	1～3周龄易感、可垂直传播，成年鸡隐性感染	运动失调、两腿不能自主、东倒西歪、头颈阵发性震颤	腺胃、肌胃的肌肉层及胰腺中有白色不病灶、其他脏器无明显肉眼变化	
马立克氏病	疱疹病毒	2周内雏鸡易感，但2～5月龄时出现病症，如免疫失败，发病率5%～30%	一肢或两肢麻痹、步态失调，有时翅下垂、扭颈、仰头，呈"劈叉"姿势	神经型可见坐骨神经肿大2～3倍、内脏型可见各个脏器有肿瘤结节	琼脂扩散试验、分离病毒
维生素B₁和维生素B₂缺乏症	饲料有问题、肠道合成不足或缺抗磺胺素酶存在	多见于2～4周龄的鸡	头颈向后牵引、足趾向内卷曲、飞关节着地，不能行走、呈观星姿势、颈肌痉挛	无明显病理变化	检查饲料中维生素B₁、维生素B₂
药物中毒	主要为呋喃西林、喹乙醇等中毒	各种年龄鸡均可发病，主要是药物的添加量过多或搅拌不均	精神沉郁、有的转圈、惊厥、抽搐、脚弓反张、昏迷死亡	消化道出血、心肝肿大变性	检查饲料中药物含量

参 考 文 献

中华人民共和国农林部.1978.兽药规范［M］.北京：农业出版社.

南京农学院，等.1979.家禽寄生虫病［M］.上海：上海科技出版社.

胡祥璧，等，译,1980.禽病学［M］.第7版.北京：农业出版社.

北京市畜牧兽医站.1984.禽病［M］.第2版.北京：农业出版社.

李福生，等，译.1984.家禽疾病手册［M］.沈阳：辽宁科学技术出版社.

邱祥聘主编.1985.家禽学.［M］.成都：四川科技出版社.

马任骝，等.1985.家禽人工孵化法［M］.北京：农业出版社.

王殿瀛，等，译.1985.兽医传染病学［M］.长春：吉林科技出版社.

王振兴，等.1985.养鸡饲料手册［M］.长春：辽宁科学技术出版社.

陈振旅，等.1987.兽医临床禽病学［M］.南京：江苏科技出版社.

张译黎，等.1988.鸡鸭鹅病防治［M］.北京：金盾出版社.

刘霓红，等.1988.常见病的诊断与防治［M］.哈尔滨：黑龙江人民出版社.

蔡宝祥，等.1989.实用家畜传染病学［M］.上海：上海科技出版社.

张献仁.1989.实用养鸡手册［M］.南昌：江西科技出版社.

廖纪朝，等.1989.555天养鸡新法［M］.北京：金盾出版社.

韩俊彦，等.1989.养鸡顾问［M］.北京：科学普及出版社.

徐柏园，等.1990.笼养鸡综合实用技术［M］.北京：农业出版社.

王庆民.1990.家禽孵化与雏禽雌雄鉴别［M］.北京：金盾出版社.

李子文，等.1990.实用家禽疾病防治手册［M］.北京：人民军医出版社.

辽宁农垦辉山祖代鸡场.1990.养鸡十大疫病防治［M］.沈阳：辽宁科技出版社.

傅先强，等.1991.养鸡场鸡病防治技术［M］.北京：金盾出版社.

杜荣.1992.鸡饲料配方500例［M］.北京：金盾出版社.

王树信，等.1992.养鸡手册［M］.石家庄：河北科技出版社.

董漓波.1992.家禽常用药物手册［M］.北京：金盾出版社.

叶岐山，等.1992.鸡病防治实用手册［M］.合肥：安徽科技出版社.

范国雄，等.1992.鸡病诊断图册［M］.北京：北京农业大学出版社.

江苏省畜牧兽医学校主编.1993.实用养鸡大全［M］.北京：农业出版社.

朱维正，等.1993.新编兽医手册［M］.北京：金盾出版社.

张建岳.1993.实用兽医临床大全［M］.北京：中国农业科技出版社.

徐宜为，等.1993.最新禽病防制［M］.北京：中国农业科技出版社.

史孝孔，等.1995.养鸡与鸡病防治［M］.北京：中国农业出版社.

林东康，等.1995.常用饲料配方与设计技巧［M］.郑州：河南科学技术出版社.

李玉兰，等.1996.鸡鸭鹅的育种与孵化技术［M］.北京：金盾出版社.

黄春元主编.1996.最新养禽实用技术大全［M］.北京：中国农业大学出版社.

席克奇.1997.肉鸡生产指导手册［M］.北京：中国农业出版社.

席克奇.2000.鸡病防治200问［M］.北京：中国科学技术文献出版社.

彭秀丽，等.2002.养鸡新法［M］.北京：中国农业出版社.

席克奇，等.2003.家庭科学养鸡［M］.北京：金盾出版社.